浙江省2016年度高等教育教学改革项目资助（JG20160143）

浙江省之江青年规划项目资助（16ZJQN008YB）

浙江树人大学学术专著出版资助

浙江树人大学中青年学术团队项目资助

Media Convergence Foresight
News With Digital Wings

媒介融合前瞻

——为新闻插上数字的翅膀

◎ 李 骏 著

ZHEJIANG UNIVERSITY PRESS
浙江大学出版社

序

　　春节前几日,欣闻学生李骏的《媒介融合前瞻——为新闻插上数字的翅膀》即将付梓,可喜可贺。当他邀我为书作序时,便欣然允诺。

　　全书总计 30 余万字,涉及媒体案例、媒介融合、浙江地方媒体和新闻教学研究等内容,依主题分为三大部分。第一部分是数字媒体案例。其中收集了海内外多个典型的传媒案例,直击媒介融合领域最前沿,详尽剖析案例,分享经验,为读者提供鲜活实用的参考样本。第二部分是数字媒体实务。目前,媒体正在经历一场前所未有的变革,从纸质内容到数字报道的转化没有现成的模式可依循,不去尝试就不知道水深水浅。这一部分文字主要记录了勇立潮头的浙江媒体人,率先下水摸石,用互联网思维推动媒体发展,探索媒介融合浙江模式的新尝试。第三部分是数字媒体应用。面对飞速发展的网络世界,互联网与各行各业的碰撞都擦出了火花,互联网思维正在改变着人类社会生活的方方面面。这一部分内容重点记录了互联网环境下,数字媒体、新闻教育、科技应用等方面发生的各种变化,提醒人们只有不断拥抱变化,始终保持创造性和创新力,才能走得更远。

　　值得一提的是,作者有着深厚的知识与经验积累,并且善于将其融入对媒体转型、融合等现实问题的观察与思考中,在比较与鉴别的基础上提升认知,得出结论。书中的文字记录了作者从事新闻教学以来的思想痕迹和媒体研究的轨迹,体现了一个年轻学者勤于思考、勇于探索的精神和严谨求实的学风,论述观点鲜明,有的放矢,论据充分,条理清晰,语言精炼。鲜活的素材、生动的描述、富有启发性的见解,表达了作者对于新闻传播前沿问题的不懈求索以及对于媒介融合发展的真知灼见。

　　本书是作者心血的结晶,展示了他的学术视野和理论水平,以及对于媒体发展规律的理解与认识,虽然不是字字珠玑,但也不乏上乘之作,相信对读者用来学习借鉴,取长补短,颇有助益。也期待李骏百尺竿头更进一步,继续自己的观察思考,勤勉治学,笔耕不辍,不断有新作问世。

程曼丽 [*]

2017 年 2 月

---

[*] 程曼丽:北京大学新闻与传播学院教授,博士生导师,国家战略传播研究院院长,新闻学研究会执行会长,第四届中国新闻史学会会长,教育部 2013—2017 高等学校教学指导委员会新闻传播学类委员会委员。

目　录

第二编　数字媒体实务

第三编　数字媒体应用

数媒时代新闻教学

第一编　数字媒体案例

俗话说："一滴水见太阳。"观照和了解海内外传媒理论和实践,最生动最有效的途径就是阅读和分析各种各样的典型案例。"数字媒体案例"集纳部分国内外最新传媒案例,直击学界和业界前沿,详尽探究,举一反三,叙述内幕,为读者提供一个个鲜活实用的参考样板。

媒体转型的"CNN 之路"

　　CNN 是美国特纳广播公司(TBS)董事长特德·特纳创办的美国有线电视新闻网 Cable News Network 的首字母缩写。它的发展之路并不顺利,1980 年 6 月创办时,曾被讥讽为"鸡肉面条网络"(Chicken Noodle Network,缩写也是 CNN),因为当时人们普遍认为电视做娱乐才能赚钱,做新闻是要赔钱的。但是没过多久,同行们就发现传媒界出现了一个强劲的竞争对手。迄今为止,经历了数十年的历程,CNN 成了美国传媒界的后起之秀。它后来居上,在传统媒体市场份额上迅速抢占了有利位置;它及时转型,在将传统媒体和新媒体结合的过程中拔得头筹,成为业界标杆。

 **案例概述**

　　CNN 出奇制胜的法宝是"抢到独家新闻,我们就能击溃任何一家广播公司"。通过引入最新设备和技术,用最快的时效传播信息,播报正在发生的新闻事实,CNN 开创了 24 小时滚动新闻播报、现场直播等方式。1990 年,在美国其他机构不知情的情况下,CNN 率先报道伊拉克入侵科威特而声誉大振。1991 年的海湾战争中,CNN 记者率先采用"卫星电话",以第一人称现场描述的方式直接播报战况,第一个发出现场报道。此后,CNN 以全面连续的滚动式报道方式,奠定了它在媒介中的地位。1995 年,CNN 网站创立后,网上新闻播报时效更快,一些重大的新闻事件都在网上直播。2008 年,推出"CNN 通讯社",并开始与财务吃紧的美国报纸合作,低价抢攻新闻通讯社市场,意图取代世界最大通讯社——美联社的地位。目前,CNN 驻外国记者站点数量达到 42 个,已形成了驻外中心站、驻外记者站、国内记者站等多层次的全球新闻采编网络。

　　1995 年之后 CNN 通过引用先进技术,花巨资建设网络媒体。如今 CNN 主网站下有 video,international,iReport 等 14 个子网,页面简洁而富有特色。在网络平台上,充分运用新媒体优势,全面改革新闻生产和传播方式。利用原有品牌的影响,CNN 网站不断追求技术创新,开拓传播渠道,同时,引进和培养高素质新闻人才,建立高效的运行管理机制;并对新闻记者提出更高要求,开创兼任摄影师、音效师、撰稿人、制作人于一身的岗位,这使得它的新闻传播效率大为提高。传播效率的提高,又增加了它的经济收入。

目前,CNN 的主要收入来自非黄金时段的节目和服务,包括 CNN 国际频道、CNN.com 网站、CNN 机场电视网等。得益于收入的多元化,近十年来 CNN 每年的收入都在创新高,2012 年 CNN 收入比上年增加 1%,达到 11 亿美元。

来自:2013 年 12 月 10 日 CNN 网站 World 频道网页

 **案例剖析**

进入 21 世纪以来,电视受到网络媒体迅速发展的强烈冲击,收视率下滑,受众流失。

面对严峻的形势,CNN 投入巨资发展新媒体业务,实施媒介融合战略。CNN 在发展新媒体的过程中有不少先人一步的成功之处,利用新媒体集群式发展实现传播渠道的多样化。CNN 新媒体一出现便放眼世界,利用资源优势在全球各个区域设置信息发布点。据 2013 年 4 月美联社发布的《美国媒体传播概况》白皮书,在美国最有影响力的在线媒体排名中,CNN 网站访问量以每月 7400 万人次排名第二,仅次于每月 1.1 亿人次的 Yahoo News。从报道形式来看,CNN 采取了多元化的"融合新闻"式的报道,利用多媒体手段进行新闻传播活动。"融合新闻"突破了传统媒体间的限制,进一步整合新闻业务,同时利用多媒体技术将文字、声音、图片、图像集于一体,因此在视觉传达上更加丰富多样、形象生动。

一、传统媒体品牌在新媒体上的延伸

CNN 非常关注自身新媒体形象的品牌推广,自网站建立后,就实施了传统媒体和新媒体的品牌一体化战略。CNN 新媒体继承了原有品牌的优势,用户只要选择了 CNN,无论是电视、广播,还是网络、移动终端,不管使用哪种媒体形态,都可以方便地获得 CNN 提供的服务,可以看到 CNN 精神的渗透和贯彻。例如,在电视节目中,经常加入与新媒体互动的元素,CNN 新媒体 iReport 推出之初,CNN 的传统电视频道上就滚动播放 iReport 品牌广告,借助电视台强大的品牌效应,为新媒体产品进行宣传造势。又如,在一般情况下,CNN 新媒体延续传统媒体"采取不偏不倚的中间立场"来报道新闻的风格,在品牌传播上努力保持原有形象。

CNN 为了实现新闻信息与读者接触效率的最大化,通过与用户进行网络共享和互动,赢取更多的信息线索和内容,进一步强化它的传播优势以外,还与社交网站、微博等媒介形态进行深入合作,对新闻信息进行"病毒"式传播。

在统一品牌理念下,CNN 建立了捆绑式一体化打包营销模式,比如,在多个平台上联合进行广告销售,注重不同平台的传播特点,细分广告需求。在电视媒体广告不断下滑的形势下,CNN 凭借这种打包营销模式得到了较好的发展。例如,CNN 的网站设计,采用了主打视频广告和富媒体广告[①]的策略,但不是照搬原有的电视广告,而是以适应网民短阅读的特点为宗旨,将广告进行碎片化、个性化处理,并加入互动性,还在 iPad 平台进行广告优化设计。这使得 CNN 网站在线广告和移动广告都得到了增长。

二、全媒体平台建设

新媒体,特别是视频新媒体,是"烧钱"的行业,需要有巨大的资金支持和强大的运营能力。CNN 在发展新媒体上,对新技术的投入不惜血本,日常运作开支则最大限度压缩。这种管理方法,保证了 CNN 的盈利。

CNN 利用新媒体技术全面改革内部组织结构,打造适合全媒体的新闻制作流程。在 1999 年以前,CNN 各个频道以及网站都有自己的节目制作部门,在非线性编辑普及和节

---

① 随着技术的进步以及消费市场的成熟,出现了具备声音、图像、文字等多媒体组合的媒介形式,人们普遍把这些媒介形式的组合叫作富媒体(Rich Media),以此技术设计的广告叫作富媒体广告。

目全面数字化后,CNN 内部建立起了一个能够统管所有素材的总任务台(Media Operation),专门负责处理每天从世界各地传送过来的新闻素材,供各个频道和网站以及其他新媒体编辑使用。此外,CNN 网站有一个特别小组负责特殊新闻事件的制作。CNN. com LIVE 作为 CNN 网站的新闻直播频道,不只是简单地将 CNN 的电视节目一成不变地照搬到网上,而是充分把网络的特性融入其节目制作、编排和播出的方方面面,将 CNN 的内容、制作优势与网络的互动性有机地融合起来。CNN 的记者也是为整个集团服务,电视记者和网站记者已不分彼此,总服务台会根据需要进行派遣,有时电视记者为网站写稿,有时则是网站记者以报告人的身份在电视上露面。这种高效的信息共享机制和组织结构实现了媒体优势资源的共享,节省了人力物力,也加快了信息传播的速度。

1991 年 1 月的海湾战争中,CNN 率先使用卫星碟式天线对突发新闻进行现场报道;1992 年 2 月,CNN 建立通过移动设备向世界各地提供新闻和信息服务的 CNN Mobile,之后又定制一批 Videophone 卫星传输器,租用通信卫星上的转发器,组成全球电视转播网,完成全球数字化升级。2001 年 9 月 13 日,CNN 正是用 Videophone 拍摄到了阿富汗塔利班政权首领为涉嫌主谋"9·11"爆炸的本·拉登开脱的专访画面。

CNN 引领潮流,开创视频新业态。1995 年,CNN 推出了网络电视。2005 年,CNN 与美国高通公司合作推出手机电视,之后与三星、LG、诺基亚等手机巨头合作,在手机中设置"CNN Mobile"键,可以一键开启 CNN 手机电视。2010 年 7 月,CNN 推出了针对 iPhone 的国际版新闻,并在苹果公司的 iTunes 平台不断发布新的软件产品。12 月又推出了 iPad 版本,提供美国版和国际版新闻,用户可以在两者之间转换,软件有三种不同的显示视图,缩略图模式可以快速浏览新闻标题,选择内容。同时,iPad 版 CNN 支持分享和评论,可以将新闻通过 Facebook、Twitter 和 Email 进行分享,并且支持离线浏览模式。

CNN 运用 Web 2.0 技术,开展博客、播客、RSS 订阅服务等业务,并与网络巨头展开合作。2007 年年初,CNN 在网站中的每个页面都嵌入 Google 的搜索服务;2007 年 7 月与 YouTube 合作,之后多次全球直播美国总统大选候选人辩论。2008 年 12 月,CNN 在亚特兰大召开业界会议,Twitter 成为会议通讯工具。2009 年 1 月与 Facebook 联手共推网页报道奥巴马就职,高潮阶段每分钟有 4000 多人在这个平台上发言。2010 年 4 月,CNN. com 与 Facebook 全面合作,通过资源互补和整合,抢占新的传播阵地。

2008 年美国总统大选直播中,CNN 运用了魔术墙(Magic Wall)触摸屏技术,采用了界面化的屏幕设计、多视窗对话、虚拟现实等高科技手段,创下大选中收视率的新高。2009 年报道奥巴马就职时,CNN 与微软合作推出了一项图片合成服务,网民从现场传回的图片,可以在 CNN 网站上合成立体图,CNN 同期产生的页面访问量超过 1.36 亿次。

来自:2013 年 12 月 10 日 CNN 网站 iReport 频道网页

三、应对公民新闻挑战的 iReport

2006 年 8 月 1 日,CNN iReport 的推出,被认为是"CNN 作为全球新闻领导者引领新闻创新的又一个标志"。iReport 是一个网民自主交流的平台,推出之初,每月即可在这个平台获得 1.5 万封稿件,其中 iReport 工作人员自己提供的稿件只占 7%,但他们对所有刊登的稿件都负有审核责任。

2011 年 3 月 11 日,日本发生 9.0 级地震,CNN 国际频道在第一时间以突发新闻形式插播口播新闻,并在电视、CNN.com 首页和 iReport 平台推出鼓励观众为 CNN 提供日本地震最新进展信息的通知。几分钟后,就有多名在地震现场的人上传地面裂缝的图片、房子倒塌的视频和各种文字介绍。据统计,当天网民上传的视频、照片近 300 条,其中经过核实后注明"iReport"字幕的在新闻中播出的有 79 条[1],这些报道都能在 CNN 网站的 iReport 栏目中直接在线观看。[2]

2011 年 11 月 14 日,CNN 发布了升级版的 iReport,新版 iReport 着眼于那些对热点话题感兴趣的撰稿人,故开发出移动设备上的客户端,可以让撰稿人在事件现场发表评论。当用户注册 iReport 后,可以对他们感兴趣的话题,如政治、健康、旅行、美食设置关注,并向其投稿,还可以与关注此项内容的投稿人互动。这个平台更像一个社交网络,突显出撰稿人,以获得更优质的稿件并和用户完美互动。

CNN 通过播客途径和 iReport 网站,将所拥有的广大受众发展成自己的"通讯员"和"现场记者",充分调动了用户的积极性,体现了新媒体提倡的互动、共享理念。

四、推崇"新闻人本"的管理机制

高质量的内容是 CNN 的优势所在。优势的取得,依靠的是 CNN 庞大的记者队伍及优秀的新闻制作团队,以保证在新闻内容生产方面能够抢得先机。记者的雇佣原则是不看重这个人是否出身名校,是否有从业经验,最看重的是这个人是否对新闻的激情与热爱。CNN 偏爱那些执著、坚定、自我激励和具有团队合作精神的人。

时效性对新闻而言尤其重要,如果以领域来划分记者的管辖范围,对一个面向全球而非面向一个地区的新闻机构来说,新闻领域必然会跨越国界、跨越洲界,不但采编成本高,时效性也难以保证。因此,CNN 对记者的管理,是按区域分工的,在分管区域内,不管发生哪方面的事,都由这里的记者负责报道。CNN 的运作思路就是让当地记者充分熟悉自己所管区域内的情况,一有重大突发事件发生,记者可以用最快的速度采集到所需的新闻,这对记者的能力提出了极高的要求。CNN 新闻收集工作的总负责人伊桑·乔丹说:"CNN 记者要求一专多能,不但会采写消息,而且还要会编辑、发送能够用于报刊、电视、

---

[1]　Bill Carter, CNN Leads in Cable News as MSNBC Loses Ground, New York Times, March 23, 2011: P8.

[2]　Simon Owens, How CNN's iReport enhanced the network's coverage of the Japan earthquake and its aftermath, http://www.niemanlab.org/2011/03.

网页等各种媒体上的新闻。"记者要会摄、会写、会编辑,能发布网络新闻,拥有多项技能。CNN 的许多记者是全能型的多面手,能为各新闻栏目采编二三分钟的消息,也能应深度报道栏目制片人的要求,做十几分钟的深度报道;能熟练地进行现场直播报道;能对政要、名流做很到位的专访,等等,对 CNN 各栏目不同的节目样式,都能应付自如、得心应手。一个记者在 CNN 的不同频道中对观众"轮番轰炸"是常见的事。

　　CNN 鼓励必要的竞争,同时避免不必要的竞争。记者不只是为某一个特定节目作报道,而是为 CNN 不同频道和不同平台提供相关报道。例如,2013 年 12 月 4 日阿肯色州发生枪杀事件后,CNN 派出了 4 个摄制组,在该州的不同地点就此事作采访报道,从不同角度为所有栏目服务。又如,有时一个重要新闻现场虽然只派一个报道记者,但辅以多个摄像师,从不同角度拍摄;各栏目的眼光、定位不一样,处理的方式也就不同。记者为了满足各频道、各栏目的不同需要,在现场深入采访的基础上,往往要制作多条长短不同、角度不同的报道。根据观众的需要,各个栏目的制片人从"故事菜单"里为各自的频道挑选素材,以此大幅度降低新闻节目的制作成本。

　　CNN 的驻外记者布局采用"一站带一片"的规划。在一个区域内,记者站办公设施相对完善,记者能够独当一面,一人多能,能够担负多个 CNN 平台的新闻采集工作,还具有独立编辑、独立审查、独立播出的能力,将同一新闻故事分别用于多个不同的频道,用不同的方式把消息传播出去。

　　为了有效实现本土化播出,CNN 在考察外派记者时,不仅要经过严格、正规的专业化培训,还要看他对驻在国国情及驻在国媒体情况的熟悉程度,努力提升驻外记者的本土化程度,提升 CNN 在全球各地的新闻采编水平。CNN 还赋予了驻外中心站独立用人的权利。在驻外记者的用人上,原则上仍以派遣英语系国家人才为主,也尝试采取本土化做法,遴选当地人才。例如,CNN 亚太中心大多选用亚裔主持人主持节目,并在亚洲地区的黄金时段集中播出亚太地区新闻,以提升本土化水平。但这样的人员数量有限。

来自:2013 年 12 月 10 日 CNN 网站首页

思考与启示

葛洛庞帝曾经说过,理解未来电视的关键,是把电视变成一种可以随机获取的媒体。以传统电视起家的传媒集团,应该主动融入新媒体,积极朝着全媒体集团的方向迈进,通过多种传播方式,以更长的播放时间,覆盖更多的受众,把提供更丰富的信息服务作为最终的发展目标。借鉴 CNN 新媒体的成功经验,建议从以下几方面进一步挖掘我国媒体开展新媒体业务的潜力。

一、充分利用原有媒体的品牌效应

"CNN 在全球的标志是它的可信度,一切利益都要服从于这一点。"早在 22 年前特纳创办 CNN 时,就希望开创电视新闻"公正、精确、负责任"的全新面貌,"这不是一个选择,这是一种信念"。

二、提高专业记者的单兵作战能力

我国媒体可以借鉴 CNN 的用人模式,打造一专多能的全媒体新闻采编队伍,提高专业记者的单兵作战能力。目前,我国网络媒体还只是一个新闻采集渠道,缺乏独立制作、播出的能力,网络媒体要加强专业培训,吸引专业人才,逐步增强在新闻编辑、内容审核、独立播出等方面的能力。

三、建立高效的运行管理机制

在 CNN 内部,所有工作人员的劳动成果是不受"知识产权"保护的,也不被任何一个部门垄断,都可以为别人所用,因为他们面对的是同一老板。他们所做的任何工作,都是为了同一个机构。与此同时,工作人员也以自己的工作成果能得到更多部门的采用为自豪。

CNN 信息资源共享的运作体制的实现,有赖于先进的技术支持,有赖于管理制度,也有赖于开放的心态。建立内部信息渠道要在对受众的传播中实现时效性和现场性的高度统一,完全依赖于新闻机构内部传播的有效性。CNN 遍布全球的网络之所以能够做到信息畅通、运转高效,离不开它"新闻部内的传播",即新闻采制部门内部信息渠道的建立与沟通。在追求又快又准确的新闻报道时,只有成功的管理和协作机制,才能使新闻播报达到流畅及时、不留缺憾的地步。

《华尔街日报》的多元制胜之策

《华尔街日报》(*The Wall Street Journal*)是由道·琼斯公司投资,于 1889 年 7 月 8 日在纽约创刊的一家以财经报道为特色的综合性报纸。1976 年在香港创办亚洲版,1983 年在布鲁塞尔创办欧洲版,进一步扩大了国际影响力,其内容足以影响每天的国际经济活动。到 2009 年第三季度,《华尔街日报》发行量已达 202 万份,超过《今日美国》成为全美发行量最大的日报,2013 年更高达 240 万份。在网络媒体迅猛崛起的数字化时代,《华尔街日报》之所以能雄踞榜首,除了高品质的内容之外,走媒介融合之路,成功实现全媒体的战略转型是其制胜的根本原因。

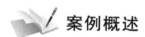 **案例概述**

随着互联网的发展,《华尔街日报》1993 年启动电子版,1996 年 4 月推出网络版,8 月网络版开始付费订阅,从此走上报网并进、媒介融合之路。

2002 年 1 月《华尔街日报》推出中文网络版,提供全球最新的商业和财经类新闻,工作日全天更新。2003 年开始整合《华尔街日报》的纸质和网络版订户,成为世界最大的付费新闻网站。

2004 年 11 月 30 日,《华尔街日报》与 Oasys 移动通讯公司合作,推出手机阅读服务,向用户提供即时的商业和金融新闻,市场、股票、商品数据和个性化投资信息组合。2005 年 9 月 8 日,《华尔街日报》打破 116 年来周末停刊的传统,创办了周末版。2007 年,《华尔街日报》网络版开始向国际化进军,陆续创办了包括中文版、日文版、葡萄牙版、西班牙版等 10 种不同语言的版面形式。

2006 年后,《华尔街日报》先后在 Facebook、Twitter 等社交网站上开设账户发布信息。2009 年 9 月 23 日,《华尔街日报》中文网络版开设新浪官方微博。

2009 年 4 月 18 日,《华尔街日报》推出 iPhone 客户端,不久又推出手机安卓系统客户端。2010 年 1 月 20 日,平板电脑 iPad 发布后不久,《华尔街日报》开发了 iPad 付费软件,仅

来自：2014 年 3 月 6 日《华尔街日报》首页

12

仅 2 周时间,就吸引了 3000 多用户。当年,《华尔街日报》又发布了 Android 平板版本软件。

2011 年 9 月 20 日,《华尔街日报》推出了一款名为 WSJ Social 的 Facebook 应用,加强在社交平台的推广。

2013 年,《华尔街日报》启动大数据工程,并将大数据时代、智能化生产和无线网络革命称为引领未来繁荣的三大技术变革。

来自:《华尔街日报》网 2014 年 3 月 3 日网页

 案例剖析

一、收费阅读

在数字内容收费上,《华尔街日报》独树一帜,先走一步,在业界最先设立网站付费墙,并取得成功,主要依靠以下优势。

(一)打造核心竞争力

从经济学的角度来看,一个产品价值的大小,与该产品的稀缺性直接相关。《华尔街日报》数字内容收费并赢利,核心竞争力在于它独特的内容。它在全球有 1600 多名采编人员,每天提供 1000 多篇稿件,有迅速获取关键信息的渠道,内容具有一定的垄断性,有较大的附加价值,独特报道风格也形成品牌效应,培养了一批忠实的读者。近年来《华尔街日报》不断提升数字内容的独特价值,增加内容和栏目的广度、深度,大部分收费内容都是独家新闻和深度分析,有关股市、市场、企业等的报道具有不可替代性,能够提供最及时的财经新闻、经济数据、分析、图表等内容。

为保护核心知识产权,《华尔街日报》还聘用了许多专业律师,严惩侵权行为。

(二)循序渐进,逐步渗透,捆绑销售

《华尔街日报》在培育新数字平台读者的过程中,步步为营,采用优惠和捆绑、打包销售的措施,培育潜在读者市场,实现了受众群从窄到宽的延伸,读者从一个平台订阅到多个平台订阅的扩张。

2009 年 4 月,《华尔街日报》推出免费的 iPhone 客户端,而网络版每年订阅费是 100 美元左右,它利用免费引起 iPhone 用户的注意,提高流量。从 2009 年 10 月 24 日开始,对手机终端读者进行收费,非报纸订户的手机读者每周收费 2 美元,报纸订户每周 1 美元,而订阅印刷版和网络版的读者则可免费享用手机阅读。

2010 年,《华尔街日报》推出"订阅纸质报获赠平板"限时体验的活动,试用期过后,就需支付每周 3.99 美元的费用。纸质报纸和在线内容联合订阅则可以获得优惠,订阅达到 54 周免费赠送 2 周。

iPad 版比网络版的阅读感受更接近报纸,又比报纸多了一些多媒体产品,延展了报纸的承载能力和阅读空间,阅读的乐趣更大一些。因此,iPad 版年订费用超过 200 美元,网络版年订费 100 元左右,只有 iPad 版的一半。

(三)用户分类,各取所需

把用户划分为忠实读者、潜在读者,采用不同的政策对待。对长期订阅的忠实读者,通过专业化的分析,将新闻挖得很"深",用内容优势稳定读者;对潜在读者,则采取在线服务的"体验式"策略,"残缺吸引"的支付模式:报纸网站免费开放部分新闻内容,而对最有竞争力的独家新闻和栏目收费。收费与免费之争的根本,在于网站流量带来的广告利益和订户订阅带来的利润之争。《华尔街日报》网站初时对所有内容都收费,从 2008 年开始,陆续推出部分免费内容来扩大影响力,以此保持网站的常态访问量,吸引潜在用户。通过不断翻新服务花样,比如在节日、促销活动或突发灾难性事件时,为网民提供阶段性免费阅读部分或全部内容,让从未看过这些内容的读者一览其真容,并在免费阅读期间开展抽奖活动,吸引更多网民参与体验,逐步把他们发展为订阅读者。

二、拓展渠道

在数字化的浪潮中,网络、手机、平板电脑等各种不断翻新出奇的数字媒体分散了受众的注意力,仅有一份纸质报纸无法吸引大量的读者,传统报业经营模式遇到挑战。对此,《华尔街日报》采取了一系列的渠道拓展策略。

（一）全面出击，扩大领地

针对多种流行的网络和移动终端,《华尔街日报》根据读者在不同终端的阅读感受,快速开发出阅读软件,充分结合平台本身特征,为读者提供信息。近年来,《华尔街日报》印刷版的读者基本稳定,各种网络版用户不断增加,2013 年,印刷版读者 150 万,付费网站、iPad、手机等数字用户 90 万,更多的用户是网站的免费读者,英文网站 4000 万,中文网站 350 万、日文网站 250 万。《华尔街日报》还在主要社交媒体平台进行推广,至 2014 年 3 月,在 Twitter 发帖 7.41 万条,粉丝数达 415 万,新浪微博有粉丝 242 万,腾讯微博有粉丝 180 万,Facebook 专页收到超过 215 万的赞。

数字平台延伸了报纸横向的广度,报纸拓展了数字平台纵向的深度,这使《华尔街日报》从一份单纯的报纸,成功转型为一份多平台紧密关联、媒介彼此融合的全媒体出版物。

（二）内容细分，多平台发布

根据不同客户和媒介形态,提供形式各异的新闻产品:标题、导语、部分文章、完整内容、扩展阅读。

来自:2013 年 7 月 9 日《华尔街日报》手机客户端页面

《华尔街日报》报纸强调独创性,不是简单报道新闻事件"何时发生",而是将 80% 的新闻内容集中于"意义何在"。报纸版式上,大小易于携带,版面突出标题,概要加框,使读者一目了然。在报纸上还添加类似导读的指向标,将读者带到网络版。为弥补信息快捷不如网络之短,《华尔街日报》除了在深度报道上下工夫,通过发表"某些新闻或带来什么"等观点外,还用网络和移动终端开拓一条 24 小时全方位的报道之路,及时发布最新消息。

《华尔街日报》网站的新闻版面、网页设计在很大程度也保持了报纸特色,如结构上以垂直为主、水平为辅的综合版式,色彩上简约的深蓝色基调,网络频道与报纸各叠的对应等。报网的关联性不仅体现在二者内容上的相互指引和相互补充,还体现在报网互动上,二者通过加强同一栏目的互动性,如"What's News"专栏,两者兼设,外形相似、功能相同,读者很容易把二者连为一体。另外,恰到好处地利用社交媒体,实现新闻产品"不完全社会化",把社交网络平台作为吸引读者的渠道,在微博、Facebook 等自媒体网络和社交网站发布消息和新闻导语等,吸引读者浏览网站。

(三)运用资源,细分客户

《华尔街日报》根据用户访问网站相应版面的次数和频率将用户划分为电子、旅游、汽车等用户群,每一个类群都有自己的标准和要求,信息每隔一段时间更新一次,为他们提供分类信息。为不同的用户群提供不同类别的广告,通过这种目标锁定式的服务,实现广告的精准投放,其中汽车、旅游和电子类的广告收益最大。2014 年 1 月,《华尔街日报》总结了经济要闻以外,评选出的 2013 年最受读者欢迎的三篇文章,还从侧面反映了人们最感兴趣的 3 类事:购物、食品、科技。

 思考与启示

《华尔街日报》媒介融合的转型拓展,不只是报纸、网络、移动终端、社交媒体等的简单组合,而是实现多平台互动、多媒体展示、多终端融合,从而使传统报业的竞争力从纸质媒体拓展到整个网络和移动终端,它的成功对我国的报业发展具有重要的借鉴意义。

一、高品质地做好内容产品的深度开发

目前,媒介同质化严重,受众对某个媒体的依赖性减少,对于我国传统报业来说,内容的不可取代性和高品质才是它的核心竞争力。要充分发挥报纸在内容采集上的极大优势,并对新闻产品进行深加工,打造好拳头产品和独家报道,分门别类地满足报纸、网络和移动终端读者的个性化需求。同一内容发布要注重不同数字平台的差别,要有不同深度的挖掘和不同角度的剖析,并采用不同的表现形式。

媒介融合不是简单的技术变革,它从根本上改变了内容生产和传播模式,把单一线性生产变成大规模的内容生产融合、形态融合和传播融合,从而引起传媒组织结构的变革,

提升媒体内容的加工、生产能力和增值服务能力。

二、逐步确立数字内容收费的战略理念

《华尔街日报》网站在创办之初就实行收费的策略，是值得我们借鉴的。从长远看，对报纸数字平台收费，不只是对数字版权的维护，更是对纸质媒体经营策略的变革，改变过多依赖广告赢利的模式，从发行上下工夫，并取得一定收益。我国报纸网站等数字平台也应考虑逐步开辟数字收费阅读的内容，提高独家内容的收费价格，打造更多的内容收费渠道。通过多种平台为收费内容做推广，实现数字内容收益的最大化。

对于一些缺乏独家性和必读性新闻的报纸来讲，贸然在数字平台采取收费策略，可能会遭遇迎头"重击"，造成读者数量大幅下降。内容原创性和独家性不高的纸媒，如果在线信息服务收费条件还不成熟，可以积极拓展移动媒体平台的建设，通过运营商的推广，在移动媒体平台上尝试收费。

三、加强信息资源整合和数据库的开发利用

2013 年开始进入大数据时代，在这样一个数据收集和开发应用的时代，信息资源整合和数据库建设已逐渐成为内容产业的核心要素。

数据资源建设划分为两类：一类是内容数据库，建设好这个数据库可以快速收集和利用信息，供不同数字终端平台自由调用；另一类是用户数据库，报社可以对读者和网络版消费者的信息进行分类整理，形成客户数据库用来分析受众，细分市场，实现内容的针对性发布和广告的精准投放。建设好这个数据库，媒体与客户之间能保持互动，进行良好的沟通，建立客户对媒体的信赖。

目前，媒体之间的边界日益模糊，报业只有尽可能挖掘自身信息资源的潜力和深层次的利用价值，对用户细分，根据目标读者群的阅读需要，整合纷繁复杂的新闻资讯，借鉴《华尔街日报》的成功经验，为受众量身定做每天的资讯套餐，向他们提供各种专业化、个性化的信息服务，才能获取最大的收益。

老牌《泰晤士报》的新媒体秘籍

　　1785 年创刊的《泰晤士报》是英国历史最悠久的综合性日报,也是世界上连续出版时间最长的报纸之一,被称为"现代新闻事业鼻祖"。该报以消息可靠、言论权威著称,报道涵盖政治、经济、文学、艺术、体育等领域,不仅蜚声英国报坛,在世界上也享有很高声望,被联合国教科文组织评为"世界著名老字号报纸"。走入互联网时代,具有 230 年历史的《泰晤士报》积极布局新媒体,认真尝试媒体竞争新策略,其"返老还童"的秘籍令人关注。

来自:2014 年 2 月 7 日《泰晤士报》网页

 **案例概述**

1785 年,约翰·沃尔特创办《每日环球记录报》,1788 年 1 月 1 日,改名《泰晤士报》。

1814 年,《泰晤士报》率先使用蒸汽印刷机,每小时可印刷 1100 份。1827 年,改用四轮平板印刷机,每小时可印刷 4000 份。1847 年,率先采用轮转机,每小时出报 1.1 万份,版面增加为 12 版,销量已达 2 万份。当时伦敦其他报纸销量没有超过 5000 份的。

1855 年 6 月,英国下院废除报纸印花税,报纸成本减少、售价降低,《泰晤士报》销售剧增至 6 万份。

1908 年,《泰晤士报》被英国最早的报业集团——北岩报团买下,之后通过全力革新,在国际事务中产生了重要影响,发行量上升到 31 万份。

1922 年,北岩勋爵去世后,《泰晤士报》卖给了阿斯特家族的约翰·雅各·阿斯特,慢慢衰落。

1966 年,该报转卖给国际报业大王罗伊·汤姆森。

1979 年,《泰晤士报》因一起劳工纠纷停刊近一年。

1981 年,传媒大王默多克以 1200 万英镑收购《泰晤士报》之后,该报又一次崛起。

1986 年,默多克将报社从舰队街旧址移师伦敦东部一片荒地的沃坪,并采用全新的电子技术和印刷设备生产报纸,还把报纸的配送系统由铁路改为公路,提高发行效率。此即所谓的"沃坪革命"。

1993 年 9 月,《泰晤士报》把报纸价格从 45 便士降到 30 便士,到 1995 年 1 月,报价最低时只卖 5 便士 1 份,发行量提高到 80 万份。

来自:2014 年 8 月 10 日《泰晤士报》网页

1996 年,《泰晤士报》网络版开通。

2004 年 11 月,《泰晤士报》推出小开本版面报纸。

2006 年,紧跟潮流花费 10 亿美元购置全彩印刷机,印刷彩色版报纸。

2010 年 5 月,《泰晤士报》发布 iPad 版;6 月,《泰晤士报》推出付费墙;7 月开始对数字内容进行收费,售价为每周 2 英镑或每日 1 英镑。

2013 年,新闻集团采购柯达鼎盛 S30 套印系统用于《泰晤士报》印刷,凭借高速联机的数码印刷解决方案,从依赖于纸质报纸的零售模式,转变为订阅印刷版和数字内容的混合模式。

案例剖析

《泰晤士报》在 200 多年的发展历史中,在运用新技术、版面设计、商业化操作、人员管理上,不断追求变革创新,顺应时代发展的潮流,木秀于林而屹立不倒。

一、率先研发付费 APP,对网络内容实行收费阅读

《泰晤士报》很重视新技术的应用,是率先采用蒸汽印刷机、轮转印刷机的报社。在被默多克收购后,1982 年开始采用电脑排版和激光照排印刷技术,1996 年创办网络版。

2006 年,《泰晤士报》网站实行新闻报道全天候及时更新,采用文字、图片与音视频结合的新闻报道模式。2010 年 7 月,创建网络阅读的付费墙,开始对网络内容进行收费,是英国首个研发第三方应用程序(APP)的媒体;此后,推出了包含网络和 APP 内容浏览的"数字"系列订阅套餐,订阅用户不仅能够获取新闻信息,还能得到很多附加服务,这是吸引更多订阅用户的重要手段。比如,订阅数字套餐,用户就能拥有"《泰晤士报》增值会员"的身份,从而有获得米兰时装周的最新资讯、电影首映式的参加名额、免费电影票等机会。

《泰晤士报》实行了在线新闻收费这一高风险战略,使该报流失了一部分喜爱免费阅读的网民,但是,收费电子版订阅量在增长。据英国《卫报》报道,从 2011 年 9 月到 2012 年 1 月,《泰晤士报》的电子版每个月的订阅人数持续增长,从 11.1 万增长了 7.5%,接近 12 万人次;到 2014 年 6 月,数字订阅用户已经超过 15 万。

该报数字化运营部门总监露西亚·亚当斯表示,数字内容的订阅者主要是在平板电脑和手机上浏览内容,这部分读者的年龄相对年轻,比报纸订阅者小 10 岁左右,所以在内容设计上与报纸稍有不同。目前,网络版的点击量远远超过报纸发行量。据新闻集团下属的国际新闻公司统计,付费阅读《泰晤士报》网站内容的客户中有 75% 是英国客户,74% 的客户来自 iPad、手机等移动终端。为了更好地运用新技术,该报削减了数十个纸

质版编辑岗位,通过整合编辑团队,将新闻业务重心转向数字板块,使 IT 人员占所有编辑记者人数的一半;同时也为 24 小时实时更新新闻做好了准备。

打造一个成功的品牌需要有不同的体验和平台。通常,一般报纸所采用的免费阅读模式,带来了大流量的低端客户,这些客户们不关注品牌事务,很难与媒体建立情感上的联系,因此,这种免费阅读模式很难为品牌广告提供一个合适的平台。《泰晤士报》通过付费墙,让客户认识新闻产品的价值。这些用户更富有,忠诚度也更高。国际新闻公司首席营销官范内克称,国际新闻公司的付费用户访问《泰晤士报》网站的频率要比收费前多,在其 iPad 内容订阅户中,有 60%的用户年收入超过 10 万英镑,为广告商提供了优质的平台。

二、新闻的可视化整合

人脑对图形信息的处理可以在瞬间完成,对文字的处理则需按照线性顺序,速度会慢很多,因此,利用图片、视频等传播手段来进行新闻创新是开辟市场的利器,以此可以提升报纸和网站的影响力。网络技术的发展和运用,不断提高了获取数据的便捷性。基于数据挖掘基础上的数据新闻可视化,是视觉化新闻叙事一个新的发展分支。视觉化的新闻不仅传播了很多信息,而且可看性强,具有欣赏价值。

进行新闻的可视化整合,打造新视觉团队。新闻可视化的过程整合了从传统的调查新闻到数据统计、从美工设计到电脑编程的若干个专业领域,它对新闻从业人员提出了更高要求。《泰晤士报》较早就建立了新视觉新闻团队,报社的采编人员共约 420 人,新视觉新闻团队有 34 人,这个团队的工作重心是运用视觉元素对时事新闻进行分析阐释,一般不直接表现新闻事件本身。团队中的核心成员有 3 人,分别是数据记者、信息编辑和内容设计编辑,另有效果展现程序员 1 人、数据挖掘员 1 人和设计人员 29 人。①

《泰晤士报》约翰·希尔的 iPad 版设计团队,花费 5～6 个月时间完成了 iPad 版的界面的设计。其主要设计思路是:让报纸颜色、形态、分类、功能保持不变,以便读者保持对该报的阅读习惯,发挥图形、图表以及有声读物的优势来体现 iPad 版的独特性。

据《泰晤士报》视觉总监马特·柯蒂斯介绍,新视觉新闻团队核心成员是数据记者、信息编辑、内容设计编辑。新视觉新闻团队核心成员中的数据记者,一般是由新闻记者转型而来,要具备写作、调查、根据数据形成观点、制图、缩小数据搜索范围等能力,工作职责是选择选题、编辑数据。数据挖掘员要具备数据深度研究、数据运算、从多种渠道快速调出数据等能力,一般不大考虑是否有新闻从业背景。信息编辑的日常工作是制图、信息沟通,需要具备的技能是图表设计、信息设计、网页设计、视频后期制作等,会使用

---

① 郑蕴雯,姜青青. 大数据时代,外媒大报如何构建可视化数据新闻团队. 中国记者,2013(11).

Photoshop、Indesign 等软件。内容设计编辑是项目的主要决策人,日常工作职责是确定选题、编辑数据、制图、成品出稿等。

新视觉新闻团队三位核心成员的工作互相交叉,在不断讨论和磨合中完成合作。工作流程是:确定选题—挖掘数据—编辑数据—制图—成稿。他们还会根据不同内容的需求,邀请一些相关的文字记者参与合作,由图表设计人员和合作记者一起完成稿件。

该报对编辑方针也进行了调整,为照顾到不同年龄层次和不同文化背景的读者,注重在严肃性和可读性之间寻找平衡,栏目设置向多元化发展,扩大报道范围,总体风格进一步软化,更多地采用彩色报纸和大幅彩色照片,对重要文章都要求"以跳动的文字抓住读者"。例如:政要新闻用更易懂的语言解读,会采用政治类漫画的方法;矿难等突出新闻,使用图片、图表来进行报道。同时,社会新闻、体育、音乐和文学等内容也明显增加,周六版增加了休闲娱乐和各种服务类的内容;还有,运用色彩对不同类别的新闻进行分类,在设计分析性强的报道中,版面上会加黄色圈;科学、金融版面采用大图表和少量文字来讲述新闻。为了体现报纸观点和权威性,尽量做到保持中立。

三、"屈尊"进行小报化改造,发行量明显增长

《泰晤士报》不断运用新技术开辟网络战场,在纸质报上,也不断创新,求变图存。

在英国,传统上大报小报不仅仅是报纸式样上的差别,也体现了报纸的不同身份和地位,大报如《每日电讯报》《卫报》等,面向上游市场读者,内容严肃,版式严谨,可信度高、权威性较强。小报则是指《太阳报》《每日镜报》等,面向中下游市场,一般采取 4 开小报格式,内容以猎奇、煽情、揭隐见长,常常使用耸人听闻的大字标题,刊登俗艳的半裸女郎照片。因此,在英国人眼里,"小报"这个词带有轻蔑之意。

大报之"屈尊"进行小报化改造,是为了方便读者阅读。英国报纸发行主要靠零售,上班族大多是在上下班途中顺手买份报纸,利用乘车时间浏览一下,而在拥挤的地铁或公共汽车车厢里,要展开一份大报颇不容易。相比之下,阅读一份小报则要方便得多。在 20世纪 90 年代,《泰晤士报》就开始推出小报板块。2003 年 11 月 26 日,在伦敦地区推出 4开整份"小报化"报纸,内容和大报版本完全一样,同时在市场上销售,价格为 50 便士。

《泰晤士报》主编汤姆森说:"虽然紧凑型的《泰晤士报》是小报格式,但和一般意义上的小报有着本质区别,它以卓越的编辑质量为基础,采用新的形式来展现大报的内容,不管报纸的形状如何,都是一份专业的、高尚的、充满激情的报纸。"同时,大报式样的《泰晤士报》仍然保持出版,以便留住老读者。

小报版本给《泰晤士报》带来了一定的收获。根据英国报刊发行稽核局公布的数字,《泰晤士报》小报版推出的第一个月后,发行量增长率为 2.29%,增长到 63.6 万份。

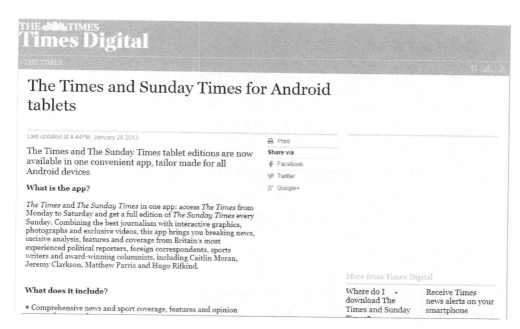

来自：2013 年 1 月 28 日《泰晤士报》数字平台网页

　　《泰晤士报》小报化是这份经典大报在激烈的市场竞争中求变图存的众多举措之一，也借此表明它不再是一份"高层人物"独享的报纸，而是面向各个阶层、各个年龄段的读者的普及型报纸。

 思考与启示

　　纸媒在 20 世纪前比较保守，不管是版面形式还是载体，变化都很小。进入 21 世纪后，一些读者开始通过互联网等其他平台获取新闻信息，新媒体对报纸造成了很大挑战。《泰晤士报》的发展，为纸媒应对挑战提供了一些经验。

一、表现形式多样化

　　纸媒向新媒体转型是大势所趋，重新思考纸媒生存方式迫在眉睫。新闻产品展现形式要在电脑、手机、平板电脑等载体上创新，应针对不同平台特性，通过多媒体技术设计视频、动画、漫画甚至游戏等形式来展示新闻，形成独有的报道特色，提高视觉冲击力。在内容上，要使报纸阅读起来更有乐趣。

　　大报也要进行成本核算。在新媒体冲击下，为了长期生存，从版式新颖、便利性以及投入产出比等方面出发，把大报改为小报，也是可以尝试的一个方法。

二、建设好数字媒体团队

内容传递方式的改变,促使报业从人员配置到新闻采编流程,都要有所改变。国内不少报社的数字媒体团队人员配备不齐,分工不精,尤其缺少优秀的数据编辑和电脑制图编辑,有的报社还缩减了专业的数字化视觉工作人员,数字化建设重设备投资、轻人才引进,整体发展缓慢,效果一般。

因此,要大力培养新闻、软件和艺术技能的高素质复合型数字媒体人才,加大引进高素质复合型数字媒体人才的力度。新媒体团队的成员,需要有良好的新闻素养和较强的电脑技术、较高的新闻内容提炼和信息数据整合能力。

三、加强部门整合

为了更快更好地发布新闻,媒体要打破原来条条块块分割的机制。国内很多报社虽然设立网站、手机报等部门,但部门之间沟通消耗很大。要转变以纸媒为主的传统传播思路,审视数字化传播手段的地位和作用,考虑重新进行团队的整合,调整新媒体部门和报纸采编部门之间的人员、资源配置和机构设置,优化内部运作流程,加强部门整合,做好数字媒体战略的系统化布局。

Facebook："全球第一大社交网站"快速成长的秘密

2004 年 2 月 4 日,美国人马克·扎克伯格(Mark Zuckerberg)创办 Facebook,到 2012 年 9 月,活跃用户数量突破 10 亿。2014 年 Facebook 财报显示,第一季度的活跃用户数达 12.8 亿,其中移动活跃用户超过 10 亿。目前,Facebook 向全球各地提供 70 多种不同的语言服务,用户中约有 70％来自美国以外的地区,是全球第一大社交网站。

搜苹果网:Facebook 功能展示图

 **案例概述**

2004 年 2 月,Facebook 在哈佛大学校园创办,开始只对哈佛学生开放,后来扩展到美国其他一些大学,到 12 月用户数超过 100 万。

2005 年 9 月 2 日,Facebook 推出高中版,10 月以后,用户扩展到英国、墨西哥、澳大利亚和新西兰的大学生。

2006 年 9 月 11 日,Facebook 对所有互联网用户开放。

2007 年 5 月 14 日,"Facebook 市场"上线,提供免费分类广告。5 月 24 日,Facebook 推出应用编程接口 API(Application Programming Interface)。

2008 年 5 月,根据 Comscore 咨询公司的数据,Facebook 全球独立访问用户达到了 1.2 亿,首次超过竞争对手 Myspace。6 月,推出简体中文版本和繁体中文版本。8 月,发布 iPhone 平台的应用程序,在当年度最受欢迎的 iPhone 平台免费应用程序中排名第二。

2009 年 6 月,开发了与智能手机连接的上网功能。8 月,Facebook 收购 Web 服务公司 Friendfeed。

2010 年 11 月,推出了新的"Facebook Messages"服务,集成了短信、邮件等多种功能。

2011 年 7 月,Facebook 与 Skype 搭档,开发了一对一的可视电话业务。

2012 年 5 月 18 日,Facebook 在美国纳斯达克证券交易所上市。

2013 年 4 月,推出 Facebook Home,为 Andorid 手机提供新的体验,设计了一个"以人为中心"的主屏,把重要元素巧妙地整合到主屏上。

2014 年 1 月,发布"热门话题"(Trending)功能,用户可以在 News Feed 信息流的右侧看到一份个性化列表,包括用户感兴趣的热门话题和整个 Facebook 平台上的热门话题。

2 月 19 日,以 190 亿美元收购快速成长的跨平台移动通讯应用 WhatsApp。

4 月 18 日,推出"附近好友"(Nearby Friends)的新移动功能,通过手机的全球定位系统,查找用户附近的好友。

花瓣网:Facebook 广告图

 **案例剖析**

Facebook 自创办以来,依靠 SNS 的禀性,全方位打造超级 SNS 媒体,建立开放的平台,开创新的广告模式,取得快速发展。

一、打造超级 SNS 媒体

SNS(Social Networking Services)可以说是 Facebook 的一种禀赋。Web 2.0 时代,以个人为中心的网络应用平台不断推出,网民可以突破传统封闭式门户网站的约束,在网络平台上自由地发表和传播信息,促成自媒体的迅速崛起。Facebook 全力打造超级 SNS 网站,积极布局移动平台,塑造全新的网络信息生态环境体系。创办之初,用户数就呈现几何级增长,而且黏性很高。因此,Facebook 在广告传播中具有原生的优势,就是巨量的"真实用户信息"。

Facebook 还对 SNS 的价值进行深入挖掘,推动"大数据"产业发展。大数据指的是"海量数据+复杂数据类型"。SNS 平台每秒钟都在生成海量的非结构化数据,包括文本、应用、位置信息、图片、音乐、视频等,是典型的"大数据"系统。2011 年 12 月 Facebook 发布的 Timeline,就是一款大数据产品。用户可以通过它,将个人在 Facebook 使用的历史信息归类向别人展示。比如,网民在挑选皮鞋时,可以通过 Timeline 把过去发生的与皮鞋相关的信息提取出来,提供给商家,让商家为他推荐适合的产品。

目前,移动社交正在强劲地发展,但 Facebook Messenger 在 Google Play 的评价不高,在移动平台更是表现平平,缺乏统治力,并不断遭到来自 WhatsApp、Snapchat 等新移动社交应用的挑战。为完善社交网络平台布局,2014 年 2 月 20 日,Facebook 斥资 160 亿美元收购即时通讯工具 WhatsApp,弥补其移动端短板。

二、打造开放平台

Facebook 构建了一个开放的"参与体系",率先公开源代码,允许第三方改造 Facebook 的已有功能,开发基于 Facebook 平台的应用软件。

(一)丰富应用软件的数量

2007 年 5 月 24 日,Facebook 把自己的应用编程接口 API 向第三方软件开发者开放,到 2014 年,世界各地超过 40 万开发者在为 Facebook 开发应用软件,每天都有 140 个左右的应用软件上线。这些应用软件为用户提供了各种各样的增值服务,极大扩展了 Facebook 的功能和应用。

（二）追求应用软件的质量

Facebook 关注平台上应用软件的质量。平台开发之初，Facebook 对应用软件的评判标准是下载量，后来发现一些质量不高的应用软件，通过网民传播也会有很高的下载量，著名 IT 博客 Valleywag 曾批评 Facebook 应用软件是"一大堆垃圾"。对此，Facebook 改变对应用软件的评判标准，建立新的质量评价体系，在推广排名时，把那些有深度价值的热门应用软件排在前面，从而逐渐赢得用户的信赖。

为了提高 Facebook 应用软件的质量，2013 年 4 月，Facebook 并购云端应用软件开发平台 Parse，在这个平台上开发的 Facebook 应用软件有较好的兼容性和跨平台性，用户体验会更好。

（三）提高应用软件下载量

应用软件下载服务是网络公司发展最快的业务之一，比如苹果公司这项业务每个季度有 44 亿美元的收入。苹果应用商店 App Store 中有超过 100 万款应用软件，但排行榜只显示了其中 0.02％，约 200 种，造成巨大的资源浪费。Facebook 在向用户推广应用软件上，比苹果公司更有优势，因为 Facebook 拥有着一对一的消费驱动模式，拥有 12 亿用户，拥有庞大的消费者的真实信息，用户所发表的评论，上传的图片、音乐、视频等都蕴含着用户的消费倾向等有效信息，拥有巨大的商业价值。"数据"的挖掘分析可以大幅提升应用软件和广告的精确投放效果，有利于第三方软件开发者开发出对用户更具吸引力的应用软件。系统能够通过性别、年龄、地理位置、兴趣对用户细分，增加应用软件的推送数量，提高推送的精准度，从而使其下载量增加。

三、不断创新广告

（一）注重传播效果

Facebook 与"传统广告模式"背离，将广告自然地融入整个网站的内容之中，不会因为展示更多广告而压缩其他内容的空间，协调了"用户体验"与"商业利润"之间的关系，取得较好的广告效果。商家在 Facebook 开设官方主页、发布活动信息、针对性地向点击"赞"的用户推送信息等都是免费的。

Facebook 的 Like 广告是将 Like 键的功能与广告结合起来，用户看到自己喜欢的产品可以通过 Like 键进行分享，扩散了产品的广告信息。在真实身份的关系网中，好友之间具有足够的信赖感，好友间的传播能取得较好的广告效果，如果多个好友持续进行分享，传播力度就会成倍增长。

网络用户已经厌倦了一般广告平铺直叙的表达方式，Facebook 推出品牌故事广告，以情节增大吸引力。品牌故事广告通过其内容使消费者产生共鸣，增强了消费者对品牌本身的认同感,有利于培养消费者的忠诚度。耐克的广告片《踢出传奇》曾经在 Facebook 树立了这种广告方式的典范,其在 Facebook 上的播放和评论次数超过 900 万次,由于广告的成功,耐克的粉丝数量在两天内迅速增长了 150 万。

Facebook 注重创新广告收费的模式,比如通过为广告主免费发布的消息提供收费的推广服务,广告主选择这一服务后,可以让发布的广告信息在用户的信息页置顶,以此来提升传播效果。Facebook 还提供广告数据分析,帮助在 Facebook 落户的品牌管理网站上的粉丝页面,推出"Offers",向粉丝们提供品牌优惠信息,以及品牌的"Timeline"等付费服务。

Facebook 还对广告付费标准进行变革,广告主付费不是采用网络最流行的每千人浏览费用 CPM(Cost Per Mille),或者每次点击付费 CPC(Cost Per Click)的形式,而是和传统媒体类似的总体收视率(Gross Rating Point)的模式,以广告曝光和到达率作为收费标准。Facebook 推出"Reach Generator"广告系统,保证广告内容每月平均覆盖到 75% 的粉丝,要求广告主根据其粉丝数量付某固定费用。

建立快速的广告效果反馈体系。一般来说,从广告内容发布到获取效果数据间隔最快也要 2～3 天,2013 年 Facebook 推出实时化的广告评价系统,新版 Facebook Insights 能够在 5～10 分钟内统计广告的传播数据,提供内容到达率和网民参与互动数等信息,通过它能够推断出哪些页面受用户欢迎,进而分析客户需求,制定后续推广方案。

花瓣网：Facebook 网页

（二）在信息流推出视频广告

2013 年美国数字视频广告收入实现大幅增长,达到近 30 亿美元,eMarketer 预测

2014 年将增长到 57.2 亿美元。目前,众多知名品牌广告正跟随用户的脚步,从电视转战互联网,许多广告主希望 Facebook 能够提供视频广告。

除了普通的视频广告可以在 Facebook 页面上播放外,Facebook 对视频广告的制作和播出进行创新,推出了在信息流播放视频广告的业务。2014 年 3 月 13 日,Facebook 正式推出 15 秒钟的视频广告,在信息流页面强制播放,首条视频广告将自动静音播放,点击广告,它就会开启声音并扩展为全屏模式,广告的价格每天在 100 万～250 万美元之间。

Facebook 将与视频分析公司 Ace Metrix 合作,审查视频广告的创意质量,广告评估标准包括观赏性、意义和"情感共鸣",确保视频广告的质量。

(三)推出应用程序安装广告

市场研究公司 eMarketer 报告指出,2013 年全球移动广告销售总额达到 179.6 亿美元,预计 2014 年再增加 75% 至 314.5 亿美元。Facebook 2013 年的移动广告收入份额是 17.5%,预计 2014 年达到 21.7%,其中应用程序安装广告占有较大比例,而且不断增长。为了从移动市场获得更多收入,Facebook 采取了一项专门针对移动广告的行动。

Facebook 推出"移动应用程序安装广告",鼓励应用程序开发者购买,通过 Facebook 推广他们在应用商店中的应用程序。这种业务已成为了 Facebook 的摇钱树,应用程序的推广一方面为用户提供了多种便利,一方面也让开发者获得了更多的利润,而对于 Facebook,不仅省下很多网站功能开发的费用,提高了网站的点击量,还获得了不菲的广告利润。

 思考与启示

Facebook 能在十年里异军突起,是因为顺应了时代潮流,建立了先进的管理模式,树立了创新和开放的理念,保持了旺盛的市场生命活力,为网络媒体发展带来了一些启示。

一、先培育,再收益

网络媒体发展初期,总是要大量的资金投入,不能急于求成,过早对其提出盈利要求,一味追求商业利益,只能使它走向没落。网络媒体的发展模式没有现成的样本可以模仿,只能在创新中不断地成长和壮大。

网民面对网络上繁杂的广告信息会感到厌倦,时间长了往往就会选择回避。MySpace 网站被默多克的新闻集团收购后,为了尽快盈利,在网页上投入过量的广告,以展示广告、弹窗广告为主的网络广告引发界面杂乱,使用户行为受到干扰,影响网民的使用体验，导致网民大量流失。Facebook 吸取前车之鉴，为了避免惹恼用户，在推行广告上小心翼翼，特别注重用户体验。例如：因为广告加载速度较慢，Facebook 推迟了其信息流视频广告计划，在改进了后端技术，提升广告加载速度后，才在 2014 年推出信息流视频广告。

通过最初几年的培育，Facebook 网站热度飙升，用户停留时间延长，访问量迅速增长，逐渐成为广告商的聚宝盆。

二、内容即广告

对广告表现形态的创新，提出"内容即广告"的理念，任何在品牌页面发布的内容，都可以变为一则广告。马克·扎克伯格把"将广告设计得像常规内容一样显示"形容为"令人振奋的商业化项目"，并在关于"屏幕碎片化"的主题研讨会上表示，无论人们通过什么样的终端查看信息流，在 Facebook 的主导下，企业都能如影随形。

三、开放的理念

马克·扎克伯格的视野已经越过社交功能，打算把 Facebook 打造成为人们生活服务的操作系统，实现这样的目标必须依靠开放的理念来支撑。

Facebook 提供了一个合作共赢的生态系统，第三方软件开发者可以开发与 Facebook 核心功能集成的应用程序，服务于 Facebook 庞大的用户群。

第三方开发者还可以从 Facebook 数据库中了解到用户的偏好，开发具有针对性的应用产品，比如为用户提供了免费分类广告计划、礼物及活动等功能项目，这类服务是基于个人互动需求衍生出来的，可以形成叠加效应，增强 Facebook 的吸引力和黏合度，使其在良性循环中不断发展壮大。

网聚人气:造就 Twitter 的"幸运与意外"

2006 年,埃文·威廉姆斯(Evan Williams)创建的 Obvious 公司向公众推出了 Twitter,开创了微博时代。2014 年 Twitter 第一季度财报显示,Twitter 用户注册总量已经超过 10 亿,活跃用户量达到 2.55 亿,每天发布的消息超过 5 亿条,是全球访问量最大的十个网站之一。Twitter 的注册用户中有普通老百姓、各界明星以及 60 余位国家首脑等,传播的内容包括全球性的新闻事件、企业营销、产品信息、个人生活琐事等,Twitter 成为网民表达意愿、分享心情、获取信息的重要渠道。

Twitter 网的 Logo

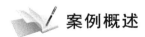 **案例概述**

2006 年 3 月 Twitter 创建,7 月开始向公众开放,2007 年 Twitter 从原公司分离出来,成立新公司独立运营。

2007 年 3 月,Twitter 在美国德克萨斯举办的"南南西音乐节"现场使用,迅速吸引了年轻人的广泛关注,日发帖量从 2 万条猛增到 6 万条,在 ALEXA 的网站排名中进入前 650 名。

2008 年，奥巴马在美国总统竞选中，使用 Twitter 向所有跟随者及时发布动态信息，使 Twitter 注册用户猛增，也获得了硅谷创业者的热情追捧。

2009 年 5 月，Twitter 增添了一项搜索功能，方便用户及时了解热门话题和消息。

2010 年 1 月 22 日，国际空间站的美国国家航空航天局宇航员提摩西·克林姆在 Twitter 上发布了第一条来自地球外的 Twitter 消息。4 月 13 日，Twitter 向企业公司提供付费广告业务。

2012 年 3 月 20 日，Twitter 宣布在移动设备上显示广告推文。5 月 10 日，Twitter 收购了个性化电子邮件营销服务提供商 RestEngine。12 月 11 日，Twitter 正式推出了照片滤镜功能。

2013 年 1 月 24 日，Twitter 发布最受欢迎的第 6 代微视频应用程序 Vine。9 月 10 日 Twitter 公司斥 3.5 亿美元收购流动广告交换服务商 MoPub Inc.，属该公司最大宗收购。11 月 6 日 Twitter 公司登陆纽约证券交易所，IPO 发行价定为 26 美元，发售 7000 万股普通股，7 日在纽交所开盘报 45.1 美元，较发行价大涨 73.46%，按照收盘计算，Twitter 公司估值达 245 亿美元。

2014 年 5 月 5 日，Twitter 与全球最大网络零售商亚马逊公司联手，开放用户从旗下微网志服务的推文直接购物。6 月 4 日，Twitter 宣布将收购移动广告平台 Namo Media。6 月 19 日，Twitter 宣布将收购视频编辑创业公司 SnappyTV。

来自：2014 年 7 月 3 日 Twitter 网页

 **案例剖析**

拥有大数据平台是 Twitter 发展的一大优势,无论是信息传播、品牌推广还是产品营销,这个平台都能够发挥作用。信息传播看重平台的媒体属性和其背后的人群特征;品牌推广和产品营销则看重平台用户量的大小,平台是否拥有用户的追踪、监测和数据分析等功能。总之,平台的大小决定了媒体的丰富程度,广告投放的选择空间,也影响着传播效果和推送的精准度。不断网聚人气建设大平台,进行广告创新,是 Twitter 快速发展的重要推动力。

一、OtoO(Online to Offline 线上到线下)模式网聚推友

(一)组织和参与线下活动

Twitter 从诞生之时起,就拥有 OtoO 的特性,虽然没有采用实名制,但互联网线上和线下的推广结合紧密,是其快速成长的重要因素。

2007 年 3 月,在德克萨斯州奥斯汀举行的 South by Southwest 音乐节大会上,主办方将 Twitter 页面,显示在演唱会走廊的两块 60 英寸等离子显示屏上,所有参会者可以通过手机登陆 Twitter,即时发布感受和想法,并在滚动的大屏幕上看到这些信息。这次活动把 Twitter 从互联网上拉到音乐节现场中,成为现实中的焦点,使其名声大震,快速赢得大量公众的关注。

此后 Twitter 线下活动依然非常多,在芝加哥、洛杉矶等地,几乎每晚都有 Twitter 用户的各种聚会,人们分享使用心得,讨论 Twitter 给生活带来的影响,志趣相投的推友通过 Twitter 在网上相识,在现实生活中相聚,成为好朋友,慰藉彼此的精神世界。Twitter 通过线上和线下的联合,推出种种活动,逐渐成为维系人们情感的纽带,并对文化和政治也产生巨大的影响。

(二)以品牌为桥梁,建立群组

Twitter 开发了"品牌频道",让企业构建品牌页面,组建各种品牌小组,聚合同一品牌下的大量粉丝,运用这个平台向用户发送各种新品信息、促销信息。通过 Twitter 的分享功能,让这些信息在由相同兴趣爱好用户组成的品牌小组中迅速传播。还可以运用这个平台及时收集大量反馈信息,进而做一些有针对性的营销活动。

戴尔公司从 2007 年 3 月开始使用 Twitter 的企业平台,到 2013 年已拥有 65 个 Twitter 群组。Comcast、通用汽车、H&R Block、柯达也是光顾 Twitter 的常客,它们对

Twitter 的关注反映了社交媒体在消费者对品牌的传播和评价方面具有巨大影响。Get Satisfaction 网站的总裁兰·贝克说："对品牌的真正话语权已经转移到消费者手中。只有拥有优质的客户资源，才能有好的营销业绩。"

网络整合营销 4I 原则中的 Interaction 互动原则强调，营销主体与客体之间需要进行互动。在 Twittter 上组建品牌群组，增加了品牌公司直接接触消费者的机会，有利于提高品牌认知度，维持客户对品牌的忠诚度。企业再进行一些线上和线下结合的促销和优惠活动，划分和管理好优质客户群体，与用户建立长期的互动关系，从而取得更好的品牌推广和产品营销的效果，获得市场回报。

二、创新广告和营销模式

（一）即时信息流引发病毒式传播

Twitter 产生的即时信息流，拥有巨大的商业价值，它不仅可以成为一种广告模式，还能够参与到整个营销过程中。

网络营销专家刘东明认为："社会化媒体的到来，使得传播由'教堂式'演变为了'集市式'，每个草根用户都拥有自己的'嘴巴'。"Twitter 是"品牌信息"和"品牌舆情"汇聚的重要阵地。越来越多的公司都在 Twitter 上追踪用户对其产品的反应，监测与品牌相关的舆论。通过收集和分析这些真实的声音，不仅可以帮助企业迅速传播和推广品牌，而且可以让企业更加准确地了解消费者心理，包括对产品的感受、最迫切的需求等，并采取有针对性的措施，获得事半功倍的营销效果。

2008 年夏季，罗伊等人在洛杉矶创办了一家名不见经传的韩国煎玉米卷流动快餐车 Kogi 餐馆，利用 Twitter 进行推广，邀请 Twitter 上的追随者出谋划策，帮助设计品牌 T 恤衫，给 Kogi 餐车起名字等，参与到品牌建设中。还把粉丝的照片和意见登在 Twitter 上，激发更多的网友参与到相关推广活动中，从而取得良好的品牌传播效果。

Twitter 还被运用到 Kogi 的现实营销中，在送餐过程中，Kogi 在 Twitter 上实时通报快餐车的方位，当遇到警察时，通过 Twitter 及时向用户告知 Kogi 快餐车转移的位置；当餐车迟到时，在 Twitter 上向客户发出"再等我们 10 分钟好吗？永远的煎玉米卷"之类的信息，让开始动摇、打算离开的食客们继续排队等待美餐。罗伊说："我一晚上能够为 100 人准备食物，但 Twitter 每秒钟就能将 5000 人召集在一起，将口头推荐的宣传效果提高了 100 倍。"Kogi 快餐通过 Twitter 引发的病毒式口碑营销，在短短三个月里就征服了无数洛杉矶人的胃，成为美国知名度最高的流动餐馆之一，甚至连 BBC、《纽约时报》和《新闻周刊》都将它作为报道对象。

（二）引导个人用户传播广告信息

正如乔布斯所说："真正好的产品是传递人类情感的最佳媒介。"

由于火爆的人气,Twitter 每天都能接到各大企业希望在此平台做广告的请求。但是 Twitter 一直不主张采用赤裸裸的推广形式影响用户浏览网页时的愉悦性。

因此,Twitter 允许个人用户在自己页面中插入广告来获利,追随者众多的 Twitter 用户,可以自主邀请广告主购买其个人网页的广告位,双方协商投放时间和费用,Twitter 仅仅收取广告费的 5% 作为服务费。为了保证广告主的利益,广告播出期间的每一小时,用户在 Twitter 广告部门设定的虚拟账户中都可以按比例获得收益的钱,广告按协议完成后,钱才转入用户真实账户中,如果用户在广告期满前清除了该广告,就只能得到部分费用。

Twitter 这种开放的心态,将获得的这种广告费,绝大部分让利给用户,的确能激发用户的参与热情,而用户之间的品牌推广往往能够取得比企业推广更好的效果,从而形成良性循环。

Twitter 在 2013 年 4 月推出 Twitter Ads 自助服务,个人、企业都可以使用它来推广相关产品和信息。Twitter Ads 包含 Analytics(分析)功能,该功能免费面向所有用户,通过它可以看到很多客户的反馈统计数据,在 Analytics 里可以看到一个时间轴,显示了过去一个月获得的 Mentions(提及)、Follows(追随)、Unfollows(不追随)的统计数据,鼠标悬停在时间轴上可以显示单日的信息,查看转播效果较好的信息,还可以将所有分析数据下载。利用这些数据进行分析,可以比较准确地了解用户的信息,从而分析出产品的推广效果,进而及时优化内容、调整关键词,提升推广效果。

(三)微视频广告

时间的碎片化给了微博生存的空间,也给了微视频很大的发展空间,形成了微传播的生态环境。Twitter 的文字信息是微缩版本的,每条不超过 140 个字,同样,Twitter 进行微视频的应用也是成功的。Vine 是 Twitter 推出的一款移动流媒体视频应用,用户可以拍摄 6 秒长的视频短片,并无缝嵌入到 Twitter 消息中。推出 Vine 之初,大多数人还认为这是昙花一现的,只会受到那些追求时髦者的追捧。但令人大跌眼镜的是,Vine 如今已成为近年来最成功的应用之一,根据玛丽·米克尔(Mary Meeker)发布的最新互联网趋势报告,2013 年 1—4 月,在美国所有 iPhone 用户中,Vine 的月活跃用户从 2% 提高到 8%。

(四)开发搜索引擎广告

物联网上的广告大致有三种:一是基于高流量的广播式广告,二是基于用户属性投放的精准式广告,三是基于用户兴趣表达的服务式广告。对用户来说,前两种都有明显的"广告感觉",会产生一定的排斥感,第三种广告模式,如果做得好,能让客户产生"这是我要的服务,而不是广告"的感觉,传播效果更好。

2010 年 10 月,Twitter 开始通过网站的搜索引擎发布广告,通过用户所关注的账户类型，利用算法来决定是否向 Twitter 账户进行广告推荐，推出了推广账户（Promoted Accounts）、推广推文（Promoted Tweet）和推广话题（Promoted Trend）等广告模式。企业向 Twitter 付费后，就可以利用推广账户获得系统的针对性的推广。网民在使用 Twitter 搜索内容时，Twitter 根据网民设置的搜索关键字，将相关的推广账户和推广推文显示在搜索结果中，相关的产品就获得了系统的自动推广。

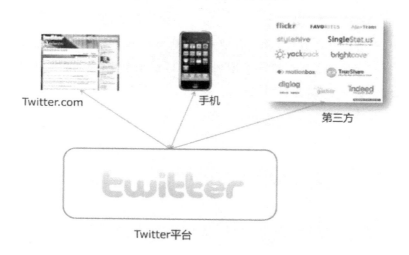

Twitter 网：Twitter 平台介绍图

 思考与启示

Twitter 的成功常被认为是一个"幸运的意外"，认为它只是在正确的时间、正确的地点获得了一次偶然的成功，这种评价其实是不恰当的。在 Twitter 的整个发展中，充满了智慧，充分运用了 Web 2.0 的特性，才创造出这个由用户主导的社交大平台。

一、拉动式广告营销模式的使用

社交网的广告营销方式可以分"拉动式"和"推动式"两种："推动式"营销是指各品牌在网络上提供各种激励措施和奖品，每次推广都能带来关注者的大量增长；"拉动式"广告营销是指由关注者发起话题，对某一品牌进行评论，品牌公司再根据关注者的评论，采取相应的行动来宣传品牌，进行广告传播。在社交网站上，多策划一些"拉动式"广告，引导用户发起一些对品牌的相关话题，通过网站口口相传，可以取得更好的营销效果，Twitter 的广告营销已经充分验证了该模式的效果。

二、采用 OtoO 模式

采用 OtoO 模式,可以激活消费者参与品牌互动的兴趣,让消费者从线上走到线下,组成优质的消费者群体,便于品牌公司做深度营销。

品牌公司要将收集的用户兴趣偏好、社交资源以及位置信息等大量数据和丰富的信息,作为品牌推广重要资源,进行深度开发;要基于用户兴趣,结合本地化服务、位置服务,运用移动终端,创造更多有效的、更加有创意的、贴合 OtoO 特性的广告模式和网络盈利模式。OtoO 模式充分利用手机终端的便利性,可以带来意想不到的效果,例如微信与打车行业的结合,就是一个成功运营的案例。

乐视网：瞄准赛事热点，拓展海内外用户的"布道者"

乐视，一个时下在互联网领域创业成功的典范，一个在海内外赫赫有名的民族品牌代表，一张中国对外传播和展示中国文化的名片。2015 年 10 月 19 日，国家主席习近平乘专机抵达伦敦希斯罗机场，开始对英国进行国事访问，150 人组成的随行企业家代表团，乐视网的董事长贾跃亭身在其中。行程中习近平主席还访问了曼彻斯特的城市足球集团，乐视作为战略合作伙伴参与了接待。

乐视网 2004 年 11 月在北京中关村成立，2014 年总收入接近 100 亿元，目前业务涵盖网络影视的制作与发行、体育、智能终端、电子商务、互联网智能电动汽车等，创立了"平台＋内容＋终端＋应用"的完整生态系统，被称为"乐视模式"。

乐视网：乐视 TV 的五大领先模式介绍图

 **案例概述**

2004 年 11 月，乐视网在北京中关村高科技产业园区成立。

2007 年 6 月，乐视自主研发客户端软件正式开通。

2009年,成立乐视TV事业部。

2010年8月12日,乐视在创业板上市,成为行业内全球首家IPO上市公司。

2011年初,乐视影业公司成立,第一季度推出乐视TV云视频超清机,并进入商用领域。

2012年1月,乐视网与央视国际达成战略合作,乐视TV云视频超清机成为国内第一款符合国家可管可控政策的互联网机顶盒;8月乐视网体育频道上线,为用户提供足球、篮球、网球、高尔夫等赛事的直播、点播和资讯的视频服务。同月创建乐视互联网电视终端业务公司。

2013年1月21日,首批5万台乐视盒子C1上市,7小时内全部售罄。5月7日推出乐视TV超级电视X60,当年销量超100万台。5月28日乐视网成立乐视艺谋视频基金,9月30日收购花儿影视。

2014年1月15日,乐视发布全球首款全体感智能电视UI系统——LetvUI 3.0,助力超大屏幕智能电视市场。27日,成立乐视云计算有限公司。2月27日乐视和NBA中国达成合作,成为其官方互联网电视合作伙伴。4月9日,乐视推出全球首款4K智能电视。9月,福布斯首次发布"2014中美创新人物",乐视网CEO贾跃亭凭借打造了独特的乐视生态商业模式成功将该奖收入囊中。10月8日,乐视影业以2亿美元的战略基金在美国洛杉矶成立子公司,用于开辟好莱坞市场。12月,推出"SEE计划",打造超级汽车和汽车互联网生态系统。

2015年1月28日下午,公布乐视移动战略,4月14日发布乐视超级手机。9月9日,宣布战略投资北京电庄科技有限公司,开展充电桩业务的拓展,联合启动第二轮融资。

乐视网:乐视的四大模块介绍图

 **案例剖析**

一、全球化布局,云计算先行

乐视云平台,是全球第一个支持全 4K、H.265 全流程的云平台,已经成为全球第一大视频云平台。乐视打造了全球首个生态电商平台——乐视商城,率先实现一云多屏、多终端互动,为用户打造清晰、流畅、极致的视频播放体验。

乐视云计算是"平台+内容+终端+应用"生态系统战略布局的重要一环,是乐视全球化战略的先行者,掌控 600 个 CDN 全球节点,拥有 10T 带宽,覆盖全球 60 多个国家和地区。乐视云计算既服务自身业务发展,也为其他行业提供云点播、云直播、视频云计算等服务,业务涵盖广电、电商、教育、智能家居等领域,拥有国内外企业客户 2000 多家,为客户提供优质视频业务服务。

2015 年,乐视的"平台+内容+终端+应用"的生态模式在全球化上取得阶段性成功,成为中国互联网企业全球化的标杆。乐视相继在海外成立的分公司,通过进行对乐视云计算的战略部署,打造内容汇聚、内容传播、衍生服务的超级视频云平台,为乐视垂直生态模式落地海外奠定了基础。

二、紧扣"痛点",体育赛事转播作为抓手

一直以来,乐视网在视频内容的版权方面进行大量投入,除了自制节目外,还大量购买热门影视剧版权、网络赛事的版权资源,为网民提供更多的影视和赛事直播,购买赛事版权的策略是采取"点面"结合,"点"是 NBA、英超、中超等拥有广泛受众基础的重大比赛资源,"面"是 F1、高尔夫、网球等中小众市场资源。在运作中,开拓"点"市场存在的问题是版权价格高,购买成本高,竞争模式主要依靠价格战,所以要集中攻坚;而"面"的问题是要面临许多不同小众的繁多需求,要花精力细分观众,为不同类别小众提供相应的服务,市场开拓的灵活性较大。

2014 年 2 月 27 日,乐视网成为 NBA 签约的互联网电视合作伙伴,每周直播五场 NBA 常规赛,全程直播季后赛。7 月,乐视获得 F1 中国大陆地区独家新媒体转播权。8 月,乐视体育签下 2014/15 赛季英超版权,能够播出该赛季英超全部比赛。9 月底,获得香港地区未来三个赛季英超转播的独家权益,是互联网公司首次在全球范围内拿下英超的全媒体权益。乐视成为唯一拥有欧洲五大联赛全部赛事版权的网络平台,还拥有 CBA、欧冠篮球、亚冠、中超、WTA 与 ATP 巡回赛、PGA 锦标赛和高尔夫莱德杯等的版权,几乎囊括了全球顶级赛事资源。

乐视网内容传播的理念是致力于移动、跨屏、社会化和大数据。互联网时代,内容是影响用户最重要的做法,用户慢慢开始取代发行人来驱动内容,乐视网不仅改变电视的硬件,还改变电视的内容。除了直播 NBA 整个赛季的比赛外,还上传压缩的赛事、视频集锦等内容,并力邀詹俊等一批国内最优秀的足球解说员,为球迷带来顶级的英超观赛解说,还多次组织球迷观赛团,亲赴英伦近距离感受英国足球文化。

乐视网:乐视 TV 推广会现场图

三、线上转播,线下合作

2014 年是乐视网全球化的启动元年,3 月乐视体育文化产业发展有限公司成立,由单一的视频媒体网站的业务形态,拓展成全球产业链生态型公司。2014 年 10 月 8 日,贾跃亭亲自推进乐视进军北美市场,乐视以 2 亿美元的战略投资在美国洛杉矶成立子公司,用于开辟好莱坞市场。还在硅谷设立分公司。除中国香港及台湾外,还有美国、新加坡、加拿大等全球布局都已展开,欧洲市场也将跟上,将乐视独有的垂直整合的"平台＋内容＋终端＋应用"生态模式复制到海外,打造全球化品牌。

作为一家互联网公司,乐视在促进中外足球交流、推动中国足球发展上也一直不遗余力。就在习近平主席访英前,乐视与城市足球集团、中安控股签约,将在中国大陆地区对城市集团下属包括曼城在内的四家足球俱乐部展开基于足球推广和交流的深度合作。乐视网将为城市足球集团下属俱乐部建立专属频道,传播最原汁原味的英伦足球。

乐视还与城市足球集团就青少年足球培养、商业开发推广等方面达成一系列合作。青少年足球建设也是乐视体育与城市足球集团合作的重要内容之一。乐视对于中国青少年足球的发展一直十分关注,2015 年 9 月 10 日,乐视体育与人大附中三高足球俱乐部达成为期三年的战略合作,积极推动中英两国在青少年足球领域的交流与合作。

同时，乐视将通过申办国际赛事、联合引进赛事运营权等方式，使数项国际顶级赛事在中国落地，借此占据体育产业上游资源。还将通过举办草根赛事，网聚最广泛的体育运动群众基础。

四、开发衍生产品与服务

乐视不局限于赛事媒体运营，同时还涉足赛事经营、体育终端及增值服务多个方面。乐视独立研发和经营的数款智能硬件产品将逐步推向市场，2014 年 10 月，乐视体育和三星电子联合发布 Gear 系列"乐视体育 F1VR"和"看球"两款应用智能产品，内置在智能手表和虚拟现实头盔中。

2013 年，乐视与第三方联营推出彩票业务。2014 年 11 月，乐视体育游戏平台上线试运行，提供近千款游戏，日均付费用户有数万人。2015 年推出自主彩票产品，提供 PC、手机和超级电视三端购彩服务，实现赛事直播和实时购彩的服务组合。此外，体育培训、体育电商等增值业务也于 2015 年上线运营。

乐视全球化方兴未艾。乐视美国商城日前已上线试运营。乐视超级手机新品、乐视超级电视、乐视超级自行车及乐视智能终端衍生品将在美国商城亮相。乐视影业、乐视移动、乐视体育、乐视汽车均已在美展开业务。此外，乐视印度公司也已经成立，将在这个全球新兴的市场上展示出乐视的强大的生态竞争力。

在全球化战略中，乐视已经勾勒出了"北京—洛杉矶—硅谷"的发展主轴。将以北京、洛杉矶、硅谷三个城市为中心，带动乐视互联网、影视和衍生业务等在全球市场的发展，支撑乐视生态全球化的布局和落地。

乐视网页面

思考与启示

一、建立品牌生态体系

依靠封闭环生态的公司,可能会在移动互联网时代节节败退,而乐视"平台＋内容＋终端＋应用"生态体系可以打破科技、艺术与互联网的边界,可以实现长远的产品价值。

互联网企业一定要有国际化、产业化的发展理念,为用户创造更健康、更美好的生活,努力寻找突破口,并借此东风开疆辟土,形成规模效应。比如,体育节目和服务对用户具有强黏性,乐视就抓住这种强黏性,引导用户从观看视频发展到多元化消费,逐步建立一站式平台解决用户的各种需求。业务平台的设立不是简单的物理叠加,更重要的是在于多个业务平台之间要形成的"化学反应",业务拓展要能够使用户的个人需求被不断满足,形成对平台的依赖。依靠几何式的协同效应带动,实现业务与资本双赢,从而使乐视成为产业资本市场的一支新兴力量。

二、开启全球化战略

全球化是大势所趋,也是中国企业在全球竞争格局和竞争中改变地位的一个好机会,一些中国互联网企业,正在走向世界的前列,比如,乐视垂直整合的"平台＋内容＋终端＋应用"生态模式已经在中国香港、印度、美国等市场充分验证了其创新性、颠覆性,为中国互联网企业的国际化探索了一条道路。

企业要在国内和国际上积极寻找与挖掘尖端科技、创新模式及杰出创意等类型的具有极高潜力的项目,实现快速爆发式增长。未来企业很快就会进入到生态系统的竞争中,谁能为用户创造更大综合价值,谁在竞争当中才有可能处于有利位置。

三、模式创新,引领潮流

互联网企业要紧紧围绕云平台、内容、全终端应用和硬件等核心生态环节,开拓创新发展模式,借助于已有的业务生态体系优势,积极拓展业务,加速整体战略布局,强化科技融入的力度,推动战略性转型,整合全球化资源,建立全产业链体系,推动产业升级。

以前,中国一些企业依靠复制欧美发达国家的创新理念和模式起家,是欧美企业的追随者。目前,中国互联网科技创新正在崛起,慢慢成为世界瞩目的焦点,中国企业已经开始取代欧美企业,成为全球创业者梦想的舞台。美国硅谷也开始学习和借鉴中国互联网企业的一些先进模式。中国互联网企业要勇于成为原创者、规则制造者，不能满足于跟随者的角色，要引领时代创新。像乐视一样站在排头带领中国企业走出国门，争当开拓全球市场的先锋，成为走向全球市场的"布道者"。

乐视网：乐视商城频道页面

百度地图并不是我国最早的数字地图应用产品,它问世以来,之所以能够披荆斩棘,突破谷歌地图、高德地图、凯立德地图、搜狗地图等的重围,快速成为市场的领头羊,与之秉承用户体验至上的互联网理念、成功分享网络用户资源、善于挖掘网民需求、为用户提供各类优质服务是分不开的。

Baidu 地图崛起的密码

百度是最大的中文搜索引擎,旗下的百度地图在互联网上提供地图搜索和各种增值服务,已经覆盖了国内近 400 个城市、数千个区县。百度地图当仁不让地占据了中国数字地图市场的老大地位,2014 年 6 月 CNINC 发布的报告显示,百度地图以 63.7% 的用户使用率排名首位。[①]

 案例概述

2000 年 1 月 1 日,李彦宏带着 120 万美元风投资金从美国回来,在北京中关村创建百度公司。

2001 年 10 月 22 日,Baidu 搜索引擎正式发布。

2005 年 8 月 5 日,百度在美国纳斯达克上市,由此进入一个崭新的发展阶段。

2005 年 9 月,百度发布地图搜索服务。

2009 年 8 月,百度推出自主研发的 GIS(Geographic Information System)引擎全新地图。

2010 年 4 月,百度地图移动 API(Application Programming Interface)平台上线,提供手机地图 LBS(Location Based Service)服务。百度地图 API 开放后,越来越多的第三

---

① 中国互联网信息中心(CNNIC)《2013—2014 年中国移动互联网调查研究报告》。

百度网:百度地图推广图

方公司相继运用百度地图创造了大量个性化、有趣、实用的功能和服务。6月,百度地图"商户标注"、"查看打车费用"等功能先后上线,这些实用的功能满足了用户的多样需求。同期,百度地图投诉中心正式上线,用于支持用户反馈数据问题。

2010年8月18日,百度地图与新浪乐居合作开发的百度房产地图正式上线,覆盖全国70多个城市和地区,提供数十万条实时更新的房产数据信息。8月26日,百度地图提供了三维地图功能。

2011年3月31日,百度手机地图Android版正式发布,并推出离线地图功能,不但节省手机流量,还提高了查找速度,5月16日推出支持增强现实AR(Augmented Reality Technique)功能。8月1日,发布iPhone、Symbian版手机地图。8月19日,百度地图软件开发工具包SDK(Software Development Kit)发布,为地图的开发商提供地图浏览、操作、多点触摸、动画、标注、路线搜索等功能。

2012年4月1日,百度地图推出"挚爱推荐"特色功能,为用户提供交友信息。

2013年5月30日,百度地图提供了全新的3D矢量地图渲染技术,对三维立体地图进行优化。

2014年3月,百度地图导航成为国内首家向所有开发者免费开放软件开发工具包SDK的地图产品。

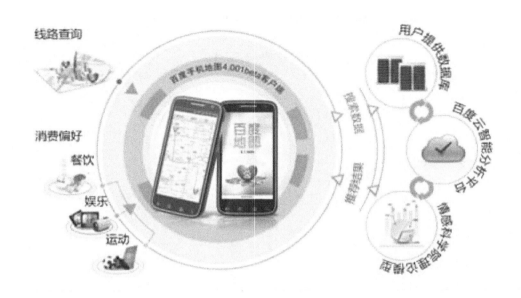

百度网：百度地图的功能模块

 **案例剖析**

百度地图并不是我国最早的数字地图应用产品，问世以来，之所以能够披荆斩棘，突破谷歌地图、高德地图、凯立德地图、搜狗地图等的重围，快速成为市场的领头羊，与之秉承用户体验至上的理念、成功分享原有的网络用户资源、善于挖掘网民需求、提供各类优质服务是分不开的。

一、LBS引路，打造移动客户端

随着现代互联网技术的飞速发展和广泛应用，用户对空间信息服务的要求也越来越高。在2010年，数字地图在PC端竞争大局已定，竞争关键点转移到移动互联网上。百度地图较早地开发了移动客户端，与其他数字地图相比，功能更加具有本地特色，更注重实用性。数字地图在移动互联网运用中，扮演着越来越重要的角色，吸引了大量用户使用，也被众多商家看好，有高达25％的手机广告与地图及其相关应用密切相关。

单纯指路的数字地图，越来越难满足人们的需要，连接人与现实世界，采用提供服务导向的OtoO（Online to Offline）模式给人们提供了更多便利。2010年初，出现了拉手网、玩转四方、街旁等LBS公司，随后百度地图也试水LBS业务，将基于位置的服务LBS作为自己的发展方向,从已有资源中,挖掘发现对用户有价值的资源,再整合至地图服务中。LBS 服务要具备地图基础数据以及商户信息两方面的资料。新创业的公司普遍缺少商户资源,而百度既有现成的地图,又有庞大的商户资源库,还有巨大的用户群,可谓占尽天时、地利、人和,通过几大资源的融合,在极短时间内汇聚大量用户资源,百度地图既能利用检索关键词,又能根据用户位置进行实时精准的商业信息投放,业务发展如鱼得水。

百度地图不仅拥有地标建筑、商场、小区等空间和地域信息,还能提供交通、商业、娱乐等多维空间的信息服务,开创出一些崭新的商业和服务模式,比如除了提供附近饭店的信息外,检索的信息提供相关的信息处理和优化服务,可以实现从价格由低到高筛选,还可以提供一些饭店的服务内容和广告,甚至一些打折信息和电子优惠券。

百度手机地图还结合 LBS 的需求,推出支持增强现实的 AR 功能,通过手机摄像头,将真实的地图实景与虚拟的图像、文字信息与现实生活图景结合在一起,虚幻现实共同营造的三维环境能够随着用户的移动呈现不同的内容,创造出全新的用户体验,也为商家提供了很好的广告平台。

二、提供接口,开放平台

百度地图一方面依靠强大的技术团队,开发了本地搜索、周边搜索、路线规划、公交搜索等数据服务,另一方面树立互联网开放合作的思想,为其他公司提供接口,使其他公司的软件工程师也能通过接口,为地图开发多种多样的新功能,增强百度地图的应用空间。2010 年 4 月,百度地图移动 API 平台上线,为其他开发商提供街头地理信息服务。2014 年 3 月,百度地图导航向所有开发者免费开放其 SDK,这是国内首家免费面向开发者的导航 SDK。

百度地图导航作为国内首家宣布永久免费的手机导航软件,快速地成为业界明星,这归功于它在网络生态的发展规划中,兼收并蓄,积极与其他开发者共享信息资源和平台。百度地图导航免费开放的 SDK 在同类产品中优势明显,它基于大数据智能化、人性化的功能设计,集成成本低、稳定性高,在功能服务上提供在线导航功能,包括路线规划、语音播报、实时路况等内容,基本涵盖了用户对导航类功能软件的全部需求,能够让使用者以最小的代价获得最为优质的服务功能。百度导航 SDK 的稳定性经过数亿用户的亲身验证,获得了广泛赞誉,人性化的功能和顺畅的用户体验也是有口皆碑。

风靡都市的汽车服务软件"易到用车",就成功运用了百度导航提供的 SDK,为用户提供景点信息、规划路线、语音导航、电子眼、交通路况等服务,较好地为用户解决了自驾旅行途中的导航问题。新浪乐居、艺龙旅行网、8684、嘀咕、广州视窗网等网站也都采用百度地图的 API。在百度地图 API 与世界自然基金会联合举办的"标注你的位置,参与地球一小时"公益活动中,超过 320 万用户参与了互动应用。

开放 API 是百度地图发展中的一大亮点，它是基于用户需求与细节体验的"内功"，是百度地图的投资重点。在满足网民对地图信息的检索需求上，百度地图秉承了百度一贯"简单，可依赖"的产品设计原则，跟随热点需求，快速优化信息服务平台。通过众多网络公司的参与开发，目前的百度地图不但拥有强大的路线规划能力，为用户提供公交、驾车、步行三种出行方式，支持行程时间预估和实时路况查询等服务，而且拥有非常多的特色服务和功能。

三、抓住网民需求，提供特色服务

一个产品成功的关键在于满足用户的需求，以及根据这些需求对数据、检索进行整合，为用户提供准确的信息和优质服务。

百度地图善于捕捉网民日常生活的需求，结合自身优势提供优质的产品和服务，把查询路线的工具打造成用户的生活秘书。通过为用户提供体贴的服务，快速占领市场。多年来，组织过网民参与六一儿童节游园、世界杯看球地图、端午节出游地图、七夕情人节约会地图等特色专题活动；积极参与环保公益，在玉树地震、舟曲泥石流、世界杯等社会热点与公共事件来临时，以地图为特有形式向用户提供有关信息，建立良好的口碑。比如，2014 年世界杯期间，百度地图为多个城市网民提供世界杯主题啤酒节等活动的地址、电话、打折优惠、网友点评等实用信息，为球迷欢度世界杯提供支持和帮助。

2011 年 1 月，百度地图围绕春运推出了一系列的便民举措，除了火车票、航班查询之外，还增加了"春节回家，为 TA 装上手机地图"专题，网民只要安装百度手机地图，提交手机号，就能随时随地查找春运、节日信息，同时还有机会参加抽奖赢取加湿器等奖品。

百度手机地图最先推出的离线地图包，有效地解决了用户在流量和速度方面的困境，这对当时要支付昂贵流量费的移动手机用户来说，是雪中送炭的贴心服务。离线地图使用户手机不受是否联网的限制、手机流量的制约，无数网民纷至沓来。百度地图还提供定时自动更新提醒服务，不断提供新版本，保证查询信息的准确性。

中国情感研究院历经十年，对 314159 个年轻人进行跟踪调查，结果显示生活轨迹相似度为 61.8％的人，相恋之后爱情生活最为甜蜜和持久。2012 年 4 月，百度地图受此启发，发挥尖端科技的人性魅力，依靠海量数据库和精准的地理位置定位信息，推出"挚爱推荐"特色服务，云计算智能分析系统自动把百度地图的用户中生活轨迹相似的同城男女配对，在他们的手机里面显示曾经擦肩而过的地点，并启动导航，引导二人相见；还调用生活搜索功能，为他们显示系统推荐的沿途花店和餐厅，并与商家达成了合作，用户只要出示"挚爱推荐"的推荐页面，相关消费将免单，不仅为用户搭建了"浪漫相遇"的桥梁，还为"激情相约"提供了场所。

四、精耕细作，不断优化产品

百度地图在满足用户的本地生活需求上，精耕细作，提供优质服务。提高产品用户体验的舒适性无疑是发展中最重要的问题，产品设计基本原则不是去创造需求，而是通过用户反馈，找出用户的真实需求，提供最优服务。百度地图通过捕捉、提取和分析用户数据，不断地为用户打造贴心服务，改善服务质量。用户反馈主要有两类：一类是用户搜索行为数据的客观反馈；一类是热心用户的主动与产品商沟通，提供意见和信息。

地图数据的准确率、覆盖率，路线规划的质量等都是百度地图改进的重点。百度地图优化产品的重要依据是用户的统计数据，通过分析用户每天的搜索数据，不断对产品进行优化改良，为用户提供更有价值的信息。比如通过用户对百度地图搜索结果的点击量，判断搜索结果的满意度和有效性；通过抽样观察用户的拖图行为，判断用户使用过程的满意程度。

百度地图通过页面日志的方式，对用户关注的问题做整体准确性、覆盖率的验证，并运用相对宏观的方式抽取样本进行分析。比如，在如何选择一条最优路线的问题上，如果用户开启了导航，但很多用户都没有按地图规划的路线行驶，那么可能是导航提供的路线存在问题，也可能是用户实际行驶的路线是最优路线，对此就会做一些调查研究并及时改善；百度地图还会从日志中，抽样出用户搜索的关键词，把搜索结果与同类产品进行对比，如果路径不是最优，就对分析算法的缺陷进行优化。

百度地图对用户直接反馈的信息非常重视，海量的用户为百度地图的发展提供了非常多的有效信息。

思考与启示

Baidu 地图的成功推广，是对互联网精神最好的阐释与应用，他山之石，可以攻玉，这些经验对于报业发展不无启示。

一、不断融入最新技术

百度总裁李彦宏拥有顶尖的技术，也有在道·琼斯、华尔街日报、搜信等国际大公司工作积累的管理经验，在新技术应用和人才管理上独具慧眼，打造了优秀的团队。随着网络技术的不断发展，百度能够快速地捕捉用户需求，将新技术融入地图服务中，提供越来越便利和人性化的功能，比如融入语音服务、AR 增强实景搜索等功能。

百度网:百度地图三维展示图

报业集团在数字化进程中,也可以借鉴百度公司的经验,加强人才队伍建设,不断吸收新技术,为读者提供最优质的信息服务。

二、从单纯提供信息向提供服务转变

百度地图在发展中,特别强调满足用户的需求,为用户提供最好的、跨行业的融合服务,地图跟着用户的需求走。在用户需求越来越复杂的情况下,关注用户需求,提供贴近用户使用的服务,无疑具有进一步提高市场占有率的机会。百度地图服务与位置服务相结合的商业模式逐步丰富,改变了一些传统行业的运营方式,不仅促进了该行业的服务效率的提高,而且开启了新的商业模式。

随着移动互联网的快速发展,移动终端用户群不断扩大,报业读者的需求也在朝多元化的方向发展。今年多家报社提供了包罗万象的 APP 产品,也正是向着这个方向迈进。

三、打造开放平台

百度地图打造的这个开放的网络平台是"众人拾柴火焰高"的结果。对于媒体而言,新浪微博也是基于互联网开放性思想建立的一个应用平台,取得了很大成功。报业应该改变相对封闭的发展模式,抓住互联网开放的灵魂和思想,为读者提供全方位的信息服务和交流的大平台,这是一个发展的战略问题。

百度网:百度地图 LBS 开放平台介绍图

众筹网:插上梦想的翅膀起飞

　　2014 年可以说是中国众筹元年。据《2014 年中国众筹模式上半年运行统计分析报告》显示,2014 年上半年国内众筹领域共有融资项目 1423 起[①],募集总金额达 1.88 亿元。而据世界银行预测,2025 年全球众筹市场规模将达到 3000 亿美元。其中,发展中国家将达到 960 亿美元规模,中国占 500 亿美元。也许不用多久,众筹就会深入到人们生活的方方面面,给社会发展带来巨大改变。

　　浏览网络世界,众筹网无疑是时下热点。众筹网 2013 年 2 月上线,目前已经成为中国最具影响力的众筹平台,包括科技、公益、出版、娱乐、艺术、农业、商铺等板块。这些板块可在多个领域为项目发起者提供募资、投资、孵化、运营一站式综合众筹服务。截至 2015 年 4 月底,众筹成功项目数约 8000 个[②],参与项目众筹人数 28 万,募集总金额超过 9000 万元。其中,众筹募资成功 500 万元以上的项目有 3 个,众筹金额最高的是 2013 年 11 月推出的"爱情保险"项目,筹资 621 万元;参与人数最多的项目是"快乐男声",近 14 万人参与。

众筹网:众筹网推广图

 **案例概述**

　　2012 年 6 月,众筹网开始筹备。

---

① 其中股权类 430 起,募集 15600 万元;其他类 993 起,募集 3228 万元。
② 众筹网站无股权类项目,以小型项目为主,大多仅为几千至几万元。

2013 年 2 月，众筹网上线；9 月，"众筹制造"上线；10 月，"众筹开放平台"上线；11 月，众筹国际团队成立，"金融众筹"上线，推出"新闻众筹"专栏；12 月，股权众筹平台"原始会"上线。

2014 年 1 月，众筹网在美国旧金山成立办事处，成为我国第一家在美国设立的分站众筹类企业。3 月 6 日，众筹网与 V 电影达成战略合作，并共同成立千万基金，支持新媒体影视项目发展；3 月 18 日，众筹网与乐视网达成合作。5 月，众筹网在北京国贸大酒店举办 2014 全球众筹大会。

6 月，众筹网在"新金融联盟峰会暨金融极客盛典"上，获 2014 年度十大金融极客产品奖。同月，众筹网参与主办的众筹音乐剧《爱上邓丽君》首演。

7 月，清科联合众筹网发布国内首份众筹行业月度报告——《中国众筹商业模式月度统计分析报告》。同月，众筹网推出基于手机移动客户端的"轻众筹"板块，开启即发即筹的轻量化模式。

8 月，"农业众筹"上线，众筹网与汇源集团、三康安食、沱沱工社等达成战略协议。22 日，北京首个"天空菜园——追逐都市的田园梦"项目登陆农业众筹，一天就完成 8 万元筹资额。

9 月，众筹网项目全球首款全息手机 takee1 用 13 分钟筹集预定的 100 万元资金，一天内总计筹资 376 万元，超募 276%。

12 月，众筹网获得由《第一财经日报》在"第一财经金融价值榜"颁发的"年度互联网金融（众筹）最佳机构"奖。

2015 年 2 月 8 日，众筹网、原始会与磐鼎基金联合举办"中国首家众筹酒店：三亚中信雅墨半岛酒店"发布会，拟打造国内首个众筹酒店，计划筹资 1.1 亿元。

众筹网：众筹功能漫画广告图

 **案例剖析**

一、开创式运用互联网众筹理念

众筹理念早就存在了,但在互联网快速发展的背景下,形式不断丰富。互联网催生出的通过信息化平台高效、精准地对接资源和需求的P2P租赁式"共享经济",目前正逐渐形成规模,此类企业比如嘀嘀打车、小猪短租等已经风生水起、高歌猛进了。2009年,美国众筹网站Kickstarter上线,马上受到追捧,互联网众筹模式也在国内引起关注,2011年以来,国内大量同类网站先后诞生。

2013年2月众筹网在北京上线,众筹网的基本功能就是将社会资本和各种创意进行对接,帮助有梦想、有创意的人推广项目思路,快速筹集资金,实施项目。众筹网Logo是"众"的变形,类似两个人并肩站立,互补互联携手共进,体现聚众人之力完成一个共同目标的众筹理念。人们可以将项目构想在网上发布,网民根据情况给予资金支持。众筹网通过inWatchZ智能手表、快乐男声电影、那英演唱会、爱情保险等一系列跨界项目快速吸引了众多眼球,迅速地汇聚了众多创新、有情怀的创业者,成为他们展示梦想、吸引投资的舞台,成为行业先锋。众筹网COO孙宏生认为:"众筹模式虽然目前市场较小,但发展潜力很大,众筹帮助有梦想的人和有创意的项目募资、推广,是互联网金融领域内最有前景的方向之一。"

以往产品推销是B2C模式,即商家先把产品制造出来,再去销售。而众筹则是"观众先认可,企业才生产"的C2B模式,募集资金达到预设目标后,才实施项目,制造产品。不管众筹成功与否,都能给决策者提供重要的判断依据:筹资失败,说明项目的市场认可度不够,如果贸然实施,可能会带来巨大的损失;如果项目筹资成功,既可以解决发起人资金不足的问题,降低投资风险,又积攒了潜在用户,还为产品做了一次很好的宣传与推广。众筹网成立以来,已经有很多项目通过众筹模式取得成功。那些因资金筹集达不到预计金额而流产的项目,也为项目策划人规避了风险。

二、尝试建立新型信用体系

资金安全有保障才能赢得网民信任,互联网公司的信用问题总是容易受到质疑,而众筹平台的信用更是项目投资人利益的必要保障。众筹基础是"众",要有很多人参与,根据长尾理论,这些人就是那些长尾用户;核心是"信",人与人之间的相互信任才是众筹的保障。众筹网的优势在于它是依托中国先锋金融集团网信金融建立的，有强大的资金实力和较强的抵御风险能力。同时，联合创业担保集团也为众筹网提供资金担保，可以为创业者提供投资、借贷和各种基于股权或债权及一系列的增值服务。

有雄厚的资金背景，众筹网把视野打开，面向更大的市场从长计议，结合自身优势打造服务体系，首先考虑的不是马上赚钱，而是如何发展规模。网络众筹模式还是一个比较新的模式，成长还需要时间，众筹网通过资金打基础，不断通过孵化明星项目来宣传推广品牌，提高影响力，增强信誉。2013年11月，众筹网投入1亿元资金造势，打造行业整合的"众筹开放平台"，扶植更多明星项目。众筹网提供不同级别或不同种类的众筹服务，从一元到几千元，从上万元到百万元，从千万元到上亿元的项目，都提供了服务平台。比如原始会提供了股权众筹服务。最高众筹金额的产品是2015年2月上线的三亚雅墨半岛酒店项目，计划筹集资金1.1亿元，到4月底就已经筹到1.09亿元。

项目在不同阶段会有不同的需求，众筹项目实施后，后续可能还会产生借款贷款、股权融资等金融需求，众筹网母公司网信金融集团为项目提供后续的一站式金融服务。众筹类网站最初的收费模式是从项目筹集资金中提成，比如于2009年在美国创办的Kickstarter网站，提成比例为5％。相比而言，众筹网收费更低，对众筹成功项目只收取1.5％费用。低佣金可以增进用户的信任感，提高使用率，从而培养更大的市场，建立更大的用户群，在此基础上，挖掘更多的衍生价值。

三、网络时代提供跨界多元服务

一般而言，众筹网站的首要目标应该是帮助项目筹钱，然而，众筹思想体现的是利用大众的力量、创意、智慧解决资金、人才等各种商业难题，不仅仅停留在资金的筹集上，而是要融入商业活动的整个过程中。而对于一些众筹项目而言，筹钱也不是唯一目的，甚至不是主要目的，在科技、文艺领域，一些众筹项目的主要目的是为了验证市场需求，获取用户，增加传播机会等。

中国目前的创新环境不够丰富，国内好的创意项目不多，众筹网站怎样才能突破创新洼地的桎梏呢？众筹网选择主动出击，寻找创新创意玩家，调整平台机制，与一些创客空间加强联系。在运行机制上，要打破传统众筹模式"项目发起到项目支持"的简单二元结构，做更多的平台服务，引入第三方资源，进行深度资源整合。

众筹网从单一筹款平台，发展成为项目和产品的预售平台、用户获取平台、品牌推广平台，成为综合服务商。众筹网将为了给创业者提供更多服务，与30多家猎头机构合作，与ODM、OEM、媒体、销售渠道等资源合作，帮助创业者对接，不仅为项目筹集资金，还提供资源、人才等方面的服务。

为了使更多好的创意呈现出来，众筹网还开发了基于手机的"轻众筹"App，把众筹从一个专业发布、规范化的形态,转为像在手机上发一条微信一样轻便的方式。对手机上发的项目采用先发后审的流程,把裁判权交给网络大众去做。

众筹网:众筹功能说明漫画

思考与启示

一、倡导公众参与精神

互联网精神强调参与,就像人们玩电脑游戏,如果光看画面肯定没有多少娱乐感,参与并且控制了游戏的进程才能获得更多快感。人们参与众筹不只为收获金钱,也可能是去体会一种参与的快乐,是为实现心底的一个愿望,是满足一种个性化的需求,是为了表达一种观点。所以参与众筹带给人们的收获也是多方面的。

媒体不妨适时地推出一些众筹新闻项目,吸引受众参与,这对增强用户黏度,传播媒体品牌,培养受众的新闻意识都有好处。众筹前期新闻的选题,是在读者中进行推广和营销,在采访、撰写过程中,定期公布进展情况,也可以满足读者的参与感。此外,公开、透明的新闻生产流程会使受众产生更强的信任感。

众筹的模式蔓延到了新闻出版领域,就会改变一些新闻生产的固有模式。公众不只是新闻产品的消费者,还参与到新闻产品的投资和生产中,扮演了"把关人"的角色。项目发起人某种程度上已经成为公众的"代理人",帮他们来实现话题的关注度和观点的表述。众筹新闻是利用大众的资金和智慧做新闻,既可以弥补新闻制作资金的不足,又让群众参与了选题的投票,可谓一举两得。

二、拓展网络长尾效应

众筹是利用产品的长尾效应来实现的,长尾效应强调"个性化"、"客户力量"和"小利润大市场"。一般而言,"个性化"需求很难捕捉,供求双方的信息较难匹配,所以传统的投融资渠道比较有限,项目策划人只能通过有限的朋友圈来寻找投资人,沟通成本也很大。

网络众筹的核心是最大限度地打破沟通壁垒和渠道限制,在投融资环节打破一对一的线性推广,使发起人和投资人分享信息,拉近生产者与消费者的距离,实现信息和资源的优化配置。众筹既拉动项目的需求,也推动了项目的供给。互联网时代,利用网络来开发和寻求人们的闲置资金和能力,把需要钱的人和有钱的人,把需要技能的人和有技能的人联系起来,进行匹配,就一定能够给社会带来意想不到的收获,实现共赢。

三、着力聚焦小众话题

对于新闻行业来说,一些由于时效性不强、资金短缺或受众太少而放弃的选题,众筹新闻提供了解决途径。众筹模式比较适合一些小众化的深度报道项目,把这样的项目直接推向市场,既可以获取资金,弥补资金不足,还可以在一定程度上预测到项目的受众范围,进行选题的取舍。比如,自媒体人赵楠在众筹网发起的众筹新闻《中国比特币市场调查》就获得了成功。

一些亚文化方面的选题也适合众筹新闻的模式。亚文化与主流文化相距甚远,经常被专业媒体冷落,但它是多元文化不可或缺的一部分,选题既有意义,也有市场。例如台湾的众筹新闻网站"weReport"就众筹成功揭秘钢管舞舞者幕后生活的《非常舞者》,记录双性恋人群现状的《消失的双》等选题。

众筹网广告语

猪八戒网:"领跑者"的争先谋略

　　创办于 2005 年的猪八戒网,已成为全国最大的创意服务交易平台,把创意、智慧、技能转化为商品进行交易,交易品类涵盖平面设计、网站建设、生活服务等 400 余种文化创意类型。网站有中文网页版、英文网页版、手机 APP,注册用户超过 1200 万,交易总额超过 66 亿元,占同行 80% 以上的市场份额,已经为中国、美国、英国和马来西亚等 25 个国家和地区的用户,提供了超过 380 万次的定制服务,俨然是服务电子商务交易平台的领跑者。

2015 年 7 月 1 日猪八戒网首页

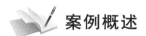 **案例概述**

　　2005 年 12 月,猪八戒网以论坛形式开始测试运营。

　　2006 年 9 月,重庆伊沃客科技发展有限公司成立,猪八戒网开始商业化运营;同月,发布了新鸥鹏集团 30 万元任务,成为中国威客第一单。

　　2007 年 1 月,猪八戒网获得博恩科技集团战略性投资 500 万元。

　　2008 年 5 月,猪八戒网开展"手牵手,中国威客为灾区同胞献爱心"活动,为四川地震灾区募集捐款 3 万余元；6 月，编辑的中国威客界第一份行业性媒体《中国威客》面市；11 月，入选"中国商业网站百强"和"2008 年度最具投资价值网站"。

2009 年 6 月，猪八戒网与《重庆商报》合作，出版《互联网时代新三十六行》；8 月，承办首届中国威客创意大展；12 月，与四川美术学院建立战略合作伙伴关系。

2010 年 3 月，河南电视台联合猪八戒网推出中国首档创意电视节目《创意时代》。4 月，"重庆伊沃客科技发展有限公司"更名为"重庆猪八戒网络有限公司"。6 月，猪八戒网的总交易额突破 1 亿元，成为国内首家突破亿元大关的威客网站。8 月，猪八戒网与重庆新财经频道合作的西南片区首档创意节目《创意直通车》开播。11 月，猪八戒网承办"2010 首届全球威客大会"。

2011 年 4 月，猪八戒网获 IDG1000 万美元的风险投资；5 月，荣获第三届"节庆中华奖媒体传播奖"；7 月，在美国休斯敦成立了分公司，英文版 Witmart 在美国上线；11 月，入选 2011 年度"十佳商业模式"；12 月，网站注册会员首超 600 万。

2012 年 3 月，猪八戒网荣获"iResearch Awards 金瑞奖"之"2011 年度互联网成长力产品服务奖"；5 月，招商频道上线，为服务商提供开店赚钱免佣金服务；7 月，猪八戒网总交易额超 10 亿元人民币，交易总数超 80 万件；9 月入选文化部"国家文化产业示范基地"。

2013 年 5 月，猪八戒网获得由商务部颁发的"2013—2014 年度电子商务示范企业"称号；8 月，用户总数突破 900 万。

2014 年 2 月，猪八戒网威特营销策划机构推出"金点子""W 景区建设计划""农产品包装营销平台""新媒体营销顾问"4 款经典产品；4 月，大客户频道上线，该频道由威特营销策划机构全权运营，提供长期创意的品牌营销推广服务。

2015 年 6 月 15 日，猪八戒网获得赛伯乐集团 16 亿元投资，同时获得北部新区下属国资公司的 10 亿元注资，成为中国互联网服务交易行业最大的一笔融资。

猪八戒网 Logo

案例剖析

一、借道传统媒体

Witkey,由 Wit(智慧)和 Key(钥匙)两个单词组成,也是 The Key of Wisdom 的缩写,中文译为威客,指通过互联网把自己的智慧、知识、能力、经验转换成实际收益的人。

原《重庆晚报》首席记者朱明跃在 2006 年辞职创办猪八戒网。网站创办之初,很多人还搞不清楚"威客"的概念,朱明跃说,刚开始他也不懂互联网,但认准了在网络实体买卖之外,还存在着更新的经营模式,就是无形的智慧买卖。于是他就在互联网上为供求双方提供"智慧"交易的平台,为有智力服务需求如 LOGO 设计、活动策划、公司取名的客户和有能力提供服务的个人进行对接,为任务提供方寻找合作人,让有能力接单者赚到真金白银。但人们对此平台缺乏信任,网站成立之初人气不旺。

朱明跃曾经在媒体工作过八年,他想到了一批记者朋友,向这些朋友介绍网站,让他们帮助宣传和推广。这些朋友不负重托,不仅在宣传网站上不遗余力,有的还亲自在猪八戒网上悬赏稿件、文案、策划创意,聚集人气。朱明跃还从自己昔日的媒体同仁里大量招募员工,这些人为网站带来巨大发展,不少在猪八戒网身居要职。正是媒体这种特殊的行业特质锻炼了朱明跃和他们的合作者,猪八戒网的企业品牌推广逐渐取得成效,大量品牌推广人员活跃在各种与互联网有关的论坛和聊天群中,正是这种看似简单的营销模式,在威客概念接受度较低的市场里,发挥了有效的推广作用。慢慢地,一些网民知道了猪八戒网,成了注册用户,有的还在网站赚到了钱,也有一些用户获得了满意的创意方案,于是他们又进行了口碑传播,点燃了猪八戒网发展的星星之火。

2006 年 9 月 2 日,猪八戒网引起中央电视台的关注,央视播出了一则关于互联网威客的新闻之后,全国各地的媒体蜂拥着采访朱明跃,有关猪八戒网的报道铺天盖地,人们逐渐了解了猪八戒网。此后,网站的知名度慢慢从星星之火形成了燎原之势。

二、推行"阳光作业"

2006 年后的数年中,威客网站曾一度火爆,数十家威客网站如雨后春笋般冒出。由于整个威客市场规模有限,智力产品非标准化,知识产权交易平台维护成本高,大浪淘沙之后,一些网站很快消失了。

由于互联网的虚拟性,人们对网络不太信任,因此网站首先需要建立"信任"关系,包括用户对网站的信任，用户之间的信任。威客交易的是看不见、摸不着的智力产品，产品的无形性和一次消费等特征，使交易风险更大，在目前我们这个社会诚信体系还不够完善的时候，让买家在网络上购买虚拟的创意商品，更是困难重重。

诚信与资金安全是核心的要素。对于买方来说，全额预付款后能不能收到作品，作品是不是符合要求，能否满意都是有待检验的；而在卖方看来，作品能不能被选中，会不会被抄袭，能不能及时收款也存在不确定性。为解决这一矛盾，猪八戒网提出"阳光作业"的口号，推出"第三方支付担保"等平台，尽最大可能减小交易风险。

威客行业中，很多网站都执行"永不退款"的原则，而猪八戒网秉持公平、公正、公开的人性化管理模式，保障买卖双方的利益，坚持"返款原则"，网站上的所有交易只要没有人投标，就全额返款，该规定打消了买家的顾虑，获得网民追捧。除此之外，猪八戒网新增了"速配模式"，在速配任务抢标期结束后，若无人抢标，网站承诺全额退还 99 元诚意金。

猪八戒网的初创期，也是互联网威客行业起步的时期，使用"诚信"来打动网民，这种营销战略无疑是十分成功的。同时猪八戒网地处重庆，成本较低，又较早地获得了融资，最终赢了竞争对手，成为行业第一。

三、"微发展"赢利模式

目前看来，猪八戒网收入的主要来源是交易抽成，包括提供悬赏、招标和雇佣三种模式，网站从悬赏任务的成交金额中抽成 20%，招标、雇佣交易模式的抽成是 1%。另外还有广告、会员费等收入。

已经有几百万威客在猪八戒网上提供智力服务，包括 10 万余名全职威客，几万个通过威客发展起来的小型工作室。猪八戒网为了扶持这些工作室，2012 年开始推动微企发展，建立了我国第一个创意服务商场，聚合了一批创意服务行业的微型企业和一些拥有一技之长又想创业的人才。比如注册用户费小姐就把事业固定在猪八戒网上，两年前她知道了猪八戒网，从兼职做起，慢慢拥有了越来越多的固定客户，后来她辞掉工作做全职威客，月收入达到 1.5 万元。

一些淘宝网品牌也通过猪八戒网推广品牌，"韩都衣舍"在猪八戒网招募威客设计创意赠品，既找到满意的设计，又在招募中推广了品牌，赢得多重收益。一位淘宝店主在刚开始采用一些传统广告推广方式，效益不好，通过猪八戒网发布了推广创意方案的任务后，短时间内收到数百份创意方案，他选择了合适的创意方案使用后，营业额很快翻倍，目前网店非常红火。

威客模式也有缺陷，智力成果交易存在知识产权风险，也可能造成智力浪费。特别是悬赏模式，在任务发布后，如果有 100 个人投标，最后只有中标者可以获得奖金，其他人没有任何回报，一些高水平的设计者还会担心自己的智力产品被剽窃，所以不愿意参与这样的活动。

猪八戒网平台建设尽可能为用户解决实际问题。为解决人力资源浪费,推出指定会员中标模式,让需求方先跟威客会员沟通,再发布需求,然后指定一个或者少数会员参与任务,做到有的放矢,在一定程度上保障威客会员利益。在招标一对一模式下,对服务提供方免除佣金,对买家提供担保交易系统,保障交易安全,还改变原来的100%付款模式,采用20%付款模式,让很多资金短缺、实力薄弱的中小企业都能来这个平台发布需求,享受最优质的服务。努力减少双方参与顾虑,尽可能活跃市场。

2014年6月,猪八戒网在获得26亿融资的当天,宣布为了使网站用户获得更好的回报,取消20%的佣金,正式开启基于用户大数据的掘金模式,即"数据海洋与钻井平台"模式,通过平台交易获得海量的用户数据和交易数据,寻找到产业链上的合作伙伴,从客户发掘二次服务的空间,寻找新的盈利模式。

猪八戒网手机客户端下载页面

 ## 思考与启示

一、"互联网+"的成功实践

2015年两会期间,李克强在政府工作报告中提出制定"互联网+"行动计划,推动移动互联网、云计算、大数据、物联网等与现代制造业结合,促进电子商务、工业互联网和互联网金融健康发展,引导互联网企业拓展国际市场。国家已设立400亿元新兴产业创业投资引导基金,要整合筹措更多资金,为产业创新加油助力。现在正是大众创业、万众创新掀起浪潮的时候。

"互联网+"是"互联网+传统行业",但不是两者的简单相加,而是把互联网与传统行业深度融合,创造新的产业。它充分发挥互联网在社会资源配置中的优化和集成作用,将互联网的创新成果融合到经济、文化和社会各领域中,提升创新力和生产力,形成以互联网为基础的广泛的经济发展新形态。猪八戒网开创了一系列威客网站发展创新模式,是打造"互联网+"的标本模式。

二、人脑互联的争先模式

互联可以说是互联网模式的精髓。互联网时代流行一句口号:一切皆有可能。猪八戒网的威客模式通过计算机网络的互联,实现人脑的互联,不断地提供头脑风暴,创造出一个全新的智力产品,改变人们工作和生活方式,是非常有意义的。网络平台不仅可以交换信息,还可以交换创意,通过"联网"本身就可以产生巨大的力量,人们只要善于发现和使用这种力量,就能开创一片崭新的天地。

实物电子商务有阿里巴巴这样的平台,知识、智慧、技能、经验等创意产品当然也可以有一个互联网上的交易平台。当然,由于虚拟产品和实体产品的区别,产品交易平台的建设和盈利模式必须有所创新。威客模式打造了一个将民间创意转化为资本的平台,让更多散落在民间的文化创意发挥价值,也让更多需要文化创意的个人和机构找到他们满意的产品和服务,是互联网思维的具体实践,推动经济形态不断地发生演变,带动社会经济实体的快速发展,为改革、创新提供更加宽广的平台。

豆瓣:"原创因子"引领十年网络新潮

举目而望,在五彩缤纷的互联网世界里,豆瓣网名闻遐迩,独树一帜。回顾创业经历,它是留美博士杨勃回国后,在 2005 年 3 月创立的。网站为网民提供生活和文化类服务,有书籍、电影、音乐的推荐和交流平台,线下同城活动,小组话题讨论等多种服务,以独到的书评、乐评、影评等著称,颇受青年人喜爱。截至 2015 年 6 月,豆瓣网注册用户超过一亿,在 Alexa 的中国网站排名中进入前 20 强。

2015 年 8 月 31 日豆瓣读书频道网页

案例概述

2005 年 3 月 6 日,豆瓣网上线。4 月,小组藏书功能开通,针对用户和小组推出个性化域名服务。5 月,开通了豆瓣电影频道和豆瓣猜功能。7 月,推出繁体字版,针对港台用户增加了个性化服务,增加数万种港台出版的图书名目;豆瓣音乐频道上线。10月,开通二手书碟交换功能。11月,公司从上海搬到北京运营。12月,英文版上线。

2006年,豆瓣网完成第一轮融资,获得联创策源200万美元的投资。

2007年11月,豆瓣网用户超过100万。

2008年1月,豆瓣同城开通;8月,豆瓣广场上线;11月,豆瓣推出音乐人页面。

2009年6月,豆瓣电台Beta版上线。年底,豆瓣网获得挚信资本和联创策源千万美元的第二轮投资。

2010年,推出展示类广告、品牌小站和豆瓣FM音频广告等广告产品。12月,豆瓣专有货币小豆上线。

2011年1月,读书笔记上线。9月,融资5000万美元。

2012年5月,付费电子书商店上线。

2013年1月,发布付费订阅的网络电台豆瓣FM Pro。11月,与苏宁易购达成合作。年底,豆瓣电影频道可实时查询全国400个城市2500家影院放映时间表,部分影院还可以直接购票、选座。

2014年8月,豆瓣APP上线。

2015年,豆瓣网注册用户超过1亿,发表图书条目近2000万条,电影条目50万条,音乐条目100多万条。

来自:豆瓣手机APP页面

案例剖析

一、特色原创,筑造"文青"的精神家园

十年之间,纷繁的中国互联网江湖里,不少网站相互模仿,急速扩张,在抢夺用户中争得头破血流,朝生暮死。毫无疑问,豆瓣网不像微博、人人网等,从框架、功能到发展模式都参考国外网站,是一款完全由中国人自创开发,颇具年轻人特质的成功网站。在纷杂的网络世界中,豆瓣网没有特别红火却一直平稳发展,我行我素地坚持原创,页面简洁素雅,充分满足小众个性化需求,自下而上构筑了一座精神家园,成为无数网民精神生活的依托。有网友评价,豆瓣网就像是互联网时代里一位风华绝代的奇女子。

豆瓣网的开发一开始就很独立,不管是起名还是功能设置都充满偶然性和趣味性,充分体现出张扬个性、创新和分享的互联网精神。2004 年 9 月,杨勃在和朋友聊天时,一些朋友建议他做一个非主流旅游景点的网站,于是他制作了一份"驴宗网"的旅游网站商业计划书。但杨勃经过市场调查后发现,在当时自助旅游的人群还太少,于是调整计划去做了一个文化服务类的网站,搭建一个"臭味相投"的文化圈子,看看有多少人在读同样的书,让他们一起分享读书体会和快乐。由于创业之初杨勃是在豆瓣胡同的咖啡店里开发网站,所以一时兴起就起名"豆瓣网"。一个"以书为媒"的社交网站就这样诞生了,后来逐渐又把电影、音乐和其他文化活动也容纳进来。这段创业史被业界称为"一个人的豆瓣"而广为传颂。

通常网站的界面都是以产品为中心构建的,布局是固定的,而豆瓣网主页充满个人特色,可以由用户根据自身喜好和兴趣定制,自主选择显示的内容,各板块的位置也可以自由拖动。豆瓣网页面简洁,操作便利,功能人性化,为网民提供广阔的内容编写和评论空间,一经推出就快速聚集了一群爱读书的小资、文青、小清新群体。用户在网上使用"豆瓣猜"功能找朋友,分享和交流心得,寻找资料,拥有共同兴趣爱好的网民在互动中产生极高的黏性,形成了相对稳定的群体。一个充满人文精神的网络社区就这样落地了,并逐步形成豆瓣网特有的网络文化气息。

豆瓣网推崇大众智慧,网站编辑非常少,工作也不是采写内容,而是从用户发言中,选出优质的内容放到各个平台,共享资源,引导话题,负责以共同的话题和精神需求把文艺青年聚集在一起,建一座精神家园。2006 年就注册为豆瓣网用户的柏邦妮,认为早年的豆瓣网有"无限归并同类项"功能,在这里认识的朋友质量较高。青年作家张佳玮认为豆瓣以兴趣为中心聚集了大量资源,打开了同伴的眼界,还帮助一些网民走上写作生涯。

二、衍生服务，尽力回馈黏性用户

豆瓣网通过对"长尾理论"的理解和运用，发现 SNS 网站如果只通过单一兴趣聚合网民是很难做大的，要将多种不同爱好的网民通过不同的小组聚集起来，才能增加网站总体访问量。所以提供了阅读、看电影、听音乐等多种频道，把不同类型热爱生活的知识分子、青年白领及大学生等网聚在一起，引导他们参与豆瓣小组、小站的各种讨论，和各种有趣的线上、线下活动，形成互联网上新的流行风尚。

豆瓣网一直执著于服务用户，而没有过早地把精力放在追逐商业利润上，凭借独特的风格和持续的创新，以及对用户的尊重，开阔网民视野，赢得良好口碑，吸引了大量网民，建立了庞大、稳定、高聚合力的用户群。然后再从海量用户中挖掘和创造出新的价值，建立了品牌广告、互动营销以及电子商务等盈利模式，并通过多种方式回馈用户。

在 2010 年，豆瓣网推出了广告产品，主要包括展示类广告、品牌小站和豆瓣 FM 中的音频广告。豆瓣在选择广告客户时非常谨慎，核心原则是客户的品牌定位是否与豆瓣网的用户吻合，符合网站气质，而不只看客户是不是世界 500 强。比如第一个广告客户匡威，风格和气质都和豆瓣网比较接近。豆瓣广告制作也非常精致，图片好看，文案有趣。豆瓣网已经与 300 多个品牌合作，行业横跨汽车、时尚、旅游、奢侈品、化妆品等多个领域，凭借网站独特气质，借助小站、线上活动、同城活动助力品牌商开展互动营销。比如在豆瓣读书频道，与当当、卓越亚马逊等图书电商合作，通过为它们推广书目、共享读者资源等方式获取利润。

豆瓣网坚持着自己的节奏和品味，坚持以书识人、以乐识人、以影识人，从小众到大众，在商业上取得了一些成果。它不只在阅读方面与书商合作，还在音乐上开发了豆瓣 FM 收费频道，提供数字化音乐产品。由于买 CD 的人越来越少了，音乐数字化产品已经被很多人所接受。豆瓣电影频道有很高的电影素养，很多志同道合的电影爱好者在这里分享资源，交流观影感受，相约线下聚会。目前，豆瓣网不仅提供影片、电影排行榜、电影预告等内容和信息服务，还与全国两千多家影院合作，提供网络购票、直接订座等服务，把网络线上和线下的服务合为一体。

三、寻求突围，力促移动客户端

近几年来，移动 APP 成为豆瓣网发展的鸡肋。在移动端的冲击下，豆瓣网的功能和商业模式都面临新的挑战，发展也遇到新的问题。一方面，豆瓣 APP 把网站的频道分解出来，让各个产品独立化，摒弃了复杂的项目管理和网站整体生态系统的协调，减少了成本；其次，原来在网站上，用户通过页面上外部网站"超链接"，很方便就跳出豆瓣网的生态系统，比如说从豆瓣网跳转到当当网，造成流量的损失，而 APP 比较封闭，很难跳出豆瓣的生态系统，图书、音乐、电影商家必须到豆瓣网 APP 平台上才让豆瓣的用户来消费，让豆瓣网具有更大的可控性。

而在另一方面，豆瓣网抢占移动社交滩头不利，一些人认为豆瓣网在移动端错过了一波大浪，要狠下决心从头再来。豆瓣网涉足多个垂直领域、有大规模的用户，但在各个门类中，遭遇了细分产品的直接冲击。豆瓣网 APP 在一些功能上与微信、微博的重合度较高，不再是独一无二不可或缺的，又不具备微信那种强社交关系的纽带，导致一些用户逐步流失。以"豆瓣一刻"为例，这是一款 2014 年 5 月上线的面向移动端的内容消费 APP，每天向用户推送约 15 篇豆瓣网的精选内容，但自推出以来，用户人数最高的就在上线当月，以后一直没有显著提升。为吸引客户，豆瓣网也进行了一些大众化改造，而功能的叠加又让用户群分裂，"文艺""小清新"等标签却变得模糊起来。"文青"群体因为用户群的扩大逐渐稀释，一些老用户觉得豆瓣网干货变少，变得碎片化、江湖化了，发言也不再像以前那样专注和投入了。

由于手机屏幕比电脑小得太多，页面布局不得不重新调整，一些原来在豆瓣网页面上很醒目的链接，在 APP 上就不得不隐藏在二级菜单之中，不大好找，搜索功能也变差。如果 APP 的功能和体验不能够媲美网站，用户在向移动端的转化的过程中就会不断流失。在豆瓣小组 APP 里，只能看到用户常去的小组，发起或回应的话题，却不能去查看某个用户个人的豆瓣主页、豆瓣广播，豆瓣小组成员的领地各自分割开了。原来豆瓣网是各频道用户集散地，是社交的强力黏合剂，在移动端豆瓣各个频道却成了孤岛，黏合效果失灵。

豆瓣网站推广图

思考与启示

一、凸显"原创因子"

互联网时代,中国网站中 CtoC(Copy to China)蔚然成风,山寨、抄袭等现象严重,造成网站同质化。豆瓣网可谓是本土创新的典范,尽管不是注册人数最多的社交网站,但它融合中国本土文化,为网民打造了贴身的文化服务,坚持独立发展,致力于用原创品质提高网民的生活品质和品位。

所以在互联网上,原创的一定具有生命力,原创就是生产力。豆瓣网的十年记录了文艺生活在互联网的流布和嬗变,故事未落幕,青春不终场,豆瓣网在追求原创的道路上依然是不管风吹浪打,我自闲庭信步,所以才有网友缱绻深情说可以停掉微博,关闭朋友圈,但却不能没有豆瓣。

豆瓣网站广告图

二、确定核心竞争力

随着网络规模的不断扩大,专业性的网站也有越来越向大众化发展的倾向,如果这样随波逐流,就会丧失品牌优势。曾经对豆瓣网具有高度认同感的用户,在网站走向大众化的过程中,也有文化身份认同的失落,所以在改版中不断吐槽,一些用户甚至注销了使用多年的用户名。所以,网站在发展中一定要考虑如何解答下列问题:网站的核心竞争力是什么？满足用户的什么需求？服务于什么样的客户？能够给用户提供什么内容？

三、争做技术"弄潮儿"

移动互联网在一定程度上颠覆了传统网站的模式,网站如果没有很好地布局移动网络,就会丧失优势,显现劣势。如何解决网站频道在移动端分与合的问题:移动互联网被一个个应用分割,原来相对独立的频道是整合成为一个客户端,还是在各个垂直领域全线开战,如果分而治之,有没有那么强的资金和实力去做,而整合在一个 APP 客户端上,如何解决电脑版面和移动端版面大与小的问题,小小的客户端能否承载起原有网站的诸多功能,有效继承原有的那些盈利点？豆瓣网比较好地解决了这些难题,引领了 10 年的网络新潮。

"因为米粉，所以小米"

——小米手机的运营奥秘

　　2010 年春天，北京小米科技有限责任公司成立，在四年多的时间里，小米公司的市值就达到 450 亿美元，成为全球市值最高的新创公司，第三大手机制造商。[①] 2014 年第一季度，小米手机在中国的销量达 1040 万部，超过了 iPhone，第二季度，小米超过三星，登上中国销量冠军宝座。小米公司快速成为市场的领头羊，成功之处是让"米粉"参与产品开发和营销传播，获得粉丝的广泛认同和积极参与。简单地说，就是小米的高性能、网络传播和发烧友"米粉"成就了小米今日之辉煌。

小米网：小米手机 Logo

---

　　①　小米估值达 450 亿美元 成为全球市值最高新创公司. 驱动中国，2014-12-30. http://mobile. qudong. com/2014/1230/206277. shtml.

📖 案例概述

2010 年 4 月 6 日,小米公司正式成立,10 月开始封闭研发。

2011 年 7 月 12 日,小米公司推出 MIUI、米聊等软件。

8 月 1 日,小米社区对外上线。16 日,小米手机 Ⅰ 发布。

9 月 5 日接受在线预定,售价 1999 元,半天预订 30 万台。

10 月 27 日,摩根士丹利手机品牌影响力报告中,小米手机排在全球第 9,中国第 1。

12 月 18 日,小米手机 Ⅰ 第一次网络售卖,5 分钟内售完 30 万台。

2012 年 2 月 9 日,小米社区注册用户数达 200 万。

5 月 4 日,小米公司第一次开放日,邀请"米粉"、媒体记者参观物流仓库。18 日,小米手机青春版发布,售价 1499 元。

6 月 26 日,小米公司完成新一轮 2.16 亿美元融资,估值达到 40 亿美元。

8 月 16 日,小米手机 Ⅱ 发布。全国已经建立北京、上海、深圳三大配送中心,386 个服务网点,在线客服 100 人。

12 月 21 日,新浪微博开卖小米手机 Ⅱ,5 万台手机在 5 分 14 秒内售罄。

2013 年 1 月 21 日,重庆一用户的小米手机 Ⅱ 在裤兜里爆炸,经调查是一部山寨小米,该用户发微博澄清了该事件。

6 月 24 日,小米耳机上市。

7 月 5 日,发布了小米微电影《1699 公里》。31 日推出售价不到千元的红米手机,900 万用户通过 QQ 空间预约订购。

8 月 23 日,小米公司估值达 100 亿美元,成为仅次于阿里、腾讯、百度的中国第四大互联网公司。

9 月 5 日,发布小米手机 Ⅲ。

11 月 28 日,开放微信专场,15 万台小米手机 Ⅲ 在 10 分钟内售罄。

2014 年 2 月 14 日,红米手机 Ⅰs 发布。

3 月 16 日,在 QQ 空间首发红米 Note 手机。

4 月 8 日,"米粉节"12 小时售出 130 万台小米手机,总销售额破 15 亿元。11 日,百度手机品牌排行榜上,小米超越苹果名列第一。22 日,小米公司启用新域名 mi.com。

5 月 15 日,小米公司发布小米平板电脑。小米社区注册用户数达 2000 万。

7 月 22 日,发布新一代 4G 小米手机 Ⅳ,并推出穿戴式智能设备小米手环,小米手环为用户提供运动、身体健康等数据检测,可与小米手机互联互通。

7 月,小米公司开始进军印度市场;8 月,进军印尼市场。

10月，小米公司成为全球仅次于三星公司和苹果公司的第三大智能手机公司。

小米网：小米手机互联网模式开发手机 OS 介绍图

 案例剖析

一、打造优质品牌

小米公司的经营理念是"坚持做厚道的公司，以超越米粉的预期为目标"，在打造品牌声誉、确保产品质量上下足功夫，在手机的生产、推广、流通、销售等环节充分利用互联网优势，降低成本，把手机的性价比优势做到极致。

小米公司提出"企业营销不做广告做内容"的理念，在品牌推出初期，确保手机质量和性能优势，小米手机带着顶级配置的标签，采用高通双核处理器，夏普屏幕，高精度像素镜头，这相当于市场 3000 元价位手机的配置，但小米只定价 1999 元。这个价位在我国的手机市场引起巨大轰动，瞬间吸引了大量消费者的注意。高性价比让首批用户很满意，兴奋之情溢于言表，奔走相告，给小米品牌树立了良好的口碑。

那么，小米手机的高性价比是怎么形成的呢？它的整个经销模式与互联网紧密相连，通过生产外包，网络平台销售，形成了典型的网络经济模式，大大降低了生产设备的投入成本，从而用有限的资金去保证产品的高质量。在销售环节，由于采用了网络预定的方式，省去了代理商和零售商的环节，大大地降低仓储、销售的成本，也让小米公司前期资金投入和经营风险降低。这可以看成是一种变相的期货模式，先把用户锁定，收取预付款后，再用于生产。这样的模式，在产品发布之际，在用户看来具备超高的性价比；随着时间的流逝,采购成本可能降低,但货款已付,产品价格没变,所以在交货阶段看,产品反而有较高的利润了。在把互联网优势充分运用到各个环节的基础上,小米公司的生产和运营成本大大降低,从而实现小米手机的高性价比。

二、利用微信运作

如果认为小米公司的成功仅仅是由于手机自身低价高配的高性价比,那就错了,在信息传播和营销上,小米也是自成体系,把互联网思维运用得淋漓尽致,网站、论坛、微博、微信、QQ 空间和贴吧都成为小米品牌传播的重要平台。

小米公司在各种网络平台上都组建了相应的运营团队,充分利用平台的特点,为粉丝服务,形成"微博拉新,论坛沉淀,微信客服"的品牌运作体系。通过论坛、微博平台,将有共同爱好的粉丝用户聚集,培育一些核心粉丝,建立良好的互动关系,引导粉丝参与品牌创造与宣传,广泛传播小米品牌。小米还在官方网站建立小米社区,发布一系列的优惠措施,给予粉丝体验式参与的机会,培养粉丝群的归属感。通过网络平台对用户遇到的产品问题进行维护,解决产品设计缺陷。

通过不懈的努力,小米社区注册用户将超 2000 万,每天有几百万用户在里面参与讨论;小米手机微博拥有粉丝 1084 万。2014 年 4 月 9 日小米举办了一次"小米粉节",小米微信号在活动当天收到 200 多万条微信消息,参与互动的人数超过 20 万。借"小米粉节"的东风,小米微信号正式发力运营,在短短的一个月时间积累了 80 万微信用户,跨入微信公众号前三名之列,到 12 月就以 600 万粉丝数雄踞榜首。

论坛是培养"米粉"的平台,微信是聚合"米粉"的利器。微信推送的信息到达率比微博要高很多,用户一般只会去关注有明显价值的微信公众号,和微博粉丝相比,微信的用户关注数量要少一些,但阅读率提高很多,使用时间也多一些。目前已经有大量用户从微博迁移到微信上,未来营销的重心肯定是向微信倾斜。凡是小米微信公众号发布的信息,不管是促销、新品发布,还是 MIUI 操作系统新加入功能,用户阅读率都在 50% 以上,久而久之,便形成了一种"口碑传播"的新模式。"米粉"之间可以通过它一起探讨感兴趣的问题,还可以与小米团队联系。小米公司借助网络上关注者的互动,宣传品牌,收集反馈意见,完善自身服务,在消费者心中树立良好的、独特的形象。

小米公司在全国设立了三十多家"小米之家",为微信等网络营销做好线上线下的无缝连接。小米公司还有 400 多名员工组成的呼叫中心,负责对微信、小米社区、微博以及用户问题进行互动和反馈,让"米粉"获得更好的消费体验。

三、开发粉丝文化

小米手机的热销成为目前的热点话题。小米手机是用互联网思想去做手机企业,核心理念包括平等、分享和参与，网络运营还不足以让小米迅速成为神话，比手机销售业绩更为传奇的是小米培育的几千万忠诚的粉丝群体，俗称"米粉"。据说在全国各地，每建立一个"小米之家"，都深受"米粉"欢迎，有的"米粉"会去送花、送礼、合影，还有的会为小米手机填词谱曲，放到网络上广泛传播。在"米粉"推动下，小米品牌很快像滚雪球般地发展起来。

小米的成功之处是能从根本上抓住用户的需要，注重与用户的感情交流，使品牌能够深入人心，让用户自发地形成对于小米品牌特别的喜爱和依赖，成为产品的义务代言人。小米手机对用户群有明确的定位，是那些经济实力不强，但又想张扬个性，富有创新气质和创造力的年轻群体。针对目标用户，小米公司开发了即时通讯平台"米聊"，小米培养了自己的"米粉"团队。小米公司从发展之初就一直强调"用户就是驱动力""为发烧而生"的理念，帮助"米粉"建立产品优越感。

"米粉"是非常忠诚的群体，他们发自内心的喜爱小米手机，自愿为小米手机提供创意和想法，在产品设计阶段，"米粉"就参与进去，熟悉小米的人都会知道"荣誉开发组"和"内测粉丝组"这两个神秘的群体，这是聚集"米粉"参与开发的核心平台。小米让用户做主，尊重和满足用户，以消费者为主导，设计团队来满足用户的需求，不断改进产品设计，为了满足"米粉"对手机的高要求，小米手机在软硬件设计上，都拥有许多个性化的特征。

小米手机为满足年轻用户实现自我价值的需求，强调"因为米粉，所以小米"。小米公司在对用户的定位上，一直将"米粉"视为品牌的主人，为手机的开发者、传播者和使用者。2013 年 10 月 23 日小米 VIP 特权中心上线，"米粉"通过 VIP 认证后可以建立专属主页，享受尊贵特权，领取手机勋章，拥有购买优惠待遇。

小米网站推广图 I

思考与启示

小米公司自问世以来,之所以能够披荆斩棘,突破苹果、三星、华为、魅影等手机公司重围,快速成为市场的领头羊,是因为小米手机质量好,性价比高,获得粉丝的广泛认同和积极参与,运用互联网核心思想,采用一种创新且具有广阔发展前景的网络运营模式。简单地说就是小米的高性能、网络传播和发烧友成就了它的辉煌事业。

一、开放:打造品牌特性

小米以开放的心态,深入洞察目标消费者需求,满足用户的需求,建立用户对品牌发自内心的情感连接,树立品牌的核心竞争力。打造"米粉"文化,让粉丝信服,产生对于品牌的好感,增加情感认同。

找到目标消费者核心的需求,作为品牌定位的基础,通过粉丝感兴趣的渠道与之建立有效的双向沟通,利用粉丝喜爱的网络平台,传递他们感兴趣的内容和信息,让粉丝参与品牌设计,为产品代言,通过网络社交媒体去宣传品牌,维护品牌荣誉。小米手机定位明确,以年轻人为目标用户,精准地摸清用户需求,围绕目标用户开展一系列特色鲜明的服务,让品牌深入人心。

小米网:小米平和推广图Ⅱ

二、互动:发动粉丝参与

互联网思想的核心理念之一就是参与。吸引和聚合用户,充分注重客户体验,小米公司在产品的设计过程阶段就创新性地引入用户参与,给发烧友提供创造的机会和发挥的空间。吸引用户参与到手机生产与设计、品牌传播、后期服务等各个环节中,让用户与产品融为一体,形成"病毒性传播"的效果,使新品牌的知名度在短期内数倍地放大。粉丝的苛求对产品在质量、销售、服务等方面提出更高的要求,保证了产品的高质量,实现在"用户基础上的应用"的梦想。在产品任何一个环节出现问题,都应该让用户参与其中,哪怕是产品遇到危机事件,也要尽快与客户取得沟通和联系,共同面对困境,让用户的心和产品命运紧密联系在一起。

小米网:小米手机 Logo

三、服务:满足用户需求

在互联网时代,各种网络平台都为收集用户需求提供便利,小米手机快速赢得用户的广泛认可和追捧,在于它能充分收集并及时满足用户的需求。小米系统每周有几十个更新,增加多个功能,有三分之一以上的创意来源于"米粉"。苹果一年一更新,谷歌一季一个版本,小米是一周一发布。与"米粉"一起改造和创新,成就了小米特有的气质和特性。服务要考虑用户最迫切的需求,要尽量为用户提供便利,要贴心、富有针对性地解决问题。论坛、微博、微信等平台,为发烧友讨论各种技术、功能、服务等问题提供了很好的平台,也让用户能够畅所欲言,吐槽各种问题,收集这些问题并尽快解决,就能赢得用户内心的追随和迷恋。

快的＋嘀嘀：
引领移动互联网成功营销的启示

　　快的打车和嘀嘀打车都是手机上的免费打车软件。2012 年 8 月,杭州快智科技有限公司开发的快的打车 APP 上线,目前已覆盖到全国包括香港、拉萨等 300 多个城市,日均订单量超 600 万,用户数超过 1 亿,司机数量超过 135 万。2012 年 9 月 9 日,北京小桔科技有限公司推出嘀嘀打车 APP,目前用户数也突破 1 亿,司机数超过 90 万,日均订单量达到 522 万,覆盖全国 180 多个城市。2015 年 2 月 14 日,快的打车和嘀嘀打车战略合并。

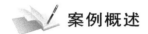 **案例概述**

一、快的打车

　　2012 年 5 月,杭州快智科技有限公司成立;8 月,快的打车上线。

　　2013 年 4 月,快的打车获得阿里巴巴、经纬创投 1000 万美元的融资。6 月,在全国 30 个城市开通使用。7 月,与去哪儿、高德地图、百度地图、支付宝结成战略合作伙伴。8 月,可以用支付宝在线支付打车费用;并增加起点精准定位、即时追踪距离、智能推送机制等功能。9 月,进军香港。11 月,收购大黄蜂打车,占全国市场份额超过 50%;投资方阿里巴巴等注资近亿美元。12 月 18 日,推出商务车服务。

　　2014 年 1 月 20 日,快的打车开展对使用该软件打车和支付宝支付的乘客、司机,每单各返现 10 元的活动;2 月 17 日,补贴方案升级,宣布其打车奖励金额永远比同行高一元钱。3 月 4 日,打车软件的"补贴"大战开始降温,打车补贴方案调整。6 月 11 日,在全国推"打车返代金券"活动,乘客打车并支付成功后可随机获得 1～10 元的打车代金券。12 月,推出一号专车服务。

　　2015 年 1 月 15 日,快的打车完成由软银集团领投,阿里巴巴集团以及老虎环球基金新一轮总额 6 亿美元的融资。

天报网：快的打车广告图

二、嘀嘀打车

2012 年 6 月 6 日北京小桔科技有限公司成立，9 月 9 日推出嘀嘀打车软件，12 月获得金沙江创投 300 万美元的融资。嘀嘀打车在推广初期，与北京市出租车调度中心96106 达成战略合作，定制 96106 客户端。

2013 年 4 月，嘀嘀打车获得腾讯公司 1500 万美金的融资。6 月增加异地预约、3D 地图功能，之后与高德地图、百度地图合作，开启与地图类应用合作联运新模式。12 月 12日，嘀嘀打车与携程旅行达成战略合作，基于携程客户端推出送机服务及城市打车。

2014 年 1 月 4 日，嘀嘀打车与微信合作，可以用微信叫车和支付车费，并给使用该项服务的乘客和司机各 10 元的现金补贴。6 日，获中信、腾讯等机构共计 1 亿美金的融资。22 日，受春运影响，早高峰期间使用微信支付的订单超过 10 万单，造成支付通道堵塞，嘀嘀打车在 20 分钟后紧急修复该问题，并对受影响的乘客进行合计 60 万元的赔偿。3 月

28日,开通"QQ钱包"支付车费功能。4月,嘀嘀打车以日均521.83万元的订单量超过了京东、淘宝移动和美团,成为国内最大的移动互联网日均订单交易平台。8月9日,嘀嘀、快的两大打车软件全面取消司机端现金补贴。12月9日,公司获得新一轮超过7亿美元的融资。

2015年1月17日晚,嘀嘀打车获评年度"最具突破出行APP"。

2015年2月14日,嘀嘀打车与快的打车进行战略合并。两家公司在人员架构上保持不变,业务继续平行发展,并将保留各自的品牌和业务独立性。

搜狐网:嘀嘀打车广告图

 **案例剖析**

一、见缝插针,实现信息无缝对接

我国长期存在打车难的问题,原因包括运力不足、出租车价格门槛过低、公共交通不发达、交通堵塞、供需信息不平衡等。出租车行业的数量管制让供需之间存在较大缺口，要彻底解决这个问题很难。在出租车数量和民众的打车需求都难以改变的情况下，打车软件这种全新的调度模式，通过提高乘客用车需求与出租车供给之间的信息匹配程度获得发展空间，在有限的条件下利用了一些被虚耗的出租车运力，提高打车效率。

此前，各地都有一些电话招车平台，将出租车与乘客间的被动等待模式，转化为提前预约的主动联系模式，但由于叫车效率不高，操作也不够便利，还需付费，所以一直没有得到大规模发展。快的打车和嘀嘀打车都是立足于地理位置服务的手机打车软件，与传统招车平台相比，匹配效率更高，使用更方便。乘客在手机上发单，司机根据乘客路线需求选择接单，提高了供需之间的信息容量和契合度，降低出租车空驶率，减少司机漫无目的地"扫街"、交接班空程驾驶等资源浪费，实现有限资源的使用效率最大化。

快的打车和嘀嘀打车软件都采用简洁易学的操作界面，人性化的设计，能够让人轻松上手。司机端地图导航功能，能够提供即时的道路拥堵情况，为司机选择最佳道路提供便利；手机来单自动解锁等功能，能够让司机在开车时较方便的操作软件。嘀嘀打车和快的打车还在提高用户出行体验方面做了优化，并依靠大数据系统对订单进行智能调度，减少用户等候时间，提高打车效率。

打车流程设计合理高效，以嘀嘀打车软件为例，客户叫车信息会以该乘客为原点，自动推送给直径 3 公里以内的出租车司机，司机可以即时抢应，并和乘客保持联系。支付车费时，可使用在线支付，避免找零烦恼。软件还开发出语音发单、高峰期加小费、智能算法推送等实用功能。

二、广告新模式，烧钱树品牌

2012—2013 年是手机打车应用行业数十家公司群雄逐鹿的时期，快的打车和嘀嘀打车凭借各自身后强大的"金主"支持，发起几轮对用户和司机的补贴活动，成为最终的赢家。这种补贴发放完全可以看成是一种新型的广告模式，它培育了庞大的用户市场，吸引更多的人去感受移动互联网带来的生活便利，养成使用"打车软件"加"网络支付"的习惯。

快的打车在南方市场独占鳌头，嘀嘀打车在北方市场一枝独秀，随着各自业务的扩张，为扩大疆土，双方都采取"烧钱圈地"的营销手段，通过发放补贴鼓励司机和乘客使用。2013 年 12 月，快的打车推出乘客打车使用支付宝付费每单返现 5 元，并且每天从中抽取一部分免费订单，对乘客和司机进行双方补贴，这种"移动打车支付"模式，一石激起千层浪。2014 年 1 月，微信支付和嘀嘀打车应对出招，也发起优惠活动，对使用微信支付来付打车费用的司机和乘客各给予 10 元打车费补贴，每天再提供 1 万个乘客免单机会。之后，两大软件多次推出各种优惠和补贴活动。

互联网产品的推广，如果采用传统模式，把钱投在电视和报纸等媒体上，难以快速激发用户安装和使用 APP 的热情,特别是对于一些文化程度不高,较少使用手机网络的的士司机来说,推广非常困难。而采用直接给予用户经济补偿的推动效果远大于媒体宣传,的士司机为尽快获取经济补偿,学习和使用软件的热情高涨,在短时间内自发地安装软件,学习了使用方法,并积极向乘客推荐;而乘客由于能获得补偿,也会主动向没有使用打车软件的出租车司机宣传和推广,这样的互动不仅宣传了品牌,还省去了为司机安装和使用软件的培训费用。

互联网软件采用直接补贴用户的营销模式,看似烧钱,实际上收益不菲。据统计,打车软件初期获取一个新用户的成本不到 20 元,远远低于电商行业平均百元获取一个用户的成本。在快的打车优惠活动的几个月中,覆盖城市从 40 多个扩展到近 300 个,每天有数百万人在使用。嘀嘀打车 127 天的活动,投入了十多亿资金奖励司机和乘客双方,共计上亿用户参与了多轮促销活动。几个月时间,双方市场份额之和达到 97%。所以,不管是与传统品牌的高额广告支出,还是与电商获取用户的高额成本相比,快的打车和嘀嘀打车采用直接补贴发展用户的性价比更高。通过阶段性补贴用户的市场政策,让用户得到实惠,也吸引了大量眼球,用户通过自媒体的大量转发和口口相传,形成滚雪球效应,得到很好的营销效果;两软件的烧钱大战,媒体不请自来,蜂拥而上,争相报道相关事件,自然而然形成了热播效应,软件公司几乎不用给媒体投钱做广告,就完成了品牌推广,颠覆了传统的品牌传播与推广模式。活动推广期间,打车不断成为餐桌和网络热门话题,这无疑已成为中国移动互联网一次最成功的营销,引领了一场消费方式变革的运动,收获了丰厚的回报。

中国日报网:微信支付与支付宝支付漫画

三、在产业链上借鸡生蛋

资金和用户是互联网企业发展不可或缺的两大基本元素。打车是都市生活类服务业务中非常重要的一项内容，快的打车与嘀嘀打车都为开发和拓展未来生活服务业务提供了空间，打车软件是从线上向线下延伸，让 OtoO 服务真正得到落实的重要渠道。两大公司充分利用这个优势，去吸引风投资金支持，开展与企业巨头合作，获取大量的资金和用户资源。

快的打车通过不断拓展与各领域企业的业务合作，快速赢得发展。2013 年 4 月由经纬创投与阿里巴巴投资 A 轮 1000 万美元，之后多次获得阿里巴巴集团注资，又在道路出行的领域进行布局，先后与支付宝、去哪儿、携程、高德地图、百度地图、同程等出行类网络企业合作；并与国航达成合作，为国航无限提供租车叫车服务。2015 年 1 月，利用元旦和春节契机，还与可口可乐进行跨界合作，启动大型品牌推广活动，扫描可乐瓶身的二维码，即可获得打车券，通过兑换快的打车的积分，获赠定制版的"昵称瓶"可乐。从而建立了一个以城市出行为中心的生态王国，在产业链整体布局上赢得先机。

9553 网：快的打车司机版 2.0 功能图

2013 年 5 月,嘀嘀打车得到了腾讯投资的 1500 万美元,并展开与腾讯微信的战略合作,走上快速发展之路。嘀嘀打车与北京出租车调度中心 96106 合作,为非智能手机司机提供打车订单;与高德地图合作,用户可在高德地图内直接下单打车;此外,先后与百度地图、去哪儿网、微信等合作。通过接入百度地图、高德地图和微信,直接共享了它们上亿规模的用户资源。

移动互联网争夺的焦点在入口上,而打车软件借机与周边相关服务合作,从而形成衍生的生态链或生态圈。打车应用市场被彻底激发后,可以衍生大数据、LBS 定位、OtoO线上线下、VIP 客户增值服务、广告墙等商业模式,本地生活服务类、酒店类、旅行类等应用均可植入打车服务 APP,实现共赢。

 思考与启示

一、引领:改造传统行业流程

互联网在不断地改变人们的生活方式,已经让人们在衣、食、住、行方面有了很大的改变,包括购物、吃饭、住宿、旅游等。打车软件正是在这样的大背景下应运而生,从最初仅有的打车功能,发展到后来的线上支付功能,优化了整个打车流程,实现打车服务的OtoO 完美结合。这个过程节约沟通成本,节省司乘双方资源与时间,改变了传统打车方式和市场格局,颠覆了人们路边拦车的习惯,建立和培养出大移动互联网时代下用户现代化的出行方式。

打车软件这一场角逐已经让移动互联网 APP 应用快速席卷全国,让人们获得很多的便利性服务,寻找和发现传统行业的不足,充分利用移动互联网络优势,融入互联网元素,对传统流程进行优化和改造,这样就能站立时代的前沿,引领潮流,让越来越多的人享受更高效的服务和更舒适的生活,让正在高速发展的互联网络不断渗透到用户生活的方方面面。

二、便捷:操作简单,功能实用

打车软件烧钱的同时提升用户体验、不断推陈出新才能在这场纷争中取胜。互联网应用的 APP 要推广得好,必须有简洁清爽的操作界面,操作功能一目了然,让人易学易用。打车软件不需要烦琐输入,它支持语音快速发单,能够 GPS 自动定位,显示附近出租车信息,智能推荐目的地。打车软件提供了语音、图片、文字等沟通方法,使司机乘客轻松对接，沟通更加顺畅，还能查看双方位置和预计到达时间，减少乘客等车的焦虑。

移动互联网时代，随着网络应用软件的不断增加，用户获取信息的渠道更加多元化，产品有新意才能吸引用户，操作便利、功能实用的才能被广泛传播和普及。当然，要做好一个品牌，除了培养用户的使用习惯外，更要注重用户对产品的黏稠度和依赖度，只有切切实实给生活带来便利的产品才能赢得人们的长期持有。

三、信用：让用户放心使用

市场上总会存在一些不规范的行为，新的网络产品也必须考虑如何更好地维护产品使用秩序的公平和合法性。快的打车和嘀嘀打车都内置评价系统，乘客可以针对诚实守信、态度、车体卫生等对司机进行评价；司机也能对乘客跑单等行为进行投诉，被投诉 3 次之后，乘客电话便会自动加入黑名单，禁止使用嘀嘀打车软件。诚信记录一目了然，乘车之后双方互评，完善的信用评价体系，使打车出行更放心。

快的打车和嘀嘀打车两大公司的战略合并，将实现数据共享，会加大对不良行为的惩处力度。作为新兴的网络应用公司，必须遵守法律法规和行业规则，接受政府监管，赢得用户的充分信赖，才能不断发展壮大。

网易网：嘀嘀打车与快的打车"烧钱"漫画

NYT VR：虚拟现实新闻报道的开山鼻祖

2015 年 11 月 6 日，现代新闻史上一个值得关注的日子。

这一天，拥有 164 年历史的《纽约时报》推出新闻 Virtual Reality 客户端 NYT VR，读者可以通过"谷歌纸板"(Google Cardboard)阅读世界上第一例虚拟现实新闻报道。该报执行主编 Baquet 称：《纽约时报》是第一个将虚拟现实引入新闻领域的媒体，通过 VR 方式阅读新闻会给人们带来全新的体验，强烈的视觉感受，未来还将推出更多的 VR 新闻报道，涵盖叙利亚难民营、埃博拉病毒幸存者、太空等题材。《纽约时报》用 VR 的方式诠释新闻，为新闻业界打开了一个新的窗口。

雷锋网：Google Cardboard 广告图

领先一步的《纽约时报》

2015 年 11 月 6 日，《纽约时报》虚拟现实新闻客户端 NYT VR 上线，同时为读者免费送出 100 多万套价值几十美元的 Google Cardboard，读者可以使用 Google Cardboard 体验世界第一个虚拟现实新闻报道。

NYT VR 首期推出的页面非常简洁，进入主界面就可以看到 VR 新闻作品，由于制作难度较大，作品数量还不多。NYT VR 节目可以选择两种模式观看：一是用"谷歌纸板"模式，用户要使用 Google Cardboard 来体验增强现实效果，观看展现 360 度场景的影片，体验身历其境的感觉；二是普通阅读接收模式，用户通过智能手机或网页观看 2D 版本。

到 2015 年底，VR 版推出了第一部虚拟现实电影短片 *The Displaced*，讲述的是在叙利亚背井离乡的难民潮中，Oleg、Hana 以及 Chuol 这三个儿童流离失所的痛苦经历。通过手机或网页，可以看到一间千疮百孔的教室，一片沼泽地，几个流亡者在辛苦地劳作，一个衣着破烂的小孩站在扔满垃圾的教室里，另一个小孩在黑板上写写画画。观众可以通过滑动屏幕，360 度全景观看这一间教室的全貌，破烂的墙壁，凌乱的桌椅，天花板上摇摇欲坠的灯，这些触目惊心的细节带来比较真实的现场感受。人们还可以点击视频中的某一个部分，放大来观察细节。读者使用 Google Cardboard 观看视频，带来的震撼远远超过前面的网页模式，全新的浸入式场景体验，超强的时空临场感带来超级震撼的效果。观看《纽约时报》制作的另一个视频 *Real Memories*，视频开始播放后，3D 视觉效果很好，场景非常逼真，可以转圈 360 度进行全方位观看，偏头向副驾望去可以看到帅哥的侧脸；向后转 180 度，后窗外的街道看得一清二楚；抬头可以看到天窗外的高楼。视频中每一空间画面都可以全景观看，向感兴趣的地方凑近就能清楚地看到它的局部与细节。

NTY VR 运用第一人称视角，采取深度报道的技巧，《纽约时报》已经制作了 5 部这样的新闻作品。影片利用扣人心弦的故事，逼真的视觉效果，将观众与那些故事中的人物以及场景融合在一起，支持 360 度视角观看视频。在 *The Displaced* 中，观众抬头可以看到飞机从天空穿行而过，投放的救援物资食物从飞机上落下；在 *Walking New York* 中，观众可以从直升机里俯视纽约城。观众依靠转动头部观看周围环境，主动地参与到了传播过程中，按照自己的体验观看不同情境，告别被动的信息接收的过程。纪录片项目 *Vigils of Paris*，让观众沉浸到 2015 年 11 月 13 日的巴黎遭受恐怖袭击的街头。突发事件因其突发性，具有破坏性大、扩散性强、社会影响力大等特点，往往具有很大的新闻价值，会在短时间内成为舆论关注的焦点，VR 报道方式使巴黎遭袭事件呈现得更加"全面""立体"，在突发事件报道中独树一帜。

综观《纽约时报》推出的 VR 视频节目，虽然时间不长，但画面清晰，可以通过多种终端和模式便捷观看，可以为用户提供全新浸入式新闻阅读体验，展示的事件栩栩如生。

时代法制网：*Walking New York* 剧照（平视效果图）

时代法制网：*Walking New York* 剧照（俯视效果图）

一、融合新技术

在科技发达的今天，数字化产品越发普及，传统媒体主动与新技术紧密融合才能挽救颓势，甚至实现逆袭。当传统媒体还在讨论如何向新媒体转型时，《纽约时报》已经领先一步，使用 VR 技术，为传统媒体转型提供了一种新的思路。随着媒体形式的不断发展，将来的应用程序肯定不局限于手机和平板电脑，VR 有可能成为未来虚拟现实应用程序的雏形。VR 可以提升互联网社交深度，在人与人之间建立更深层次的连接与交互。《纽约时报》超前一步通过 VR 形式展现新闻，在未来的媒体竞争中可获得先发优势。

二、展示新题材

虚拟现实已经成为一个火热的领域，而随着虚拟现实设备的不断普及，虚拟现实短片也会越来越多。虚拟现实技术可以把观众带到一些他们从没进入的新领域，为读者带来存在感和沉浸感，虚拟现实的新闻报道可以在战争、突发事件、侦探等题材中大显身手。比如，2016 年 1 月《纽约时报》制作了一部记录了 4 位总统候选人竞选活动的新闻短片 *The Contender*，共 9 分钟，采用虚拟现实技术，让观众身临其境地感受到活动现场的气氛。《纽约时报》还打算用 VR 来转播 2016 年美国大选。

三、引领新体验

《纽约时报》运用 VR 技术制作出非常精美的影片，推送给广大读者群，引导读者参与体验，并通过良好的用户体验获得口碑。VR 技术为新闻报道带来新的形态，在传统报业受到网络媒体冲击的时候，与传统媒体的新闻制作优势紧密结合，是一个非常有前途的发展方向。以后人们看到的新闻除了文字、图片和视频，还将有更加丰富多彩的阅读形式，甚至能够使读者像玩游戏一样参与，获得各种炫酷的体验。

新浪网：Google Cardboard 广告图

未来传媒业的"虚拟现实"

一、技术抢占传播先机

早期虚拟现实 VR 技术大多应用于游戏领域,但传媒行业也一直在关注这项技术,不断有纸质媒体尝试与最新模拟现实技术相结合。2009 年,美国著名杂志 *Esquire* 尝试与增强现实 Augmented Reality 技术结合。2010 年,德国发行量最大的报纸《南德意志报》尝试与慕尼黑 Metaio 公司合作,发行《星期五》杂志 AR 版,用户可以使用手机软件 Junaio 在杂志页面进行交互性视频,观看 3D 插图,参与访谈等,这为读者提供了一种身临其境的阅读方式。2014 年 3 月,Facebook 斥资 20 亿美元收购虚拟现实设备厂商 Oculus,打造一个提供游戏等多种体验的虚拟现实平台。

2015 年 2 月,《纽约时报》移动端编辑 Sam Dolnick 偶然间进入了编辑 Jake Silverstein 的办公室,看到他正拿着 Google Cardboard 眼镜,一个看起来像贴着塑料放大镜的米色盒子,Silverstein 把 Google Cardboard 举了起来说:"想不想看一些很酷的东西?"2015 年底,《纽约时报》就向百万美国国内家庭订户免费发放这个酷酷的 Google Cardboard,同时推出了虚拟现实新闻客户端 NYT VR,开始大力推广这款新产品,让读者尽快分享这一全新技术的成果。

《纽约时报》在数字化面前应对各种挑战,不断在技术和商业模式上探索创新,引领媒介融合新潮流,成为美国乃至世界报业的标杆。《纽约时报》之所以选择和 Google 合作,是因为 Google Cardboard 是目前比较成功的 VR 产品之一,和其他 VR 专业设备相比,性价比更高,成本较低,可以较快地在大范围内向读者普及和推广,让他们尽快体验这种全新的节目,提高受众规模。NTY VR 开拓了一种新的新闻制作和传播方式,借助这个新产品,《纽约时报》巧妙地将虚拟现实技术和强大的采编能力双剑合璧,在应用虚扣现实技术的新闻领域里提前卡位,抢占媒体竞争的先机。

二、身临其境的用户体验

读者一般是以第三人称的视角阅读新闻,在这种视角下,观众是旁观者,游离在新闻发生现场的环境和气氛之外。而 VR 技术可以使读者以第一人称的视觉进入新闻环境中,亲临新闻现场,亲身经历新闻事件,从而感受到强烈的视觉冲击力。这种全新的讲新闻事件的方式,可能会成为一个时代的分水岭,将对报业的发展起到重要的作用。我们将迎接一个历史性新时代的到来。

NTY VR 通过制作的新闻和纪录片,向读者展示了虚拟现实作为终极沉浸式叙事工具的优势，非常适合制作一些关于战争、灾难、科幻、宇宙等普通人很难遇到的主题报道。还可以进行一些娱乐报道的尝试，比如 *Take Flight* 中，观众可以体验飞向月亮、与明星演员一起在云端飘浮的乐趣。这个虚拟现实素材是由导演兼摄影师 Daniel Askill 在洛杉矶和伦敦的旅程中拍摄，每个演员拍摄超过 2 小时，最后选出 10 张照片肖像和 10 段短视频。在制作后期，《纽约时报》再次与 Vrse 合作，创造一个 CGI 的夜空环境，并把所有的元素放在一起拍摄最后一段故事情节，通过收集到的足够多的材料做成虚拟现实的影片。*Take Flight* 发布以后，很受欢迎，视频浏览量已经超过 100 万次，平均每个观众观看8 分钟左右。

百度网：Virtual Reality 体验效果模拟图

三、尝试新型 VR 广告

NYT VR 所要做的事情不限于新闻报道业务上，也着眼于商业和经济利益，因此《纽约时报》从一开始就融入了新型商业广告的尝试。对于传统的媒体广告，观众可能只能看到产品的外观、性能参数等有限的信息，而 VR 新技术不仅能全方位展示产品的品牌形象，还能够传递更多详细的广告信息和更加丰富的细节。随着 VR 技术的发展，画面的展现将更为清楚，产品的体验也会更加真实，这将成为未来媒体广告的又一个全新舞台。

NYT VR 节目中还尝试嵌入一些微型广告，比如有两段分别由 GE 和 MINI 赞助的片段，各自传达了一些品牌的讯息。在影片 *Real Memories* 的开端，可以清晰地看到宝马 Mini 汽车的 Logo，进入到汽车里面，观众通过镜头，可以看到两位主角坐在 Mini 车的前排，观众感觉就像坐在车的后排上，通过靠近、转身、抬头等动作环顾车的四周，可以看清楚汽车内部的各种细节，接收更多的产品信息。

虽然 VR 技术仍然处于发展初期，VR 广告画面质量不太完美，普及程度还不够广泛，也由于需要佩戴观看器械，部分观众会有些不适的感觉，但最近几年已经成为 VR 技

NYT VR 手机客户端截图

术发展的关键时期,VR 应用正在快速增长,不久后 VR 广告可能会铺天盖地涌现出来。传统媒体若能在 VR 这个领域未雨绸缪,提早布局,尝鲜全新技术,找到新的融合点,必将开创一个全新的领域。

小型无人机:开启"俯视"新闻的新视角

军事领域使用大型无人机已有多年历史,随着科技的发展,无人机的体积不断减小,价格不断降低,小型无人机在日常生活中也与人们不期而遇了。小型无人机在新闻采集中拥有摄制便利、传播快速、视角独特等方面的优势,2010 年以来,许多国外媒体纷纷开始使用无人机拍摄的图片、视频制作专栏,运用沉浸式、场景式的方法报道新闻,赢得读者的青睐。

小型无人机新闻研究方兴未艾

关于小型无人机在媒体领域应用的研究,早在几年前就开始了。2011 年 11 月,美国内布拉斯加大学教授瓦特·韦特在其所在的新闻与大众传媒学院创办了小型无人机新闻实验室(Drone Journalism Lab)①,拉开了小型无人机新闻时代的序幕。瓦特·韦特说:"当前,新闻记者面临两大问题:首先,是观众对视频报道的要求越来越大,然而视频制作的成本不低;其次,在很多时候,记者不管是去自然灾害现场还是到华尔街抗议活动的现场都会受到限制。"而小型无人机购买和拍摄成本都比较低,可以深入各种新闻现场,能较好地解决这两个问题。

同年,世界首个小型无人机新闻协会(Professional Society of Drone Journalists)②成立,目前已经有 37 个国家的研究人员和新闻从业者参加了这个组织。这是第一个全球性的致力于小型无人机新闻伦理、教育培训和研发领域的研究组织,主要探索小型无人机在恶劣气候环境下的现场报道、灾难报道、大型运动比赛报道和自然环境等方面最佳的新闻素材采集模式,以满足多种新闻报道的需求。这些组织的成立推动了无人机在美国新闻行业的使用,使它逐渐成为媒体的宠儿。

2015 年 1 月 12 日,CNN 与美国联邦航空局合作,开展将无人机技术用于新闻采集

---

① http://www.dronejournalismlab.org/
② http://www.dronejournalism.org/

等领域研究。15 日,CNN、《纽约时报》《华盛顿邮报》、美联社、NBC 环球、Getty 图片社等十家媒体与弗吉尼亚理工大学进行合作,测试用无人机收集现实生活场景照片和视频的安全性等。

中国台湾网:小型无人机作业图Ⅰ

突入禁区,全景式展示灾难场景

小型无人机逐渐成为媒体采集新闻的重要工具,它具有强大的影像数据采集能力,可以承担一些人类无法完成的拍摄任务,进入到人们以往无法到达的现场,拍摄出一些难涉及区域的作品,给新闻领域带来意想不到的新突破。

2010 年 4 月,美国南部路易斯安那州沿海一个石油钻井平台起火爆炸,海上钻井平台底部发现多处泄漏点,油井每天漏油大约 5000 桶,是美国历史上"最严重"的漏油事故,美国政府把这漏油危机列为国家级灾害。新加坡《联合早报网》等媒体刊登了无人机航拍的照片,从中可以清晰地看到浮油正逼近美国墨西哥湾沿岸四个州的广大海岸区域,满目疮痍,场面震撼,在国际社会引起较大的反响。这种把无人机采集的照片用于新闻报道的模式开始崭露头角,也得到了国际新闻界的认可。此后,多个媒体开始进行类似的尝试。

无人机在一定程度上突破了恶劣环境的障碍,增加了新闻的直观性和视觉的冲击力,2014 年秋天,英国电视制作人丹尼·库克(Danny Cooke)为哥伦比亚广播公司的王牌栏目"六十分钟"制作了一期节目,用无人机航拍了乌克兰切尔诺贝利核事故遗址。镜头里的切尔诺贝利像鬼城一般寂静荒凉,失去了往昔光彩,一些地方遍体鳞伤,成堆乱七八糟的残骸无序地散落着，像被撕裂了肉，抽去了筋，剥去了皮，看后令人十分痛心。

　　记者在天灾人祸和恶劣自然环境中，深入现场进行报道，会面临很多危险，伤亡事件时有发生，无人机也为记者的人身安全增加了保障。无人机在一些方面可以代替记者获取现场第一手资料，快速接近新闻事件中心地带，获取最真实的社会、自然景象，提供全景式、浸入式的报道。2015年1月19日，一则在网上广为流传的无人机视频则展示了乌克兰顿涅茨克机场在连续数月的交战后成为一片废墟的景象，弹坑遍地，场面震撼，就算是战地记者冒着生命危险创作的作品，也难以如此全面、生动记录和展示整个场景，而无人机的拍摄不仅质量高，还解决了拍摄者关于人身安全的忧虑。

CNN网：CNN使用的小型无人机

如虎添翼，新视角进行新闻报道

　　麦克卢汉"媒介即讯息"的观点，阐述了媒介技术在社会发展中的积极作用。小型无人机是一种新兴的媒介竞争工具和手段，使记者如虎添翼，为新闻作品拍摄增添光彩。技术的进步在很大程度上突破了视角的制约，无人机自如地在空中升降，从空中进行俯拍，全方位搜集图像和声音资料，视角独一无二，照片独树一帜，可以满足受众独特视角观看的好奇心，足够吸引人的眼球。"横看成岭侧成峰，远近高低各不同"，崭新震撼的视觉呈现效果，还使新闻作品在美学范畴提升了档次，具有很大的推广前景。

2013 年,美国国家公共广播(National Public Radio)的"地球财富"栏目,曾推出一部"制造 T 恤"的专题片,其中利用无人机在密西西比农场上拍摄的一望无际的棉花农场镜头,场景非常壮观,把片段题目"一个农夫和数不清的棉花"中的"数不清"一词展现得淋漓尽致。

小型无人机拍摄的作品,为媒体后期深加工提供了良好的第一手资料。利用这些素材制作一些交互式的、浸入式的多媒体新闻作品,可以展示一些大型活动或者自然景观。2015 年 6 月,曼彻斯特晚报网使用无人机采集的照片和视频,制作了一个虚拟希尔顿公园 Parklife 音乐节场景的交互式全景图。全景图中收录了著名的摩天轮、音乐节舞台主场、巨大的霓虹灯、马戏团的帐篷、迎风招展的彩旗等景物,图像逼真,现场感很好。用户通过简单的操作就能轻松地浏览环顾音乐节四周场景,可以点击鼠标放大观察各个细节,从而获得一种亲身经历的感觉。这个新颖的作品赢得了读者广泛的喜爱和好评。①

时效性是媒体的生命线,小型无人机在新闻报道中的时间优势也很明显,在突发事件现场,可以快速采集新闻,进行实时传输,在网络平台发布。近两年,新闻媒体使用无人机拍摄如同雨后春笋般地活跃起来。在 2013 年菲律宾的"海燕"台风灾难中,包括 BBC 和《每日电讯报》等媒体都使用了无人机进行现场报道,不仅为读者提供了大量的图片和视频报道,也为救援机构实施救助提供了很多帮助。

搜狐网:N 型无人机航拍图

---

① http://www.manchestereveningnews.co.uk/whats-on/whats-on-news/parklife-2015-take-virtual-tour-9395647.

民航监管：飞行安全需谨慎

随着小型无人机的广泛运用，小型无人机使用的相关法规问题也开始凸显出来。2015 年 1 月，一部无人机曾意外闯入白宫禁地。2016 年 1 月，3 名 BBC 的记者在达沃斯峰会期间，利用无人机航拍，因为违反了瑞士安保的相关规定，受到当地警方的问询。

小型无人机在飞行安全方面也存在隐患。据英国《每日邮报》报道，美国巴德学院无人机研究中心近日发布一项报告，基于政府从 2013 年 12 月 17 日到 2015 年 9 月 12 日期间，对 921 起无人机飞机相遇事件的详细记录，至少发生了 241 起无人机和飞机空中"亲密接触"事件，有 90 起近距离接触事件涉及民航，且符合政府定义的"空中危险接近"。2014 年 3 月，一架无人机险些撞上从英国伦敦希斯罗机场出发的空客 A320 飞机。

百度网：小型无人机作业图 II

无人机经常在人群密集的地方进行新闻采集，因此有时也会发生伤人事件。2013 年秋季，美国弗吉尼亚州赛车公园公牛赛跑赛上，一架无人机失控撞到看台上，导致数人受伤。

2015 年以前，美国联邦航空管理局 FAA 对小型无人机进行严格管控，《纽约时报》和美联社等十几家媒体曾经联合发表声明，批评 FAA 的禁令违反宪法第一修正案，侵犯了新闻自由。CNN 和乔治亚理工学院合作研究如何安全有效地操纵无人机。FAA 的态度也有所改变,开始与媒体合作评估风险,探索可行的方式。2016 年 4 月,FAA 考虑修改监管规定,为小型无人机在人口稠密地区飞行提供更多空间。

为了增加使用安全,需要对小型无人机操作人员进行培训。在小型无人机设备自身安全方面,制造厂家也在做一些有益的探索,比如设置 GPS 定位功能,禁止无人机在机场等特殊区域飞行,设定无人机在失联状态下自动返航到指定地点,等等,使小型无人机的安全性能不断提高。

当我们还在热议和羡慕欧美新闻业的无人机报道时,在小型无人机生产制造方面,我国已经走在了世界前列。美国《时代》周刊评选的 2014 年度十大科技产品中,大疆无人机排名第三,当了一回小型无人机制造的弄潮儿。一些国内媒体也开始用无人机采集新闻,2015 年 6 月 15 日,新华网组建国内首家无人机队,2016 年 1 月,网站无人机频道上线。小型无人机携带、使用方便,经济实惠,可以快速地接近新闻的核心地带,无阻拦地收集新闻第一手资料,用全新的视度呈现真实的新闻现场,已经在新闻领域崭露头角,可能在未来几年里大放异彩。

欧美新闻机器人的"尝新"观察

"意大利名将格罗佐战胜了美国的亚历山大夺得男子个人花剑金牌。"
"俄罗斯运动员萨芬击败英国运动员克鲁斯,获得男子个人花剑铜牌。"

Twitter 网：Heliograf 采编的新闻

这些来自里约奥运会的报道,由美国《华盛顿邮报》新闻采编机器人 Heliograf 发布,他第一时间从运动数据公司stats. com采集相关信息,获取各项赛事的数据后,几秒钟即可生成一条新闻,并在《华盛顿邮报》网和 Twitter 上发布,新闻报道速度快,涉及面广,数据精准。Heliograf 主要通过优秀的计算机算法和程序,快速接收赛事信息,比如一些赛事的比分、胜负等,以及奥运会的各类统计数据,比如各国的金牌总数等,生成一些简洁的主要以数字为核心的新闻,每天可以生成关于里约奥运会的实时报道数十条。在新闻发布时效性上,《华盛顿邮报》曾有过教训,2012 年的美国总统大选时,虽然报社派出大量记者编辑参与报道,但由于信息量太大,采编费时费力,速度缓慢,导致有的报道无暇顾及,滞后 16 小时才编好发布出来,颇为遗憾。这次《华盛顿邮报》使用机器人 Heliograf 进行里约奥运会的新闻报道,有效避免了新闻滞后的问题。

《卫报》网:The Long Good Read Ⅰ

《卫报》网:The Long Good Read Ⅱ

《华盛顿邮报》新数字项目负责人杰雷米·吉尔伯特表示，他们的目标不是用机器人来取代新闻工作者，而是让记者从一些琐碎的、机械的、简单的工作和数据统计中解放出来，从而更加专注地去做一些有价值、有深度的报道，用更多的精力做现场采访等工作，写出更多鲜活的新闻。就像计算器可以协助小学生进行数字计算，提高效率，但是不能帮助他们做应用题。新闻机器人报道可以大大增强时效性，但写出的新闻结构比较单一，或许还不能给读者留下深刻印象，一些新闻价值较高的素材，还需要记者编辑及时跟进，根据新闻线索收集更多素材，后期加工后才能编写出优秀的新闻作品。

《华盛顿邮报》不是最早使用机器人采写新闻的，在此之前，已经有一些媒体开始使用机器人做新闻报道，和记者编辑抢饭碗了。2013年11月，英国《卫报》和在线报纸俱乐部平台Newspaper Club合作，开发一份名为 *The Long Good Read* 的报纸，内容选自《卫报》的长篇报道，版面设计则由Newspaper Club的免费在线页面布局工具ARTHR生成，把报纸内容的相关链接、新闻的照片和文章放到ARTHR上，就会被自动排版。虽然该报纸只在伦敦的卫报咖啡馆免费发放，但还是赢得读者良好的口碑。

2014年3月，美国洛杉矶时报网站在地震发生后，由机器人Quakebot最早发出新闻，从写作到发布，仅用时三分钟。采编过程是这样的：Quakebot收集到美国地质勘探局信息系统的地震数据后，将这些数据填入了已有的新闻模板，编写成这篇报道，经过人工校对后，马上发送到洛杉矶时报网上。《洛杉矶时报》还开发出快速写犯罪新闻的机器人，但此类报道语言、文法还比较生硬，模式化比较严重。

2014年7月，美联社使用机器人Wordsmith撰写上市公司季度财务报道，还能为不同客户定制多种语言风格。在使用Wordsmith之前，美联社每季度最多撰写约300家公司的财报文章，使用Wordsmith之后，可以写出3000家公司财报，虽然其中仍有一些报道需要编辑人员后续加工，但工作效率已经大幅度提高。福布斯也使用美国西北大学开发的机器人Narrative Science做财报和房地产报道。

2015年8月，美国《纽约时报》把新闻机器人Blossom作为新媒体运营主管，Blossom具有预测新闻社交推广价值的功能，能挑选出适合写成新闻的信息，直接推荐给编辑或者进行编辑、标题制作、摘要文案写作和添加配图等后推荐给编辑发布，Blossom选编的文章在网站上发布之后，点击量远远高于其他文章，是普通文章的28倍，似乎具备"吹尽黄沙始见金"的特效。

新闻机器人的工作特点

一、数据处理准确高效

由于计算机技术的发展,已经具备新闻自动采集和编辑的部分功能,希望机器人接收数据库数据进行分析,再通过一定算法去组装信息,模仿人类写作、制作信息图表,转换成自然语言形成新闻报道。媒体使用新闻机器人编写新闻不只是一时的权衡之计,而是大势所趋。互联网大数据使信息发生爆炸,形成了一个巨大的信息网,对于编辑和记者而言,数据分析是又枯燥又单调的工作,仅仅依靠人力,无法全面捕捉、快速准确地处理海量信息,而新闻机器人的拿手好戏正是数据收集与处理,在很大程度上可以弥补人力工作的不足。

相比人类,机器的处理信息速度更快,工作效率也更高,而且也不会有数字、小数点的错误。不过新闻机器人也不是万能的,目前适合通过机器人写作的新闻一般是以数据为基础的新闻,主要集中于财经、体育等程式化的新闻上,虽然速度快、数据精准,但内容并不怎么有趣。这些报道都是以简单即时的新闻报道为主,新闻机器人离真正意义上完成创作,写出有血有肉能满足人们各种各样信息需求的新闻报道,还有很长的一段距离。

二、突发新闻反应迅速

突发新闻发生后,新闻编辑室通常是一派兵荒马乱的景象,编辑们为抢发头条,屏住呼吸争分夺秒地工作,还是会因为错过一些机会,留下各种遗憾,强大的机器人智能系统可以助记者一臂之力,为编辑记者拔得报道头筹立下汗马功劳。新闻机器人接收到地震局或者社交媒体上的相关线索后,快速汇编整理,合成稿件,经编辑确认后,立即推送到智能发布系统,整个过程一气呵成。此外,"新闻机器人"也不是单兵作战,谷歌公司前首席执行官 Eric Schmidt 在 2015 年的达沃斯经济论坛上预言物联网即将诞生。因此,新闻机器人在获取物联网中的各项数据时,具有更大的便利,他们可以通过计算机接口技术快速地与各种功能的机器人建立联系,比如快速收集社交数据机器人、航拍机器人的信息,如与视频编辑机器人、数据新闻机器人进行合作,新闻报道的质量还会不断提高。

三、捕捉新闻热点

互联网传递的信息越来越多,想找到优质信息或者所需信息的难度也更大。新闻选题会不会把握不准热点走向?能否准确判断用户的喜好?这些都是困扰媒体选题的问题,而机器人只需获得选题热点关键词和热文推荐,就能进行数据分析,提取社交热点,便可以帮助编辑们广开脑洞,选出优质题材。

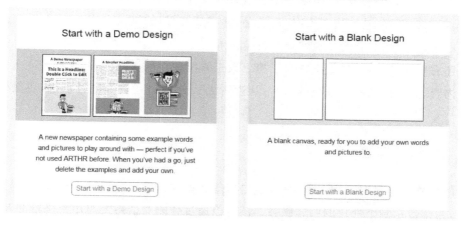

newspaper 网:ARTHR 制作报纸的工具

机器人可以让大数据从负担变成优势,重塑媒体的内容选题流程。据《华盛顿邮报》透露,新闻机器人 Heliograf 也参与一些热点问题的报道,并计划在 2016 年 11 月跟进美国大选的新闻报道,实时更新选举进程和结果。机器人还被打算用来寻找一些新闻热点和趣味点,为记者策划新闻报道提供帮助。互联网在给我们带来便利的同时,也在重塑着我们的思维方式。不断完善的算法为编辑和记者省去了大量机械性工作和复杂的数据分析,成为编辑选题的贤内助,让记者从数据大海中解脱出来,去做创新性工作。

新闻机器人应用的展望

一、核实信息

新闻机器人能够在一定程度上提升报道的真实性、客观性和中立性。机器人核实新闻准确性,将新闻报道中的文字、语音等信息全程记录,并随时与网络数据库进行对比,一旦发现异常,便可以发出警报。在 2012 年年末,《华盛顿邮报》启动了实时新闻核查项目,名为"truth teller"(吐真者)。在 2013 年美国众议院的辩论环节,多数党领袖声称给富人加税将会损失 70 万个岗位,此论调被使用多次,"吐真者"抓取到报道后,立刻在数据库中检索到《华盛顿邮报》事实核查人格莱·凯思乐的反驳文章,将"打假"结果果断反馈编辑部,立下大功。

二、创新性写作

目前已有的新闻机器人，主要适用于信息量巨大，而数据来源又清晰的体育报道和财经报道。不管是美联社的机器人财报，还是《华盛顿邮报》的机器人体育新闻，写出来的文章都还比较简单，都只是为了更快地将信息发布出去。不过《华盛顿邮报》对于机器人新闻写作还有更高的目标，计划把来自于旗下人工智能软件的新闻内容，无缝融入人力记者制作的内容之中，达到一种理想的水平，让读者无法分辨到底是由记者采编，还是机器人所写。

三、读者细分管理

新闻机器人通过对用户阅读习惯、点击率等数据的追踪与分析，可以准确地描述出客户需求，为读者定制个性化的内容服务。还可以通过智能对话系统与用户进行交互，进一步了解读者个人喜好，从而完成读者的细分和内容的精准推送，提供一套精准完整的个性化服务，使不同的用户看到不同的信息，为人们的个性化生活添彩。

第二编　数字媒体实务

互联网江湖充满了不确定性，也充满了机遇。媒介融合前无古人，不去尝试就无法知道水深水浅、水浑水清。媒体正在经历一场前所未有的革新，从纸质内容到数字报道的裂变，都没有标准模式。勇立潮头的浙江媒体人是先锋队和探险队，想把江湖搞清楚，率先下水摸石头，用互联网思维推动媒体发展，探索媒介融合的浙江模式。

浙江省平面媒体媒介融合发展纵览

进入 21 世纪以来,浙江省平面媒体在媒介融合发展上已经形成省级、地市级和县级媒体共同发展的良好局面。浙江省辖 11 个地级市、90 个县(市、区),到 2011 年年底,平面媒体共创办网络媒体 107 家,2011 年全年文字新闻发稿总数 31698.8 万条;图片新闻发稿总数 237.2 万幅;视频新闻发稿总数 21.8 万条;日均新闻更新量 4.45 万条,日均页面访问量 5041.97 万人次;拥有媒体博客 32 个,博客用户数 206.96 万户,博主日均发帖数 7820 条;在外网开设媒体微博 158 个;开设手机报、手机新闻短信平台等移动网媒 38 家,用户数 346 万户。

2005 年以来,报纸发展面临较大挑战,先来看一组央视市场研究中心(CTR)的受众调查数据[①]:2005 年 15～24 岁报纸读者的日到达率为 61%,2009 年下降到 48%;同期 25～34 岁读者的日到达率从 70.7% 下降到 64.7%;高等学历读者从 78.6% 下降到 71.5%。总体情况为:报纸的日到达率从 2001 年的 71.2%,下降到 2009 年的 64.9%。而 2005 年互联网在 15～24 岁网民中的日到达率为 35%,2009 年提高到 56.6%;同期 25～34 岁网民的日到达率从 31% 提高到 59.3%;而高学历网民的日到达率则从 48% 提高到 71.1%。由此可见,报纸的日到达率在下降,年轻读者和高学历读者不断减少,而互联网的网民数飞速上升,报纸读者和互联网网民的构成发生了显著变化。从 2011 年的抽样调查看来,现在的趋势是越来越明显。[②] 即使在这样的不利形势下,浙江省平面媒体仍然取得了令人瞩目的发展,原因之一,是积极开展了数字化和采取了媒介融合的发展方式。

浙江报业从 20 世纪 90 年代试水电子版开始,已经走过十几年的数字化历程。1993 年 12 月 31 日,我国第一张电子报纸《杭州日报·下午版》问世。1999 年 1 月 1 日,浙江日报社建立浙江在线网站,传统报纸和报纸电子版、网站为了扩大影响力,组织各种与读

---

① 姚林.中国报业近期趋势分析.传媒,2010(6).

② 邓香莲等.解析新媒体环境下国民的首选阅读方式.科技与出版,2012(4).

者互动的活动。随着这种与读者互动的不断发展,浙江报业从新闻采编技巧的改变起步,在体制机制上进行改革创新,创办报纸新闻网站,使报纸成为网站的"活招牌"和"导航站",网站成为报纸电子化、视觉化的物理延伸。2005年后,浙江出现手机报并快速发展起来。2006年开始,报纸的多媒体版出现,后来又推出数字报。报纸的形式不断增多,电子载体类型不断增加,终端从有线网络向无线网络发展,从大型电子终端向移动式、可携带式、微型化终端发展。2009年以来,浙江省平面媒体出现媒介融合现象,意味着取各媒介平台之所长,用音频、视频、照片、文字等不同媒介形态,对同一件新闻事件进行描述。媒介融合是报业寻求突破的新举措,也是浙江省报业数字化的又一次跨越性发展的机遇。

一、浙江媒介融合的平台建设

浙江的省、市、县三级平面媒体数字化道路起步较早。1993年底,《杭州日报·下午版》问世,开创了中国平面媒体发展互联网业务的先河,1998年开始,浙江平面媒体触网数量大增,并在2004年前后进入高潮。1998年8月,国新办批准《浙江日报》属下的浙江在线开办,1999年1月1日正式运行;市一级的平面媒体中,温州新闻网在1998年4月经国新办批准开通,《绍兴日报》联合电子版和金华新闻网在1998年9月获国新办批准开通;县一级的报社,《绍兴县报》电子报和诸暨网分别在1998年9月和1999年10月获国新办批准开通,萧山日报网在1999年9月29日开通。

新技术带动报业数字化,媒体的网站稳步发展,拉动数字报、手机报、微博等新媒体迅速崛起。

(一)新闻网

截至2011年12月,浙江省范围经过国务院新闻办和省政府新闻办批准的网络媒体共有107家。一报一网的发展模式基本形成。

浙江在线新闻网站原由《浙江日报》创办,2002年12月,由原浙江在线互联网站、中国浙江网、浙江电视台网站3家网站整合重组而成。重组后,迅速成为浙江省第一门户网站,浙江日报报业集团所属《浙江日报》《钱江晚报》《今日早报》《美术报》《浙江老年报》《浙江法制报》等16张系列报刊数字报纸都在此网站发布。

温州新闻网是经国务院新闻办正式批准的,自1998年开通后,运行情况良好。浙江省地市网站如绍兴网、金华新闻网、杭州网、中国宁波网、湖州在线、舟山网、中国台州网、嘉兴在线、丽水网、衢州新闻网也能很好地结合本地特色,发挥各自优势,配合报业做好新闻报道。到2003年,浙江省所有地市报都建立了新闻网站。

《杭州日报》在网站建设上独树一帜,在实现一报一网的基础上,旗下的《都市快报》还尝试了一报多网的模式,开办快豹宽频、19楼、快拍快拍、快抱、快房、快学等子网站,形成全方位的互动模式和图片、视频、文字等多媒体融合模式,树立了良好的品牌和口碑。

县级网站媒体的发展也相当迅速,像《绍兴县报》《诸暨日报》《萧山日报》等报社网站,从1998年开始陆续建网,上网时间早,基础好,影响力较大。到2006年年底,浙江日报报业集团所属9家县报、杭州日报报业集团所属3家县报、宁波日报报业集团所属4家县报,以及义乌市的《义乌商报》,都建立了新闻网站,并积极开展与读者和网民的各种互动。

(二)数字报

信息是社会的核心资源,数字报技术的开发意义不仅方便信息的及时发布,也给报业对原有信息资源进行优化配置带来便利。2004—2005年期间,浙报集团和杭报集团通过深圳点通有限公司将自己集团所属报刊的纸质图文资料进行了全面数字化处理。

2006年,浙江日报报业集团与北大方正合作开发,完成了"数字报刊与跨媒体出版系统"的建设,能够实现传统报纸、数字报纸、光盘出版以及全文数据库产品的一体化生产和出版,并于2006年初通过浙江在线新闻网站推出全国首家数字报。网友只要登录浙江在线首页便可看到浙报集团所属各报的数字报纸的版面。全貌呈现的数字化报版面可以随意翻阅,报上的图文可通过网页清晰阅读,新闻还可以转化成语音收听。① 后来,还在报纸版面中嵌入视频画面,成为真正意义上的多媒体报纸。紧接着,杭州日报报业集团数字报于2006年9月28日正式推出,其他地级的《宁波日报》《温州日报》《舟山日报》等,县级的《诸暨日报》《萧山日报》《乐清日报》等都开发和应用数字报,并在互联网上发布。目前,浙江省、市、县级各报都已经开办数字报,浙江还有30多家县级新闻传媒中心在省网宣办登记的网站,在办好网站的同时,开办新闻网站的纸质版,并在网站上发布数字报。

(三)手机报

2005年1月,杭报集团与移动公司合作,利用手机的彩信业务平台推出华东首家手机彩信报——《杭州手机报》;4月,浙报集团创办《浙江手机报》。随后,宁波日报报业集团、温州日报报业集团也相继创办了手机报。其他不少地市报和区域报也通过自己报纸的网站或借助浙江在线纷纷办起了手机报。至2005年底,浙江省手机报的用户约有20万户,至2011年底,浙江省媒体手机报有38家,用户数猛增至346万户。

很多报社老总认为:手机报能让报纸平面媒体单一的广告业务逐步扩展到数字媒体的领域。利用手机传播新闻,能够帮助报纸与读者和广告商建立更为稳固的关系,不但能为用户提供更多更好的信息服务,而且是一种更有效的能提供新的利润来源的传播手段。同时,随着技术的不断发展,3G、4G无线网络开通,手机处理器性能不断优化,屏幕增大,阅读舒适度不断提高,加上手机原有的便携性,手机报的进一步发展有了更多的机会,手机报增值业务的开展也有了更多的途径。

---

① 李敏.全国首家数字报纸今问世.今日早报,2006-2-20;A6.

（四）微博

2009 年以来,各级网络媒体还积极加大微博业务应用,大力拓展网上宣传和舆论引导新阵地。《浙江日报》《杭州日报》《萧山日报》省、市、县级平面媒体,纷纷以单位、栏目和个人名义在网上开微博,2011 年浙江平面媒体在人民网、新华网、新浪网、腾讯网等国内知名网站开设了 158 个单位实名微博,发布微博信息 2.5 万余条,有效提高了浙江省网络媒体的传播力和影响力。

《浙江日报》还在浙江在线推出自创的浙江微博系统,建立地方性的微博小水池,使这里的用户能看到更多本省新闻。同时,为了避免坐井观天的局限性,与腾讯微博实现互联互通,腾讯微博的用户可以直接登录浙江微博系统。这样,原本在浙江微博系统内流动的信息能够很方便地被转发到腾讯微博上,使微博小水池与微博大海洋互通。地方微博系统既能保持自己的独立性,又有更为广阔的传播空间,为地方微博系统的发展提供了新思路。

此外,浙江多家省、市、县级平面媒体还尝试发展了网络广播、网络电视、户外电子媒体等平台,创建多媒体、多角度、全方位的媒介融合平台和报道方式。

二、浙江省媒介融合发展的经验

浙江省平面媒体的网站、数字报、手机报和微博等网络平台的建立,为媒介融合业务的展开奠定了扎实的基础。随着网络化、数字化的进一步发展,浙江的省、市、县级平面媒体在 2009 年以后,不同程度地开展了媒介融合业务,并取得了不少成绩。

（一）省、市、县三级媒体各显身手

浙江省是经济强省,也是改革开放的前沿地区,平面媒体的新媒体平台建设和媒介融合业务经过多年发展,已经形成省、市、县三级大发展的繁荣景象。

省级媒体的优势是:人员比较专业,报社投入网络业务较多,技术上具备一定优势。由于浙江地域经济繁荣,促进了省级报业所属新媒体的成长。最大的优势是具备区域优势和地方政府影响力,在区域里具有较大的发展空间。另外,2011 年 9 月浙报传媒集团上市,成为全国第一家媒体经营性资产整体上市的报业集团,为媒体融合业务发展提供了资金,并在机制、体制建设上提供了更大的空间。目前,浙报传媒负责运营超过 35 家媒体,拥有 500 万读者资源,继续在走全媒体发展之路。省级媒体网站主要竞争对手是商业门户网新浪、搜狐,国家级新闻网新华网和人民网等。

地级报业紧跟其后:国家在新媒体发展政策上,对地级平面媒体比对省级媒体宽松,地级平面媒体自由度更大,在浙江省就形成了《温州日报》《绍兴日报》比《浙江日报》先获得国新办批文创办网站《杭州日报》比《浙江日报》先开展手机报业务等历史史实。目前,杭报充分利用政策空间,构建了兼具互联网、广播、电视、数字出版、移动媒体、户外媒体的"1+6"现代传媒体系。重点构建了互联网业务群,打造了集门户新闻网杭州网,社区网站19楼,新闻网站杭报网、都快在线,商业网站杭网商城,专业网站盛元专业印刷网等5大类网站群。其中,19楼这样日访问量几千万的地方社区网站,和读者网民形成非常频繁的互动,树立了良好品牌。宁波日报报业集团2008年起在市区建立数十个电子显示屏,2009年初建立全媒体新闻办,进行多媒体联动报道。温州日报报业集团2009年建立一套基于1080i标准的互联网直播系统,打造"温州报业视频"品牌,地市级报业新媒体业务开展得如火如荼。地市级网站的主要竞争对手是商业门户网、省级媒体等。

县市区域报稳步发展,不断壮大,是浙江报界有别于其他省的一个显著特点,浙江的县级报业和传媒中心创办的网络媒体有70多家,不管是量上还是质上,都发展得相对较好。目前县级网络媒体的主要竞争对手是省级网络媒体和地级网络媒体开办的各地新闻版块。

(二)媒介融合带来的竞争优势

浙江省平面媒体充分利用互联网的优势,走媒介融合的发展道路。2008年6月20日,胡锦涛总书记在人民网强国论坛与网友在线交流,并强调"加强主流媒体建设和新兴媒体建设,形成舆论引导新格局"的重要性,有力地推动了新媒体业务的发展。到2011年底,形成了以浙江日报报业集团主办的浙江在线新闻网站为龙头,杭州日报、宁波日报、温州日报集团等所属网站为骨干,青年时报网、浙江工人日报网等7家省直网媒、77家县(市、区)级网媒齐头并进的强大阵营。平面媒体依靠已经建立的强大的网络阵地,开展媒体融合报道,在唱响主旋律、掌握话语权上,已形成了网上正面引导、权威发布的舆论场,发挥了主流媒体作用,受到了广大网民的认同。

平面媒体注重媒介融合的报道模式,突出科学发展、加快转变经济发展方式这一主线,充分发挥网络传播优势,通过刊发新闻报道、开设专题专栏、策划网络访谈等多种形式形成互动,结合当地实际,突出特色,强调平台互动,取得良好效果。比如,浙江在线新闻网站在2011年的全国两会报道中,紧密配合《浙江日报》的专题报道,提供即时信息,发布两会记者原创文字、图片新闻近260条(幅),编辑制作电子书12期,同时跨越纸媒平台,原创视频访谈22期。这引起了网民和网上其他媒体的高度关注,两会专题的稿件转载率达到90%。杭州网在上海世博会宣传中,紧密配合杭报集团各大纸媒,以"机遇共抓、资源共享、主题共绎、活动共推、声势共造"的思路,在全面、深入报道世博会的同时,发挥网络媒体跨地域、多媒体、强互动的优势,推出了"世博,让我们更美好"、杭州接轨世博等五大专题,深入挖掘、生动报道世博的杭州元素,借着世博的东风,扩大了杭州的影响力。世博会期间,杭州网共编发专题稿5421篇,图片2820张,获得点击1576万次,在上海世博会网络传播总结表彰会上获得了"最佳报道奖"优秀奖、"最佳编辑奖"优秀奖和"最佳主持人奖"优秀奖三大奖项;中国宁波网、温州新闻网等各市网络媒体也在主题宣传中结合报业报道,运用多角度解读、立体式互动、全方位呼应等手段,收到了良好的效果。在2011年庆祝中国共产党成立90周年活动中,浙江省各级媒体通过媒介融合报道,结合省情市情县情,持续、集中推出一大批特色宣传专题,组织了"红船扬帆""红土难忘""红心闪闪"等全省性联动活动,在报纸和网络平台上联合推出,形成联动气势,营造出良好效果。

(三)关注地方报道,解决民生问题

利用平面媒体原有的品牌、人员、资源优势,努力打造新媒体平台,成为浙江省平面媒体向深度和广度发展的新趋势。2011年,杭州网推出"对话市长,畅想'十二五'"专题网页,征集互动话题,吸引了众多网民跟帖留言,并有17位网民代表走进演播室与市长直接对话。中国宁波网的"对话·网上发布厅"先后推出68个政府部门的网上发言人,对网民反映的各种矛盾和问题,以部门名义进行受理和回应。《绍兴日报》主管的绍兴网秉承"内容更加贴近网民,风格更加清新自然,层次更加清晰便捷"的原则,对网站主要内容进行了归类整合导航、突出原创新闻、增加互动功能、扩充民生服务、拓展地方资讯五个方面的深度改进,打造了一个全新的大众型地方新闻门户网媒,日均页面访问量从2009年的120万猛增到2011年的300万,名列省属地市级网络媒体前茅。《台州日报》主管的中国台州网建有6个交互式频道,3张数字报,2份手机报。每天发布各类新闻、资讯300条左右,平均每周推出一个专题,影响力逐步扩大,也给报纸和网络报道带来了新的发展。县级媒体《乐清日报》所属的中国乐清网2010年实行电子版和网站合并后,努力打造报网媒介融合新平台,并在网络直播和网民互动两个关键点上入手,图文、视频双管齐下,开展了"名家现场指导填高考志愿""全市消防知识竞赛""竞争性选拔乡镇干部面试直播"等网络直播和报纸联动报道,以时效性和直观性吸引读者和网民、促进互动,迅速提升了媒体的关注度和公信力。

(四)创新经营方式,寻找新赢利点

面向市场,积极探索网络媒体的盈利模式,增强可持续发展能力,是浙江省媒体发展的着力点。浙江媒体在进行经营体制、经营方式、经营项目等方面的改革创新,加强资源整合利用,延伸产业发展链条,积极探索新媒体发展壮大的新模式上,取得了较好的效果。2011年9月29日,浙江在线新闻网站整体纳入"浙报传媒"上市,成为全国首批十家转企改制新闻网站中第一家成功登陆A股的网络媒体,浙报积极探索融资新模式,为报业发展提供新思路,也为进一步实现媒介融合发展提供支持。10月31日,浙报发布"全媒体战略行动计划",计划5年内投入20亿元以推进新媒体为核心的全媒体转型。网站2011年度营收首次突破亿元大关,在全国省级新闻网站中处于前列。《温州日报》的温州网走品牌广告经营之路,拓宽原有经营模式,打造了温州车网、温州财经网、温州淘房网等品牌子网,策划实施了房展、车展、旅游、教育、医疗等系列活动,还通过手机报、交警违章短信、二维码技术运用等无线媒体增值业务,做到新闻资源利用率最大化,网站2011年实现经济效益1800万元。一些县级网络媒体在发展过程中,也逐步探索出一些符合网站自身实际的经营发展路径。《萧山日报》的萧山网积极推进区、镇、村"三级网络"建设,通过对商业频道进行结构和考核机制的调整,优化内部流程,2011年营业收入超过800万元。开化新闻网积极探索"以活动为载体,以技术为支撑,以行业龙头为突破口,通过开拓商业广告实现盈利"的欠发达地区网络媒体经营发展新路,网站经营实现赢利。

浙江省级和地市级报业网站(部分)2011年经营收入支出汇总表

媒体级别	媒体	经营支出(万元)	经营收入(万元)	盈余(万元)
省级媒体	浙江在线	4830.13	4902.29	72.16
地市级媒体	杭州网	1950	2010	60
	宁波网	1600	2007	407
	温州网	1464	1504	40

上表中的调研数据表明,2011年浙江在线和杭州、宁波、温州报业网站的年度经营收入和营运支出,全部实现了收支持平并略有盈余。其他8个地市级网络媒体也全部开展了经营创收业务,年度经营收入共1218.69万元。此外,77个县(市、区)级网络媒体有49个已经开始创收,年度经营收入共2865.59万元,其中萧山、富阳、象山、慈溪、武义、永康、青田、安吉8家网络媒体年度经营收入超过百万元。各级网络媒体经营模式的共同特征是:充分发挥网络平台作用,积极探索信息服务渠道,创新高新技术应用,根据当地实际精确定位,媒介融合,整合传播,开展跨媒体、跨行业产业链合作,以多元经营模式带动新的利润增长点。目前,浙江平面媒体的媒介融合业务,已经从一开始的平面媒体进行大量资金投入阶段,逐步发展,慢慢得到了新媒体的反哺,实现传统媒体和新媒体携手共进、互惠互利、共同发展的良好局面,让人看到媒介融合发展的希望。

三、存在的主要问题

目前,浙江平面媒体在开展媒介融合业务上,还面临着一些现实问题。

(一)媒介融合机制有待进一步加强

平面媒体在发展网络媒体,开展媒体融合业务的认识上有待进一步深化。目前业界在媒介融合业务的认识上还存在较大分歧,有的媒体认为开展网络媒体会影响传统平面媒体基本业务的开展,会对其业务造成不良影响,这些媒体虽然已经体会到社会上各种新媒体的强烈冲击,但还是固守成见,比较保守,不敢放手发展。

平面媒体互动不便,这个缺陷在它不办网媒时依然存在。不少媒体网站没有为读者开通新闻评论功能,缺少和读者的互动,没有把新媒体互动性这一大优势发挥出来,非常可惜。

很多媒体的新闻网站缺乏深度报道,没有开设专业新闻评论栏目,没有把平面媒体的优势在网站中发挥出来。据统计,目前,浙江省网络媒体中,未开新闻评论专栏的有 40 家。网络评论内容较为缺乏。2011 年,浙江省网络媒体发表评论总数仅 7.95 万条,在网站信息发布量中所占比例较低。新闻评论是专业媒体新闻网站与商业网站竞争的有力武器,要充分使用。

(二)网络媒体资金投入有待进一步加大

部分平面媒体对新媒体业务处于"办起来了就好,办得怎么样走着瞧"的状态,无论是资金投入、人员配置,还是宣传效果,大都亟待提升。

其主要原因是一部分地方对网络媒体建设重视不够。据统计,2011 年,地市级媒体中,衢州、丽水两地的综合实力相对较弱。两地的年财政投入分别只有 16 万元、20 万元,相应的衢州新闻网的日均访问量仅 10.8 万,丽水网也仅 18 万,对目前尚无赢利能力的地市级网络媒体来说,财政支持力度明显不足。县级对网络媒体财政投入在 5 万元(含 5 万元)以下的县(市、区)有 12 个。

总体上看,目前大部分网络媒体经营发展能力还比较薄弱,需要相关部门和传统媒体在政策、资金等方面给予积极扶持。如在网站经营收入的处理上,如何在遵守政策规定前提下,实现网络经营收入的合理分配使用。

优秀的专业人才缺乏,尤其是能够开展媒介融合报道的优秀人才缺乏,也是浙江省各报社面临的共同问题。不管是媒介融合报道业务上,还是技术上,都需要建设一支专业化的高素质办报队伍。但经济条件不好的地市,人员专业性不强,投入不够多,更加缺乏竞争力。

(三)发展不平衡,差距大

目前地级媒体形成了两极分化,经济条件比较好的地市,比如杭州、宁波、温州、绍兴等地的媒体,人员专业性也比较强,投入较多,媒体在发展媒介融合业务上,有的方面甚至走在省级媒体前面,突破较多,取得很好效果。但有的市级媒体地处经济欠发达地区,目前新媒体业务发展得还不是很好。

县级媒体发展不平衡现象更加突出,各媒体之间的差距更大,大致可分为三个层次:一类是市场化程度高,能够很好地开展媒介融合,形成互补;二类是有一定的市场化经营,但商业化程度不够高,经营灵活性不够高;三类是行政管理,事业编制,很少引入市场竞争。

部分平面媒体办的网站信息量少、点击率低,网站影响力不高。据统计,从网站日均访问量分析,浙江省地市级媒体网站中,有的网站日均访问量还在 10 万人次左右,县级网媒中有 10 家的日均访问量未超过 5000 人次,最低的仅 800 人次。之所以出现如此不平衡的发展状况,一方面与地域经济发展的不平衡有关,即报纸和媒体生存的客观环境差距较大;另一方面,一些报社自身的市场开发能力差也是极其重要的原因。

平面媒体只有搭建好网络多媒体平台,才能进一步开展媒介融合业务,互相促进,协调发展。平面媒体只有走媒介融合的发展之路,才能有更大的发展空间。

（本文与洪佳士教授合作）

浙江报业媒介融合的发展与创新

　　浙江省的报业在与新媒体竞争的过程中,不断吸收和运用新媒体技术、管理模式和互联网的思维方式,在媒介融合的发展道路上,省、市、县三级报业媒体都积极探索,开拓创新,开创了良好的发展局面。

　　走媒介融合之路,是报业突围的重要方向,2014 年 7 月,《中国新兴媒体融合发展报告(2013—2014)》在北京发布,将 2014 年定为"媒体融合元年"。8 月 18 日,中央全面深化改革领导小组第四次会议审议通过了《关于推动传统媒体和新兴媒体融合发展的指导意见》。《意见》对新形势下如何推动媒体融合发展提出了明确要求,作出了具体部署。通过对浙江报业媒介融合发展情况的梳理,为全国报业的发展提供有益的借鉴。

一、发展的概况

　　浙江的省、市、县三级报业媒体在走媒介融合的道路上,起步较早、创新较多、发展态势良好。浙江日报报业集团(以下简称浙报集团)所属公司和杭州日报报业集团(以下简称杭报集团)先后上市,在国家新闻出版广电总局发布的 2013 年报刊出版集团总体经济排名中,浙报集团排在第 7 名,杭报集团第 10 名,宁报日报报业集团(以下简称宁报集团)第 16 名。《浙江日报》《杭州日报》《宁波日报》《钱江晚报》《都市快报》入选 2013 年国家新闻出版广电总局评选的"百强报刊"。[①] 浙报集团的《钱江晚报》,杭报集团的《都市快报》,宁报集团的《东南商报》《宁波晚报》和《宁波日报》均进入《中国报刊移动传播指数报告》前40 强。[②] 2014 年 5 月,浙报集团、宁报集团、湖州日报、温州日报都获得中国报协评选的"中国报业融合发展奖"。

　　(一)浙江日报报业集团

　　浙报集团在中国传媒业经历动荡和深度洗牌的过程中,积极深化改革,优化产业布局,走媒介融合之路,营业收入稳步增长,连创新高。2011 年 9 月 29 日,集团下属的浙报

---

① 何伟. 2012—2013 浙江报业发展报告,宁波:宁报出版社,2014.
② 中国媒体移动传播指数报告发布. http://it.people.cn/n/2014/0612/c1009-25140004.html,2014.

传媒控股集团有限公司上市。2013 年 7 月浙报集团入选全国首批数字出版转型示范单位,12 月 27 日在香港发布的 2013 年度"世界媒体 500 强"排行榜上,位列第 271 名。① 浙报集团 2013 年营业总收入 23.6 亿元,到 2013 年底,浙报传媒控股集团的总市值达到 180 亿元。

浙报集团通过尝试引入各种媒介新技术,创新新闻产品和媒介形态,实现新闻信息一次生成,多媒介发布,形成叠加传播效应;通过整合资源,调整划分部门,建立浙报集团数字采编中心;改造新闻生产流程,推出多个新闻客户端,升级手机报,建立微博、微信矩阵群,形成了相对完整的媒体业态格局。浙报集团打造"传媒梦工厂",以项目制度扶持新媒体的创新实践,打造新媒体生态圈。

浙报集团建立了一个以《浙江日报》为龙头的新媒体发布平台,拥有以浙江日报法人微博为核心的微博群和微信群,到 2013 年底,共有媒体微博 73 个,新闻客户端 10 个,微信公众号 127 个,各类用户合计几千万,远远超过纸媒 600 多万的订阅总数。浙江日报微博粉丝 110 万,微博的转发数和评论数都居省级报业微博前列。钱江晚报微博更是拥有 393 万的粉丝,拥有比较大的影响力。2013 年下半年《钱江晚报》推出以钱江晚报官方账号为龙头,由 30 多个子账号组成的微信矩阵,包括采编部门的信息发布平台和经营部门的业务发布平台。整个矩阵每天推送数百条信息,开展多种互动活动,从文艺演出到孩子升学,从心理测试到吃喝玩乐,覆盖生活的方方面面,累计吸附粉丝超过 50 万。钱江晚报微信入选 2013 年度全国十大都市报微信公众号,居报纸微信传播十强榜第 2 名②,在社交媒体领域掀起了"钱江晚报现象",引发业界关注。

浙报集团通过与主流网络媒体合作,建设和拓展用户平台。2012 年底与腾讯网合作建立大浙网。2013 年 4 月收购边锋网络。该网络拥有 3 亿的注册用户,2000 多万的活跃用户,用户资源相当丰富。通过整合浙江在线、大浙网和边锋浩方,形成拥有 4000 多万用户的互联网生活娱乐圈,打造出一个具有"党报特质、浙江特点、原创特色、开放特征"的主流网络媒体平台。这个平台拥有"浙江新闻"移动客户端、浙江手机报、浙江在线网站、网络《视屏新闻》的新闻发布平台;有边锋网新闻专区和新闻弹窗、边锋互联网电视盒子的新闻推送平台;有云端悦读 iPad 客户端、微博、微信和 App 协同圈,将互联网和移动终端一网打尽。集团积极发展大数据业务,建立集团数据库业务部,完善用户数据库的建设和管理,对用户数据库进行的挖掘和充分应用,为开展定制化、个性化的业务提供支撑。

(二)地市报

2013 年浙江省 11 家地市报的营业收入总和是 45.9 亿元。其中,杭报集团在 2014

---

① 浙报集团入选"世界媒体 500 强". http://zjnews.zjol.com.cn/system/2013/12/28/019782504.shtml,2013.

② 2013 中国报刊移动传播指数报告.人民网研究院,2014-2-19.

年 10 月 17 日成功借壳上市。浙江的地市报中,除了《舟山日报》和《丽水日报》两家报社外,其他各家都已经成立了报业集团,进行集体化运作。浙江省地市报在领头羊杭报集团、宁报集团的带领下,在传统媒体经受网络媒体巨大冲击中,积极转型,调整产业结构,建设数字平台,做强数字化新媒体,通过先走一步,发展媒介融合取得优势。目前,11 家地市报社都已经建立了报刊、网站、微博、微信、新闻客户端、电子阅报栏的全媒体体系,具备全方位、立体化的新闻传播能力。

2013 年 8 月 1 日,《杭州日报》整合部门和资源,打破常规,将杭州日报城市新闻中心、杭报在线、城市通进行整合,融报纸、网络和手机客户端为一体,建立了全媒体新闻中心。新闻中心致力于打造"1+3"的传播体系,"1"是指建立一支紧密配合的全媒体队伍,"3"是指建立一套纸媒、网媒、移动终端三种媒介融合的新闻发布体系,进行 24 小时全方位实时发布信息。①

《宁波日报》2005 年 6 月推出"宁波手机报",2007 年启动数字技术平台的建设,目前集团旗下各报都建立了各自的新闻网站、微博、微信、手机客户端,建立了"一报五端"的多媒体格局。其中,宁波日报微博在 2012 年进入全国党报微博影响力前十名。

温州日报报业集团(以下简称温报集团)在 2011 年 2 月,分别与意大利天天电信有限公司和法国泛欧国际传媒公司签约,共同开发海外中文手机报,2014 年该手机报的订阅数已经超过 14 万份。2013 年,温报集团投资 500 万整合升级内容存储、卫星直播车、3G单兵直播等软硬件,研发网络电视、掌上温州等多个产品系列客户端。② 2014 年 5 月上线"温都猫"电商平台,打造温州本土最大型的电商平台,目前日订单稳定在 200 件以上。嘉兴日报报业传媒集团,在 2014 年重点开发了新闻客户端"掌上嘉兴",及时提供本地新闻,开发了生活服务类客户端"hello 嘉兴",设吃客、玩乐、交友、电商、社区、咨询等板块,提供贴心的生活咨询类服务。湖州日报报业集团积极布局户外视频平台,拓展城市电视业务。绍兴日报报业集团开设"绍兴民情热线"全媒体服务平台。金华日报报业传媒集团成立新媒体中心,实现全媒体联动。衢州日报报业传媒集团改革组织结构,创建新闻采编的"中央厨房"。舟山日报审时度势推出"强微信圈,推公众号,联自媒体"的策略,量力而为,自主研发推出"舟山新传媒"客户端。台州日报报业传媒集团通过 APP、二维码等形式,建立以用户为中心的全媒体集群模式,手机报的订阅用户数达 30 万。《丽水日报》在"合是形式,融是灵魂"的指导思想下开展媒介融合转型。

(三)县(市)报

浙江省具有国家正式刊号的县(市)报有 20 家,2013 年全省报业总收入 6.7 亿元,其

---

① 王倩. 没有流程再造,全媒体为"零". 新闻战线,2014(4);万光政. 打造现代传媒集群,巩固壮大主流舆论. 传媒评论,2014(8).

② 方立明. 整合:传统媒体改革的必由之路. 中国记者,2014(3).

中广告收入超过 5.3 亿元,其中《萧山日报》达到 6500 万元,《义乌商报》达到 6000 万元,超过 2000 万元的有 10 家,呈现出较快的增长势头。《萧山日报》《乐清日报》《余姚日报》等掀起新一轮的改革热潮,力求内容更加本土化,阅读更加便利化,服务更加生活化,交流更加日常化。20 家县级报社在办好纸媒的同时,大力开展新媒体建设,多家报社建立了网络媒体、移动媒体和户外媒体,进行多媒体融合发展,实现媒介互补和良性互动。

《萧山日报》2011 年启动全媒体工程,搭建新媒体采编系统、畅享移动采编系统,同时,对编辑和记者进行全媒体培训。2012 年成立全媒体特别报道组,2013 年形成纸媒、手机报、网站、微博、微信的互动报道,2014 年 7 月,完成报社机构架设的调整,新建立全媒体管理中心、全媒体采集中心、全媒体发布中心等部门,将记者全部纳入全媒体采集中心,人员统筹调配,信息统筹发布,实现纸媒和新媒的无缝链接。2013 年,《瑞安日报》建立了纸媒矩阵、网络矩阵和线下服务三位一体的 OtoO 模式,不再以采编流程来设置部室,而是以分众化的用户对象来设置部室,推出手机服务客户端“无线瑞安”,设有瑞安人文、生活助手、本地服务、智慧交通等栏目,为市民提供信息和服务。《富阳日报》则在全媒体营销上有所斩获,2013 年秋天,利用微信“刮刮卡”抢米游戏、二维码等宣传富阳渔山稻香节,创收 25 万元;之后又为新米售卖会举办微信“一元钱抢新米”等,获利 3 万元;2013 年底,利用微信开展“萌宝主题秀”活动;承办“网上文博会”等活动,把采编、网络、移动终端的力量聚合起来,都取得较好的经济效应,在盈利模式上实现新的突破。

二、融合的要素

浙江报业的发展,要以媒介融合为导向,树立服务理念,以流程设计为主线,整合资源,强化品牌建设,引进培养人才,在产业理念、模式和业态上转型,建设现代传播集团。浙江报业通过建立和完善多种媒体形态的组合,构建全媒体框架,再造内容生产和发布流程,实现从“营销报纸”到“营销内容”“营销服务”的转变,重点打造“一次采访,一个编辑部,多种介质终端显示,实时、滚动、多媒体发布”的流程。

(一)更新理念

报业发展首先要树立融合的理念和服务的理念,强化采编经营和媒介融合,内容产品多媒体、多模态发布。媒介融合要做活新闻,做强服务,不仅仅要融合各种平台和技术,更重要的是提供服务,包括新闻服务,生活信息类服务等。一方水土养一方人,一方媒体服务一方人,现代媒体不仅要为读者提供一流的资讯和信息,还要为读者提供全方位的服务平台和便利的查询模式。

《浙江日报》推出“浙江微导航”页面,将省内各行各业的服务类网站一网打尽,通过导航页可以快速地联系相关行业的微信。浙报和教育考试院合作推出高考查分系统和录取查询系统;整合医疗资源推出全省数家医院的网络预约挂号系统,目前日预约挂号人数达6000人次;此外还推出浙江签证平台,少儿艺术团平台,"云端悦读"项目等多种多样的服务系统,抓住读者各类需求,推出相应服务,建立广泛的群众基础。

杭报集团整合媒体资源,组织"健康宝宝大赛",打造"H5购房顾问团",推出形象生动的电子杂志《嘿新闻》,带动用户参与城市通的"调查式新闻",组建"杭州日报文艺群"公众微信平台,《每日商报》推出二维码视频系统。宁报集团开通"民生e点通"网络服务平台,包括民生问效、生活资讯、公益救助等版块,有全市109个部门值守,为百姓提供各类综合服务。温报集团开发了基于云端的调查和投票系统,订报系统以及移动互联内容网管理系统等,建立了温州报业云应用集群。湖州日报报业集团打造96345网,2013年为市民服务超过20万次。金华日报报业传媒集团组建金华市微博联盟组织,为市民提供各类服务。台州日报报业传媒集团把实施小记者产业,DM(Direct Mail)快讯商品广告业务作为新的盈利点。《舟山日报》推出"舟山美食"微博,为拓展舟山旅游市场做出贡献。《富阳日报》在2013年推出首届金融服务嘉年华服务。城乡导报推出"余杭好家装"活动,参与深度营销。

关注民生热点,反映民情民意,探索新的民生服务方式,利用各种平台提供及时、准确、高效的信息服务,才能赢得读者的关注和喜爱。

(二)重建流程

媒介融合重在加强顶层设计,打破部门壁垒,设计重建流程,实现资源共享,主要目标是实现纸媒、网络、移动终端三个平台的无缝链接,改变传统媒体略显迟钝的新闻采编模式,建立一套动态的新闻生产管理体系,打造一支协作默契的一次采集、多个平台、多种模式编辑和发布的一条龙作业团队,提高新闻内容产品的价值含量,实现信息效益最大化。

而流程管理的核心是做好内容,高质量的新闻内容是报业的核心竞争力。而纸媒、网站和手机客户端的新闻内容呈现是有很大不同的。新闻产品的价值一是体现在"新",也就是传播速度上;二是体现在"厚",也就是内容深度上;三是体现在"需",看内容能否满足读者需求,是否是读者感兴趣的,这一点可以通过读者与某条新闻的互动中反映出来。"新"主要利用新媒体平台来实现,记者采集到新闻后,发给编辑部,快速处理后就可以通过网络和移动终端发布出来。"厚"主要是在后续加工中实现,进一步挖掘新闻背景和事实,在纸质媒体中把新闻事件的前因后果、背景知识、社会影响等情况做进一步的交代,需要站在一定的高度,用一定深度的内容来满足报纸读者的要求。"需"则是要通过收集读者反馈来评价,新媒体平台为用户提供了便利的互动平台和方式,同时能够通过这个平台收集用户关注的热点,了解读者的需求,进而采写相关的新闻报道。

浙报集团为研究媒体最新发展趋势,进行战略部署,成立了浙江传媒研究院,致力于为集团发展提供理论和智力支持。同时对各部门进行整合和精简,强化了媒介融合和统筹协调能力,完成后勤中心、技术服务中心、新媒体中心的改建工作,创新了集团管控体系,加快建立适应融合发展的运作、管理、考核制度体系。宁报集团实行"微博微信先行、先上网、再见报"的信息发布策略,使重大事件和重要信息能在第一时间发布,通过信息多平台发布,实现传播效应最大化。

杭报集团的全媒体中心,设立了热线组、记者组和编辑组。热线组负责收集读者报料,关注网络、微博、微信等平台的信息,收集突发事件和最新信息;记者组是一支能够快速反应的采访团队;编辑组负责把记者组发回的零散信息整合成简短信息,在移动、网络平台和纸媒上发布,三个小组通过 QQ 和微信实现零距离信息传递和沟通。编辑部的工作分工和流程安排尤其重要,编辑部主任负责内容生产和发布渠道的任务协调,及时处理采编过程中出现的各种问题,保证整个新闻产品生产的质量和效率。原始信息传送到编辑部以后,首先要进行任务分派,避免重复劳动;然后,根据编辑的特长分配好岗位,对应不同平台的发布任务,把原始材料加工成不同的新闻产品:城市通编辑以最快速度把信息碎片化,在微信、微博上发布;网站编辑对文字、图片和视频处理后在网站的滚动新闻频道发布;所有编辑和记者都在全媒体新闻中心的 QQ 群上交换新闻处理的想法,挖掘信息的外延和内涵,最后,报纸版面编辑根据记者的后续新闻信息,网友的互动和反馈,网络编辑的意见,编写第二天见报的新闻报道。2013 年 8 月,杭报集团推出了网络新闻产品"News 大本营",并取了一个通俗的网名"牛屎大本营",对实时新闻中具有话题性的新闻,以"新闻瀑布流"的方式在网站上呈现出来,深受网民喜爱。再选取其中的一些新闻和网民评论在报纸上发布,并制作每日一期的视频新闻点评节目,每天晚上在网站上推出。①

媒介融合没有顺畅的流程管理,各个环节就会成为一盘散沙,所以一定要有一个规范的流程控制,要通过流程管理打破"人治",才能使各个岗位有条不紊地运行起来,才能为媒介融合发展保驾护航。流程设置和管理是一个不断完善的过程,只有去实施了,才能发现其中的问题,然后通过不断改进,逐步把低效率的流程转化为高效率的流程。

(三)人才策略

人才是发展媒介融合的关键因素,要把人才队伍看作报业集团的重要资产加以培养和应用,特别要重视领军人物的引进和培养。目前,如何留住骨干精英人才,如何吸引新媒体专业人才,已经成为报业集团发展媒介融合业务的瓶颈。浙报集团 2013 年启动了人才工程,着力建设新媒体专业人才队伍,从阿里巴巴、新浪、腾讯等知名网站中引进 20 多名新媒体方面的专业人才,打造出一支对新媒体技术和变化趋势敏感,能独立判断、开发

---

① 陈浩. NEWS 大本营今日上线,本塘新闻最快最全. http://zt-hzrb. hangzhou. com. cn/system/2013/07/30/012520884. shtml

运用新媒体的专业力量;在采编、经营等岗位上选拔了318名精英重点培养,把他们打造成名记者、名编辑和经管能手;2013年下半年对全体员工进行了1000多人次的新媒体专题培训,提高员工的新媒体媒介素养。

杭报集团推出"融媒体雏鹰计划",加强领军人物后备军的培养。宁报集团建立骨干人才库,对不同梯次的人才给予不同的特殊激励。温报集团利用报社的"中国报业全媒体发展研究中心"资源,加快"产学研用"一体化,以重大报道为抓手,采取"导师制"和"项目制"的形式,提高新闻队伍的整体业务水平。衢州日报报业传媒集团打通了采编和经营人才的界限,鼓励双向流动,着力培育复合型人才。舟山日报推出《全媒体记者考核办法》,鼓励记者掌握采编和各种网络应用技术。

报社曾经有过靠名记者、名编辑打天下的时代,几个名记者名编辑就可以支撑起一份报纸。但在新媒体时代,对编辑记者的技能要求更加全面,要求他们向全媒体记者转型,然而全媒体记者人才需求有数十万的缺口,高端人才尤其紧缺。所以,报社在发展媒介融合时,不能要求记者个个都变成三头六臂,十项全能,因为这种人才毕竟不多,也很难短时间内培训出来。人才管理要走出仅仅强调单兵作战,培养复合型人才的套路,而应进行从单兵作战到团队协作模式的转型,学习电视台的模式,以小组为单位,摄像、主持人、记者各司其职,分工合作,强调团队组合,加强协作训练,发挥挖掘单项能手的作用,通过组合取长补短。当然也要培养一些新闻采编全能型记者,可以把临时发生的现场新闻,时效性特别强的新闻交给他们去采集,毕竟在面对需要争分夺秒采集的新闻时,个人的反应速度会更加快捷。

三、发展的方向

目前,互联网还在不断地颠覆和解构传统媒体的采编和经营模式,浙江报业在开展媒介融合业务上,还面临着一些现实问题,在探索进军新媒体的路径、盈利模式的进程中还面临诸多困惑,大量投入的设备和技术研发资金,不能马上转化为效益。笔者管窥蠡测,结合浙江报业发展的实际情况,提出几点建议,希望能起到抛砖引玉的效果。

(一)整体规划

平面媒体要和网络媒体进行多重互动,才会产生较大的影响力。报业发展要做好顶层设计,在平面媒体、网络媒体、移动终端之间建立有效的联系,要加强互动,对原有的部门划分和流程建设进行改造,建立全媒体采编队伍,"快、广、深"的全方位立体式新闻多重平台发布模式。报社对媒介融合要有整体的方针、分阶段逐步推进的实施方案,要用优势资源整合分散资源,用市场化推动内部转型,把由报纸主导的新闻产品生产体系改造成全媒体新闻产品制作和发布平台,聚合资源和人才,建立集团统一的信息集成中心,提高全媒体生产运营能力。要树立"为内容负责,讲信息传播效果最大化"的理念,一则新闻,可以用书面语言来阐述,也可以口语发布在网络平台;可以使用照片,也可以画漫画;可以采用央视风格的视频,也可以剪辑成搞笑风格的视频,甚至用 Flash 技术模拟新闻现场;提供多种视角,个性化的表达方式,带有一定可读性或娱乐性的产品,实现媒介融合的转型。

要注重发挥报业品牌的影响力,着手实施大数据平台的建设,建立优质的用户数据库、信息数据库等,通过对数据库信息的挖掘,发现用户需求,细分读者,提供配套服务,尽可能满足读者个性化的需求。数据库的信息容量和对数据的挖掘处理能力,已经成为报业发展的重要技能。

(二)融合服务

媒介融合的一个重要思想就是做好服务,要不断地强化报业集团的服务功能。服务可以通过策划一些活动来驱动,通过提供各类服务建立多元化盈利的格局。报纸原有的盈利模式主要是靠广告业务,利用新闻信息吸引读者,将读者资源用广告费的形式卖给商家,从而实现盈利。报业的这种盈利模式比较单一,在新媒体环境下,这种模式受到巨大冲击,因为很多商家可以通过电子商务平台直接找到目标消费群体,或者选择广告价格较低的网络作为广告平台,从而减少在报纸上做广告的次数。

地方报纸要注重各种服务能力的培养,特别是针对区域群众的服务,要通过服务打造出一个在本区域范围内影响力大、用户群聚合性强的媒体品牌,这是报业集团的生存之本。报社要努力为老百姓服务,彰显以民为本的特征,善于发现和把握群众需求,通过对区域读者的强控制力,打开报业发展的巨大利润空间。由于原有盈利模式已经发生很大变化,报社也要开始尝试直接为读者提供分类信息服务,生活资讯类信息,甚至电子商务和网络游戏业务,建立庞大的区域性用户群,通过向用户提供各类服务直接获利,拓展盈利渠道。比如浙报集团、杭报集团等直接提供电子商务业务,提供农产品与小区对接的 OtoO 销售业务等,已经获得一定的经济效益。

报业集团通过组织各种市民活动,与市民建立良好的沟通方式,收集市民需求,建立良好的群众基础。报社的编辑记者要放下身段,转变理念,从原来仅仅为读者提供新闻和信息的狭隘思路中走出来,通过加强互动细分读者需求,致力于为读者提供更加个性化和多样化的服务,发挥自身特长,培育和建立各种小众化需求的目标群体,提供相关服务,建立比较稳固的读者群体。比如通过微博微信,吸引大量粉丝,为报社开发与发展新的用户群。

(三)移动终端

移动媒体正在崛起,掌媒时代已经到来,要适时把以 PC 终端为中心的建设战略,调整为 PC 与移动终端并重的网络平台建设战略。智能手机的普及,无线网络资费的不断下调,使人们的阅读习惯发生了很大的改变。而现代快节奏的生活,也改变了人们对阅读产品的选择,特别是对于新闻产品,人们更倾向于快餐式、碎片化的阅读模式,很多时候仅仅浏览新闻标题,所以移动终端的新闻产品不能照抄报纸网络,而要有新的展现形式。

随着新技术的发展,还会不断地有新的信息传播产品出现。而最新的手机技术,已经能够把信息打到墙上,实现幻影效果,手机视频内容收看方式越来越舒适,在墙上播放就像放电影一样,也许手机影院时代很快就会到来,视频新闻和产品的发展会更加快速,这也会大量地占用文字新闻的阅读时间,使文字新闻生存空间进一步受到挤压。报业开展媒介融合,发展视频新闻势在必行。

如今,青年一代的大量信息需求都通过手机来实现,报业只有开展和运用手机终端业务,及时发现年轻人的最新需求,尽力去满足年轻人的这些需求,才能抓住未来和希望。不少报业集团通过掌上软件 APP 的研发与推广,为本地居民提供全方位的生活信息,包括时政新闻、财经动态、房产、天气、旅游、教育等等,本地资讯应有尽有,实时路况、各类餐饮、商家的促销打折等即时信息,也能够通过手机平台汇集播报。开发和推广能网购、能娱乐、能优惠的多功能移动信息平台,以满足用户多样化需求,已经成为报业转型发展的一个重点。

报网融合要把握读者特性

自从有了网络,人们可以通过多种渠道获取新闻,新媒体阅读逐渐成为习惯,因此普通读者往往只花较少的时间来读报。在报网融合过程中,如何根据读者的阅读习惯来扩大读者群,是需要认真研究的课题。

一、读者的阅读时间

大部分读者在每周的什么时间阅读新闻?又是在每天的什么时间段阅读新闻?对这个问题,笔者对某媒体办的新闻网站进行了一年多的流量跟踪。图一和图二,分别是根据2010年9月和2011年9月每日访问量数据制作的图表。

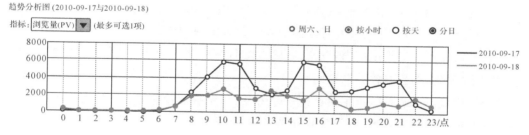

图一　某媒体新闻网站工作日 2010 年 9 月 17 日(星期五)和 9 月 18 日(星期六)的一天浏览量 PV 对比

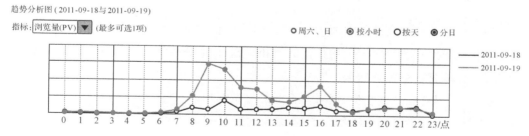

图二　同一新闻网站 2011 年 9 月 18 日(星期天)和 9 月 19 日(星期一)的一天浏览量 PV 对比

图一和图二分别选择周末与工作日,对同一新闻网站访问量进行对比。这两组数据不是唯一的或者特殊的,在一年多的观测中,都具有同样的规律。由此,可以得出读者在

新闻网站的阅读时间上有以下几个特点：

第一，周一到周五的上班时间访问量比周末大很多。

第二，上班时间，一般情况白天的浏览量大于晚上。

第三，上班时间，一般上午和下午各会形成一个浏览高峰。

第四，周末的访问量基本保持稳定，峰谷之间的访问量相差较小。

在企事业单位里，一般来说读者阅读报纸是在早上上班前，午休时间和下班后这几个相对整块的时间段，上班时间里都不大方便看报纸，但上网相对比较方便，常常会抽空浏览一些新闻网站，所以媒体要加强这个时间段网络平台的建设，每天8点前和13点前必有至少一次新闻更新，对重要新闻做到实时更新。

手机报的阅读时间一般是在零碎的"时间片"里阅读。上下班路上等候和坐车的时间都比较方便阅读，所以城市里在早上7点或下午5点发布信息相对比较合适。通过手机报提供的报纸导读，吸引受众在上班前和下班回家后读报。

二、读者的分类

为了扩大读者群，对如今读者的阅读习惯，不妨做一个细分：

一是"完全型"读者，主要包括一些热爱新闻的人士和一些退休人员。这部分人中，退休人员阅读新闻的时间相对充裕，且多数会选择传统的纸质报进行阅读，一般情况下会读完整份报纸内容。而新闻爱好者可能会采取多种方式获取新闻，比较在乎新闻的完整信息，也经常会花时间对报纸的内容进行通读。他们中不少人对即时新闻也比较关注，会通过网络、手机之类的新媒体获取新闻。

二是"蜻蜓点水式"读者，主要包括一些公务员、企事业单位员工、白领等。由于工作关系，他们的阅读时间有限，新闻获取方式多样，对于报纸和新闻网站，他们一般只阅读头条、标题、摘要和一些新闻图片等，只对部分很感兴趣的内容做完整阅读。

三是"飘移式"读者，主要包括一些学生和新新人群，他们对新媒体有比较强的接受能力，比较喜欢利用各种新载体获取信息，喜欢以多样化的形式获取新闻。他们对报纸的忠诚度不高，但是对一个短时期内的关注热点和兴趣点，会通过所有可以利用的方式来获取相关信息，也非常在乎获取新闻的时效性。

在这三类读者中，"完全型"读者对报纸的忠诚度最高，媒体只要专注于提高报纸的整体报道质量，寻找较好的报道角度，树立媒体的特色和品牌就可以留住大部分的这类读者。而"蜻蜓点水式"读者需要重点争取，他们普遍还保留了读报的习惯，由于时间关系，只能做些选读。针对他们的阅读特点，媒体要有意识地区分必读新闻和选读新闻，在版面安排上做些调整，使必读新闻显得醒目，便于查找，同时采用多平台报道和深入报道。"飘移式"读者是媒体的重点争取对象。可以通过策划和选择，找出一些时政、民生、文体的新闻热点,通过新闻网站、手机报等新媒体平台吸引他们的注意力。

对于后两类读者,还需要进一步加强对他们的阅读时间、阅读方式和关注点的把握,通过建立媒介融合的报道体系,利用不同平台的特点编辑新闻,做到同题竞技,差异表达。要把握好新媒体平台的信息发布时间,形成不同媒介平台的联动,扩大传统报业媒体的品牌和综合影响力。

三、读者对阅读效果的要求

媒介融合环境下,报业的发展目标就是通过媒体办的各种平台加强读者对报社的黏性和忠诚度,继续保持从报社所属平台获取新闻与信息的习惯。要达到这个目标,就必须充分满足读者的两个需求。一是强调阅读的便利性,要对报纸的展示形式进行改进,使其变得更加便于人们阅读。二是强调阅读的愉悦性,更加强调眼球效应,采用多媒体的形式全方位的展现形式,采用多种方式报道新闻,加强重点新闻的多角度开发和利用,满足人们"悦读"的需求。

第一,阅读的便利性。报社通过建设好多种平台,并充分利用各平台特性,提升读者在新闻阅读上的便利性。在纸媒平台上,不少报纸开始在版面设计和布局、文字的字体和字号使用上等进行改进,比如设计瘦身版,形成了自己的特征和品牌。而开展手机报、iPad平台的业务,更是为强调阅读便利性提供条件。相对于电脑,iPad便于携带,开关机的时间短,速度快;iPad上的原始信息也不会被搜索引擎和商业网站便利地转载和应用,有利于报社知识产权的保护。相对于手机报,iPad的屏幕大,受到读者喜爱。但是,iPad携带没有手机便利,不会像手机一样被用户长时间随身携带。因此,在手机报上,及时发布一些短小实时的信息,是具有绝对优势的。

第二,阅读的愉悦性。随着生活节奏的不断加快,读者的阅读时间相对短缺,同时,随着新媒体的不断发展,读者的阅读方式更加多元。新媒体的快速发展,使人们不仅可以阅读文字,也能享受多媒体带来的视听阅读盛宴。利用视听新媒体将内容直观形象地表现出来,既降低了阅读的难度,又提升了阅读的乐趣,这样的阅读很快成为大众的宠儿。简单阅读依靠网络的四通八达,让人们阅读的跳跃性增强,从纵向的方式向着横向的方式变化,淡化了阅读的深度。适应读者利用新媒体、新技术简单轻松地获取海量信息的阅读方式,让报纸内容的展现方式多样化,满足读者阅读的愉悦性,应该成为媒介融合的目标之一。

第三,纸媒的深度报道。继续发挥纸媒的深度报道和评论功能的优势,对留住热爱新闻的大多数读者有重要意义。视听多媒体的展示方式吞噬了人们的文字想象空间,也容易使读者丧失对事物的深入思考。这给纸质平台提供了生存的空间,纸媒在发展媒介融合的道路上,要继续发挥纸媒的深度报道和评论功能,以满足高层次读者的需求。

四、多平台协调，实现媒介融合的顺利发展

新闻报道的即时性是很难通过纸媒来实现的，不论是一天一报还是一天两报，纸媒都难以实现实时新闻播报。我省各报基本上都建立新媒体平台发布实时新闻，努力形成纸媒和新媒体的互补，通过融合报道留住原有的读者群，争取到新的读者群。

第一，通过网络平台，对突发新闻进行实时报道，突破新闻隔日见报的发布瓶颈。这一点，各报基本已经做到。我省平面媒体重视取各媒介平台之所长，用音频、视频、照片、文字等不同媒介形态，对同一件新闻事件进行描述。需要关注的是：这里的网络平台既包括报社所办的新闻网站，也包含媒体在商业网站建立的微博等平台，还可以通过手机报单条要闻的发布方式进行报道。另外，已经有报纸在开设新闻网、手机报后，近期又在 iPad 上抢滩登陆，开发出与 iPad 兼容的阅读和下载客户端接口。

第二，在充分尊重读者的阅读时间上下工夫，以扩大读者群。这需要充分了解读者的阅读习惯和合理运用新媒体特性，有效地引导读者阅读。要将读者阅读新闻的时间作为一个重要、甚至是首要的因素来考虑，并从发布形式、平台、时间等方面进行考虑。需要强调：对读者阅读时间的充分尊重不仅仅体现在新闻发布的时效性上，更体现在对不同媒介选择合适的发布时间点的把握和衔接上。

新闻在不同平台的发布上有所突破，掌握"三个时间段"的报道方法，体现不同平台优势。

"三个时间段"即："第一时间新闻"是指在事件发生时马上报道，此类新闻一般发布在网站平台上，特别重要的新闻可以通过手机平台发布，由于追求发布的及时性，新闻一般比较短小和简洁，要把握"精"字要诀；"第二时间新闻"一般是指隔日报道，主要通过报纸平台发布，同时也可在网络平台发布，对网络上的实时报道做比较完整和准确的报道，要把握"准"字要诀；"第三时间新闻"是指近期内，一般对一周内发生的新闻事件做深入评论和追踪报道的，可以以"评论文章"的方式先在报纸平台发布，也可以做成整版专题，还可以做成漫画、三维动画等方式在网络平台以专题页面的形式发布，主要把握"深"字要诀。

第三，互动性是 Web 2.0 时代的根本属性。但是，互动不能仅仅停留在新闻采编的层次上，一定程度上要求在体制机制上进行改革创新，使报纸成为网站的"活招牌"和"导航站"，网站成为报纸电子化、视觉化的物理延伸。

在全媒体运作的过程中，要注重媒体策划。对于一条短信息，一幅实时新闻照片，一段视频新闻，一则文字报道，都要建立合理的审稿和发布流程。相同信息先在哪个平台发布，信息披露的范围和深度，采用的报道方式，需要根据不同媒体的特性制定一套规范，要避免同质化，应形成互补。同时利用网络和手机平台便利的反馈信息收集功能，多策划和读者之间的交流活动，及时满足手机读者的需求，准确把握读者心理，使新闻报道做到有的放矢。

（本文与洪佳士教授合作）

传统媒体为什么要包装自己的"网红"

　　"网红"是网络红人的简称,指在社会生活中因为某个事件甚至某个行为,被传上网络,受到网民广泛关注而走红的人。2016 年 3 月 19 日,依靠夸张、搞笑的原创短视频而走红网络的"papi 酱"获得真格基金的 1200 万元人民币的融资,成为网络热议话题,一个月后,"papi 酱"单条贴片视频广告被拍出 2200 万元的高价,"网红"一词的热度随之急剧飙升,刮起一阵网络旋风,引起社会广泛关注。

界面网:papi 酱直播首秀广告图

一、自媒体"网红"与媒体自己的"网红"

　　互联网盛行的时代,人们的才华可以在网络自媒体上充分展示,这种展示可能会受到广大网民的青睐,被他们追捧。在网络上,"网红"和一些影视、文学、艺术等领域中的人物与作品一样,是在网民狂欢的推动下,在网络群体中形成热点席卷网络,营造出一种带着泡沫的喧嚣。钱钟书先生有句名言:"假如你吃了个鸡蛋,觉得不错,何必要认识那下蛋的母鸡呢?"自媒体却不同,不仅要为受众炒一盘好吃的蛋,更注重对名鸡的培养,让受众看鸡吃蛋。

"网红"出现之初,给人们的印象并不好,被看成是依托互联网自我炒作的新社群,有的靠发布大量搞怪作秀的视频和图片进行"自我展示",吸引网民关注;有的用一些言行"出位"的内容哗众取宠;很多都与低俗搭边,通过满足网民的消遣或者猎奇心理而走红。"网红"是一种娱乐的附庸品,营造出一个"娱乐至死"的幻象,供寻找体验快感的人们来参加这样的网络狂欢,彰显虚拟社区娱乐化的本质。

近几年,"网红"群体出现分化,传播内容的品味和内涵得到提升,比如以"papi酱"为代表的才华型"网红"就是在这个背景下走红的,她是中央戏剧学院导演系的研究生,被网民称为"低配版的苏菲·玛索"。还有知识分子罗振宇这类以知识为核心的"网红",他的跨年演讲得到无数网民的关注和追捧。这类"网红"有思想、有智慧,能够沉下心来,修炼内功,提高素养,在一定程度上改变了人们对网红品味不高,内容苍白,靠炒作出位的成见,让网民逐渐开始摆脱对网红那些低俗、搏出位的刻板印象,为"网红"去贬义化迈出了坚实的一步,赢得一些网民赞誉。才华型、知识型等新型网红的走红,说明网民对"网红"有更高层次的需要,这为媒体培养自己"网红"提供了参考和借鉴。

受众数量总是有限的,"网红"拥有良好曝光度,当他们开始挤占网络,吸引大量粉丝后,就在一定程度上改变了互联网世界的影响力结构,传统媒体的读者也就显得不那么够用了,传统媒体面对受众减少的趋势,压力重重。

其实,在互联网盛行之前,传统媒体也非常注重打造"名人"品牌,比如培养和包装名记者、名编辑、名主持人等,把他们作为提升媒体传播力和影响力的重要法宝。但是,昔日的辉煌不代表永远的荣光。当今传媒业受到互联网和移动媒体的冲击,面临前所未有的挑战,要在新一轮融合发展中屹立潮头,必须顺应时代潮流,与时俱进,改革创新。

穷则思变,一些传统媒体为了满足新一代受众需求,也开始尝试利用网络,通过包装新型"名记者""名编辑"——媒体"网红"——来拓展网络市场,营造明星效应,抓住网民眼球,吸引受众。比如《南方日报》实施了"南方名记培育工程",致力于培养一批具有新媒体采编运营能力的全媒型专家型生力军,打造新媒体时代的主流媒体"网红",为媒体转型提供新思路。新华社提出有意识地打造自有"网红",推出一系列"网红"级的新媒体产品,这些都是传统媒体基于互联网思维推出的新举措。媒体"网红"继承了传统媒体的核心竞争力:较强的公信力,快速、准确的信息采集能力,优质的新闻编辑能力,独到的分析和评论能力;同时具备优秀的全媒体技能,能够获得大量网民的认可和喜爱。

二、从名记到媒体"网红"

传统媒体培养过不少新闻界名流,并借助这些名人效应,树立媒体品牌。范长江就是一名杰出的记者。1935年5月,范长江以《大公报》报社旅行记者的名义,从上海出发,沿着长江西上,开始著名的西北之行,深入四川江油、平武,甘肃西固、兰州、敦煌,青海西宁,

嘉际传媒网：网红网站广告图

内蒙古五原、包头等地，进行历时十个月的采访写作，行程 3000 多公里，取得了丰硕的成果。他记录了中国西北部人民生活的困苦，还记载了红军长征的真实情况，通讯陆续发表于《大公报》后，该报的发行数量陡增，通讯汇编为《中国的西北角》出版后，出现了读者抢购潮，不到一个月，数千部初版书籍已经售罄，以至于数月内连出七版，一时风行全国。

浙江的邵飘萍也是一位名记者，他的信念是"以新闻记者终其身"。辛亥革命后，邵飘萍曾因"恶意诽谤罪"被捕入狱，出狱后东渡日本，为《申报》及《时报》撰写了大量时事短评。回国后，创办了在北方颇具影响力的《京报》，他星夜探访总理府，虚虚实实巧访美国大使馆，从细节中发现重大新闻线索，第一时间发布独家新闻，文字热情洋溢，视野开阔，气魄宏大，深受读者喜爱。这些著名新闻记者都具有强烈的责任感和高尚的人格，关心百姓疾苦，关注国家前途，有高度的新闻敏感性，准确的判断力，高超的新闻采写技能，成为媒体的品牌和所属媒体发行量的重要保障。

"网红"现象是对网络多元文化的直接映射，在繁花似锦的网络中，"网红"抛开生活中真实的样子，把自己装扮成幽默、张扬、极具个性的角色，披着娱乐的外衣，展现出网民期望的角色，成为网络时代大众关注的"符号"。互联网对传媒进行重新洗牌，有的媒体在网络时代依旧如鱼得水，也有媒体在网络的喧嚣中被边缘化，倍感失落。

媒体要在互联网"大众麦克风"时代得到发展，继续拥有影响力，就要熟谙网络流行心理，吸引网民关注，像当初打造传统媒体的名记者一样，打造媒体的"网红"，让他们走进网民的视野。面对纷繁复杂的网络世界，媒体首先要得到公众的认同，这种认同，在一定程度上说，也是建立在对编辑记者的人格魅力和影响力之上。和传统的名记者一样，网络时代的新闻记者如果在新闻报道和评论中展示一些人格特质,具有道义力量的个性魅力,就能增加新闻报道的可信度和感染力,吸引更多的读者关注。

媒体"网红"除了具备名记者的人格魅力,高超的新闻业务水平,还需要具备全媒体素养,满足网络时代的新要求。媒体"网红"在网络上要不断拓展传播路径,利用互联网传播规律,吸引粉丝眼球,邀请粉丝互动,提高影响力,让"网红"成为媒体的一种品牌资产和稀缺资源。

巴赫金的"狂欢"理论指出:"在狂欢节上,人们不是袖手旁观,而是所有人都生活在其中,因为从观念上来说它是全民的"①。网络时代大量网民追逐网络狂欢,也具备了一个重要的特征:参与性。现实世界中各种非主流、非精英的文化在网络上平等地陈列,个人价值多元化,构成了巴赫金描述的"一种大型对话的开放性结构",网民在结构开放的网络"狂欢广场"里成为主角,自由平等地参与交流,不再只做一名看客。

媒体"网红"要非常注重与网民的互动,让网民主动参与话题的讨论和传播。以网民关注点为导向,建立精神家园,并成为这个家园的核心,吸引网民广泛参与议题,同时让网民也成为传播的载体进行二次传播,形成一个"开放性结构"的巨大引力场,吸引更多网民源源不断地加入这个家园。

媒体"网红"还要多一些幽默感,幽默感可以增加亲和力,增加个人魅力。生活瞬息万变,都市上班族生活节奏快,承受着巨大的生活压力,渴求找到宣泄和放松的途径,人们通过追求娱乐来缓解压力,网络"娱乐化"和"戏谑"成风,媒体"网红"可以以一些耳目一新的形式出现,采用一些风趣生动的带有吐槽性质的话语,夸张而又形象地表现受众日常生活中的悲欢离合。

三、如何打造媒体"网红"

深入分析"网红"受关注的原因,客观评价"网红"带来的正负效应,针对当前传统媒体转型中面临的竞争与挑战,思考如何借用网络传播理念和营销思维来打造媒体"网红",在内容生产、传播模式上加大创新力度,增强品牌效益,挖掘内在价值和核心竞争力。

(一)善于把握受众特征

"网红"所代表和衍生的个人品牌、粉丝效应、传播模式等彰显了这样一个事实:"网红"成为"互联网+"浪潮下一种全新的文化现象,受众的内容消费观也正在悄然发生转变,不只是欣赏,还要通过"参与"来释放生活的压力。社会的多元化发展,人们世界观、人生观、价值观出现巨大差异,"娱乐化"和"参与化"都是受网民推崇的标签,"网红"们是"你

---

① [俄]巴赫金.巴赫金全集(第四卷).李兆林,夏忠宪等译.石家庄:河北教育出版社,1998.

投影时代网:传统媒体网红漫画图

方唱罢我登场",不断地将网民掩饰的情绪戏剧化的表达出来,取代那些曾经广为传播的"心灵鸡汤"之类的作品。

因此,媒体"网红"的个性化也应该得到更多的重视,有突出的个性才能进入网络舞台的中心,被网民审视。能带领网民狂欢的"网红",才会受到粉丝的追捧或者吐槽。媒体"网红"要在网络上异军突起,需要具备专业的知识,采编的内容贴近生活,接地气,从网民的日常生活中寻找话题,彰显网民个性,以接地气的草根气质叙事,巧妙的设置诸多年轻网民关注的槽点,达到与网民产生共鸣。

要为媒体"网红"搭建更多的与受众互动平台,"互动"的传播方式适合网络环境下成长的新一代消费者的口味。网络时代的受众消费观和消费方式都发生了很大的转变,更加追求价值观和个性的认同。媒体数字化时代,网民颠覆了以往传者受者两者分离的角色,成为传播和受众的结合体,受众也有张扬个性的需求,需要借用一些平台来表达自己的情绪,渴望表达和发泄,积极参与互动,媒体要设置一些供网民自由参与和互动类型的平台,调动读者参与热情,吸引大量网民参与投稿,在这个平台上提供话题,发布观点,参与讨论,增强他们参与感,让他们不知不觉地融入热点的传播,参与到事件评论中。不断运用先进互联网技术,改进传播方式,增加和融合传播渠道,由单一演渠道变为多平台联动,提高传播效率。

媒体"网红"要根据网络时代受众特征,创新适合时代特征,内容饱满、形式多样的新闻产品,充分关注受众需求和喜好,利用热点做节目,增加文章的故事性和趣味性,制造一些受众参与度较高的"媒体狂欢"。在媒介融合时代,移动媒体的广泛使用,传统媒体应该充分认识到来自网络的挑战,人们生活在碎片化的时光里,视频、图像逐渐取代了长篇大论,以及其所表达的深邃的思想,人们的思维呈碎片化、断裂化,受众青睐短小精悍的短视频、短文,习惯于浅阅读,碎片化欣赏节目。

(二)继续秉承内容为王原则

媒体"网红",要尽力克服传统"网红"内容低俗、言行出位等方面的不足,以优质内容吸引粉丝,传播的内容要以思想和个性感染粉丝,赢得他们信任,避免生命周期短暂、"昙花一现"的现象。

媒体"网红"要注重品牌建设。品牌就是一种符号,符号是信息表达和传播的基本要素,一个品牌符号需要被大众认可,才有可能成为一个具有公众表达意义的平台。现代社会受众越来越依赖通过符号来传达意义,在无数碎片化信息的环境里,媒体"网红"应该以其个性品位、原创内容,形成简洁明了的品牌符号,建构草根叙事与民间表达的话语权,吸引他们的受众,获得读者的支持。

媒体"网红"要注重专业性,优质的内容才是他们的核心竞争力,传统媒体在新闻采编上积累的丰富经验,具有比较成熟的采编流程,稳定优质的采编质量。要为媒体"网红"建立专业的全媒体内容采编队伍,保证内容生产质量,持续生产优质产品,树立一个健康美好的形象,使"保鲜期"变长,避免陷入自媒体"网红"那种过于热衷于另类搞怪的模式,否则一旦和网民度过了蜜月期,在网民的新鲜感消失以后,关注度就会大幅降低。

如今网络发展日新月异,很多传统媒体相对新媒体而言,针对受众需求进行的适应性调整还显得有些滞后,迫切需要进一步加快改革创新的步伐,注重采编内容的时代性。要进一步提高内容质量,不断提升审美情趣,增强品牌的内涵和吸引力、感召力,以优质的内容赢得受众的青睐,形成媒体的品牌文化。

总之,传统媒体要强化品牌意识,运用产品优势、互联网思维和运营模式弥补短板,对传播内容进行开发和改造,结合网络传播的特征,融入网络因子,制作受众喜爱的作品,培养自己的"网红",提升品牌的影响力,不断开拓互联网创新之路。

网络剧:广电系统网站发展之利器

网络时代来临后,报业系统先声夺人,抢占了各级新闻网站的高地,基本坐上了当地新闻网站的头把交椅。目前来看,电视资源依然有比较大的利润空间,广电系统忧患意识较弱,在网络媒体发展上比报业系统略逊一筹。以媒体业发展比较好的浙江省杭州市为例,以杭州日报报业集团为主的杭州网当仁不让,稳居头把交椅,在中国网站排名[①]中以300名左右的成绩傲视群雄,在全国的地市级新闻网站中也是遥遥领先。而广电旗下的杭州文广网,在排名上远远落后,只在10000名左右徘徊。在县级新闻网站中,《萧山日报》为主的萧山网可以说是独占鳌头,中国网站排名以7000名左右的成绩独领风骚,而广电旗下的湘湖网(萧山广电网)仅以10000~20000名之间的成绩屈居第二,但这个成绩从2009第九届全国互联网与音视频广播发展研讨会等权威部门公布的信息看来,湘湖网在广电系统县区级网站中的排名较高,甚至超过了很多市级广电系统建立的网站。[②] 下图是2009年8月18日摘自中国网站排名网中湘湖网的相关数据曲线。

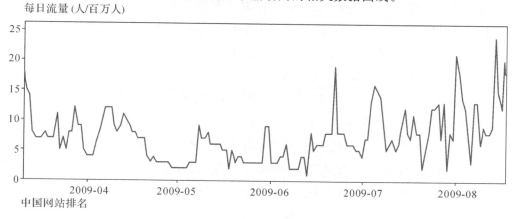

中国网站排名网:湘湖网流量曲线图

---

① 网址:http://www.chinarank.org.cn.

② 李骏.浅谈县区级广电系统网站的建设.2009第九届全国互联网与音视频广播发展研讨会论文集,2009:111-115.

2008 年，金融危机的寒潮席卷全球，媒体业的发展也遇到了寒冬，开源节流成为最迫切的需求。而奥运会在中国的胜利召开，CCTV 的成功转播，特别是央视网借助这一契机的迅猛发展壮大，使得广电系统尝到了发展网络传媒带来的甜头，也看到建立网络传播的迫切性，广电系统网站的建立和发展开启了新时代。

随着奥运的闭幕，重大题材的消失，广电系统的网站必须寻找新的亮点来吸引网民。相对报业媒体而言，广电系统网站发展面临的问题也不少，比如新闻文字稿较少，且质量也稍逊一筹，而视频新闻阅读起来耗时较多，很多地方网速较慢，播放会出现停顿，网民草草一看就移情别恋了。因此，广电系统网站要发展好，除了加强新闻报道以外，还应该充分挖掘和利用广电系统的有利资源，开发网站建设和发展的新亮点，吸引网民的关注。而网络剧就是一个很好的发展利器。

一、网络剧的出现

随着网络技术不断提升，网民群体不断扩大，演艺人群开始寻求新的表演场所和表演方式。在我国，1999 年上海戏剧学院钱钰首次提出"网剧"的概念："通过互联网传送，由上网计算机接收，实时、互动地进行戏剧演出的新的戏剧形式。"[①]但是在实际的发展中，早已超出了这个范畴。"网络剧已成为继电影、电视之后的以互联网为载体又一种新的视听综合艺术。"[②]网络剧是一种"能快速反映时代生活，编导演摄录制简易，适合网络视频传播，深受网民喜爱欢迎，有利于培养文艺新人"的网络文艺形式。网络剧要符合网民欣赏习惯，一般以 1~15 分钟为宜，集数可多可少。

在美国电视网众多电视台中，NBC 电视台率先推出了网络剧的概念并发扬光大。迪士尼前 CEO 艾斯纳也转战这个新兴领域并取得前期成功。自从 2007 年 4 月 2 日，艾斯纳创立的视频工作室 Vuguru 将自己第一部作品《毕业舞会皇后》(Prom Queen)放到 MySpace 及其他一些网站上后，这部交织着爱情、流言、背叛与神秘，每集仅 90 秒的 80 集高中生活剧至今已聚集了近 2000 万名观众。

我国网络剧最初始于网友自发拍摄的简单视频作品，2000 年 3 月 18 日，由 5 名在校大学生自编自导自演的中国第一部网络剧《原色》，在中国长春信息港上与网迷见面。但"网络剧"是最近两年才流行起来的，随着制作规模的扩大，也有一些广告公司与商家联合拍摄了一些网络剧，如北京桦榭广告与宝洁公司联合出品的《安与安寻》。由具有视听许可证的广电系统网站湘湖网（萧山广电网）拍摄的网络剧《我为天使狂》，于 2009 年 5 月启动，历时近 4 个月，8 月 13 日正式在湘湖网上与广大网民见面。

---

① 钱钰. "网剧"——网络与戏剧的联合. 广东艺术，1999(1).
② 唐海祥. 网络剧：又一种新的视听综合艺术，http://www.wangluoju.cn/news/3483c,87b5,47cf,446.

二、广电系统的优势

相比普通网站，广电系统网站发展网络剧占有一些得天独厚的条件，优势主要可以归纳为以下几个方面。

1. 人才优势。网络剧的拍摄需要编剧、导演、主要演员、摄像、剪辑等人员。广电系统网站作为广电系统的一个部门，可以比较方便地从广电系统内部选出一些合适的人才，加入到网络剧的阵营中来。

2. 设备优势。拍摄需要的录制设备、后期处理设备、场地等对其他网站来说可能都是巨额投资，广电系统一般都有现成设备，条件得天独厚。

3. 资源优势。网站拍的网络剧要找较有实力的投资商合作，电视台常年有广告业务，有一定的客户基础。

4. 品牌优势。各地电视台的观众参与类节目如火如荼地进行，从湖南卫视的《超级女声》到浙江卫视的《我爱记歌词》，从陕西二台的《都市碎戏》到杭州台的《开心茶馆》，观众竞相追随，充分说明广电品牌的优势，它是人们展示自我的理想舞台。

三、电视短剧的经验

目前，广电系统摄制网络剧的还很少，但是有的电视台摄制电视短剧颇有成效。比如陕西电视台都市青春频道（二套）的《都市碎戏》，这是中国第一档日播的制播分离栏目剧，该节目立足"民情"，制造"民星"，让群众走上电视屏幕，颇有影响力。"该节目2005年创办，播出三个月，广告就全满了，而做民生新闻，要做三年才能达到娱乐类节目三个月所能达到的效果。原来，每年买这档节目广告只要花1000万元，后来3分钟广告就要花1000万元，现在1.5分钟就要1000万元。"[①]电视短剧的成功经验，可以为网络剧发展提供借鉴。

1. 使用业余演员。从明星戏到平民戏的转变，节目比较贴近群众，地域优势明显。让老百姓自己演自己，演绎自己生活中的悲欢离合，这虽比专业演员少了些精彩的表演，却多了真实的情感。如果要求业余演员"专业表演"或一味启用专业演员，那可真是牛头不对马嘴，也让节目失去了真实感。民生娱乐更强调"参与"和"唤起"，通过"亲身"参与和"想象"参与，从而唤起"愉快的情绪"。可以说面孔新带来真实感，真实感就击溃了观众心理的防卫，观众就接受你，进而产生收视率。

2. 反映民生真相。民生娱乐在营造视听快乐的同时，也表达了对当前社会、文化、民

---

① 胡劲涛.立足"民情"制造"民星".新闻学科教学研讨会,2009-1-15.

生问题的关注,它有比电视剧更真实的社会效果,比电视新闻更娱乐的表达方式,是"民心、民意、民愿"的大汇集。民生娱乐改变了城市人的作息习惯,提供了实现梦想的平台,创造了城市每天源源不断的新话题。它使各个阶层都有收获,它成为草根们狂欢的盛宴,精英们情绪的减压药,都市外来人融入城市的催化剂。

3. 运作产业链化。从产品到商品,从《都市碎戏》到《百家碎戏》《街坊邻居一台戏》《千家故事》,在陕西"都市频道"播出,叫《都市碎戏》;放在一频道播出,叫《百家碎戏》;在卫视播出,叫《街坊邻居一台戏》;在农民频道播出,叫《千家故事》。由此延伸出5档以上的碎戏。由于是制播分离,整体规模利润已经超过了1亿元。《都市碎戏》又延伸出新节目:《碎戏碎事》《碎戏明星班》。产业链运作,使品牌栏目不断壮大,收益持续提高。

经验借鉴得不好,容易变成东施效颦。比如:河南有一个频道,把陕西的一个公司引过去拍《都市碎戏》,先改成河南话,效果不理想,又改成普通话,效果还是不理想,最后还是回到陕西话,效果就好得多了。这和各地的语言环境不同有关。苏州台去模仿,结果不成功,这和各地的文化环境不同有关,他们没人写剧本,而在陕西写剧本的人很多,每本只付1000~2000元。

广电系统借鉴电视短剧的经验拍网络剧,就更加要注意它们各自的特点。我认为最重要的是要抓住真实感。只有具备真实感,才能得到观众在情感上的认同和接受,才具备生长的土壤。当然,这个真实感不是电视纪录片的真实感,它还是"戏",有典型的人物及人物性格,有刻意编排的戏剧冲突,是带有普遍性的生活事件的戏剧化创作,是用视听语言的方法营造出的一个具有真实感的栏目剧。

四、网络剧的特点

网络剧的特点,归纳起来,主要有五个方面的特征。

1. 趣味性浓。网络剧是网络与影视艺术的结合,优势和特色明显。一方面,题材丰富,网络剧取材不受限制,十分自由,同时以其鲜明的色彩、影像,丰富的意境和良好的制作为网民所喜爱。另外一方面,网络剧会通过人物性格的表演,生活、工作、社交等场景的模拟展现,十分充分、到位地展示和推广作品要表达的思想。网络剧可以有较长的内容和故事,也可以设置戏剧冲突、故事悬念,以短小的故事和情节来打动观众,也可以依靠搞笑、幽默、夸张的方式来吸引眼球。

2. 参与性高。网络剧的诞生,是对演艺市场的一次革命性转变。网络剧具有投资成本低、演艺人员门槛低、网民参与度高的特点。网络剧既能满足网民欣赏同类普通人表演的好奇心,又能满足网民自我娱乐、自我表现、自我愉悦、自我充实的需要。在网络时代,从理论上说,任何人都可能当编剧,任何人都可能是导演,因此,许多梦想走上演艺生涯的普通网民,可以借此"圆梦"。换言之,"今天你是普通网民,明天你是网络明星"。湘湖网

《我为天使狂》演员选拔吸引两百多人报名足以说明网民参与的热情。

3. 乡土性重。地方网站拍摄的网络剧，反映乡土生活，具有浓厚的乡土气息，绽放浓郁的乡土芬芳。情节以网民的现实生活为基础，演员以本地群众演员为主，所宣传的企业以本地企业为主，对话可以带着一点乡音，甚至可以加入一点方言，贴近生活，对当地网民的吸引力毫无疑问是非常巨大的。这种类型的网络剧创作，不仅为网站培养了忠实的网民，也丰富了当地人民的生活，为居民茶余饭后的交流提供了很好的话题。湘湖网《我为天使狂》摄制播出期间一路飙升的点击率也充分说明了网民对整个过程的高关注度。

4. 融入性好。网络剧可以作为品牌和商家的载体，在潜移默化中为之做推广，是一个可以融入品牌性格、产品形态等等内容的综合体。网络剧的成功，会给投资人带来较好的广告效果，使之获得良好的回报，以此形成良性循环，吸引更多客户来投资网络剧。网络剧能否很好地推广，关键在于网络剧的情节以及产品和品牌如何通过网络剧进行展现，并到达实际的目标消费人群。因此，需要将产品和品牌巧妙地植入到剧情当中，如果植入得不好，网民很容易反感；结合得好，能够引起网民的共鸣并引发广泛的传播，对于品牌的推广和网站知名度的提高都非常有益。这完全可以借鉴电影《非诚勿扰》的成功经验，它完美地展示了杭州西溪湿地公园的优美风景，掀起西溪旅游热潮。"2009年上半年，西溪湿地同比多进账了3000多万元。入园游客人次量和景区总收入，同比增长幅度都超过惊人的360%。"[①]

5. 互动性强。与电视剧和电视短剧不同，网络剧的观众可以通过超级链接随时调出演员的背景资料以及剧情介绍。新网民可以查看以前的剧情，以增加故事情节的连续性。网民还可以通过电子邮件与他们喜欢的角色扮演者保持联系，探讨角色以及角色以外的各种各样的事情。许多网民热衷在留言板发布相关评论，他们在发布评论的同时，也与信息发布者同时完成了新信息的生产。他们这种主动收视、投入观看，以及积极互动和传播的行为，对网络剧的传播活动大有益处。

网络剧前面4个特点和电视短剧都相似，网络剧最大优势是互动性强，所以发展网络剧要充分利用网络传播的特点，发挥网络互动的优势，利用网络剧制造新的网络话题，吸引网民对网络剧的情节展开讨论。网站也可以通过剧情来展开系列的活动，并通过多个剧集来吸引网民的持续关注。

五、网络剧的实践

下面主要以湘湖网摄制网络剧《我为天使狂》的全过程作为案例来分析网络剧对网站建设的实际影响，可以分为以下三个阶段。

---

① 唐斌.“非诚勿扰”几分钟，西溪湿地半年多赚几千万. http://house.focus.cn/news/2009-07-20/716529.html.

第一阶段。演员的网上报名、海选、海选视频上传、海选网络投票、演员的确定过程为第一阶段,即为拍摄网络剧的准备阶段。

这个阶段,首先要在网站上发布网络剧剧情简介和角色介绍,吸引网民参与演员海选报名。由于网民对网络剧的好奇和表演欲望的被激发,开通报名那天,湘湖网点击率急剧上升,从5月7日到5月27日为期20天的网络报名吸引了200多名网络剧爱好者前来报名,经初步筛选,确定108名候选人进入下一环节的选拔。

接着,在5月29日和30日对候选选手进行现场面试,通过三个环节进行初步选拔:

1.自我推介:用30秒钟时间做一个简要的自我介绍。

2.即兴表演:主要是展示自己的文艺特长。特长表演的项目不限,唱歌、跳舞、小品表演、诗歌朗诵、讲故事、模仿秀、绕口令等均可。

3.试镜表演:提供一段剧本,在镜头前进行现场表演。主要观察演员是否上镜,以及测试实际表演能力。对面试进行现场录像。湘湖网这个阶段由于没有进行相关的网络互动,使网站的点击率有所下降,今后可以考虑对面试进行网络直播来吸引网民。

然后,在5月27日推出网民投票,让网民为自己喜爱的演员候选人投票。不少参加海选的人员为获得参演的机会,调动所有资源,积极为自己拉票。为防止不公平竞争,投票设定了同一IP地址一天只能投一票等规则。尽管如此,在5月27日到6月17日的投票期内,总共获得有效投票85147票,最多的个人获得了10530票。投票截至当天,网站最受关注,高点击率使湘湖网当天排名进入万名以内。

6月8日推出了网络剧海选的录像和花絮。由于经验不足,所有参选者的海选录像同一天在湘湖网网络剧频道推出,导致6月8日这天点击率上升较多,但随后几天逐步回落。以后,这个环节可以考虑每天推出3~5个演员候选人的海选视频,吊足网民的胃口,保持网民在一个较长过程对网站的持续关注。

今后在第一阶段,确定网络剧题材后,还可以开展剧本、剧情有奖征集活动,让网民参与剧本的编写,或为剧本提供素材和情节,进一步推高网络剧人气。

第二阶段。我们把网络剧的具体拍摄过程定为第二阶段。这个阶段,网站可以即时报道网络剧拍摄进展、演员状态、拍摄花絮。演员和编导人员,及其他制作人员可以通过博客、论坛等及时与网民交流。湘湖网每天由网站记者在相关频道及时报道网络剧拍摄的新闻,并发布拍摄花絮的照片。网络剧相关新闻引起了网民热议并使点击率飙升。但由于湘湖网第一次进行网络剧的拍摄,对这个阶段的把握略显不足。大部分剧组人员没有在网站写博客,拍摄期间也没有及时整理视频花絮,错过了一些精彩花絮与网民见面的良机。

今后在这个阶段,要对群众演员加强指导,及时建立剧组人员博客,通过博客积累人气,提高网民互动,同时可以大量张贴剧照,吸引网民关注,甚至可以随机选取网民进入拍摄现场,与演员和编导、摄制组人员进行零距离接触,让网民切身感受网络剧拍摄的巨大魅力,把网民培养成铁杆的网络剧爱好者。

第三阶段。网络剧的后期处理和网上播放为第三阶段,也是网络剧影响的高潮阶段。7月30日湘湖网发布了网络剧拍摄的花絮和网络剧的预告片,使网站的关注度获得空前提高,排名又破万,冲上9802名,网络剧再一次激起网民的热议和期待。最高潮出现在8月13日网剧的首播当天,网站创出7723名的排名新高。

湘湖网的这部《我为天使狂》网络剧不仅使网站的关注度有效地提高,为网站培养了一批忠实的网民,而且给网站带来了一笔可观的广告费,实在是一举多得的好事。

六、网络剧的展望

网络剧是网络文化事业发展到一定阶段后的必然产物,是网络文化创意产业的一大新亮点,发展网络剧更是摒弃"恶搞"行为,引导网络视频走向健康发展的途径。但是,目前国内还没有对网络剧这一艺术形式采取资质审定,因此,国家广电总局有必要抓紧出台相关政策,做好对网络剧这一新兴艺术形式的引导和规范工作,让网络剧成为文化产业快速崛起的一支生力军。

中国互联网络信息中心(CNNIC)发布《第24次中国互联网络发展状况统计报告》,截至2009年6月30日,我国网民规模达3.38亿,宽带网民达3.2亿,互联网宽带化趋势更加明显,占总网民数的94.3%。当前金融危机还若隐若现,挥之不去,而互联网作为一个新的平台,有着传统的媒体所不能实现的价值,利用互联网来开启广电媒体发展的新局面,转危为机,积极地探索新的发展亮点,就能为广电系统网站的发展开启新的里程碑。网络剧可以成为广电网站发展的一把利器,既能为网站培养稳定的网民群体,又能为现代企业追求以提升品牌价值和服务为核心的广告提供良好平台,获得稳定的广告收入。[①]我们要更多地去思考和尝试,积极发展以网友参与和互动、展示真实生活为基础的网络剧,充分发挥广电资源的优势,挖掘出广电系统网站的发展潜力。

---

① 郭晓灵,黄沛.网络时代电视隐形广告传播与实例分析.市场营销导刊,2008(3).

广电媒体新媒体战略的实践与突破

  进入 21 世纪以来,互联网络的快速发展给传统广电业带来了革命性的变化。随着互联网的不断发展,在互联网上收看各种音视频节目的网民不断增加。2012 年 1 月 16 日,中国互联网络信息中心(CNNIC)在北京发布了《第 29 次中国互联网络发展状况统计报告》,《报告》显示,截至 2011 年 12 月底,中国网民规模达到 5.13 亿,全年新增网民 5580 万;互联网普及率较上年年底提升 4 个百分点,达到 38.3%,我国网民规模继续扩大。2011 年网络音乐、网络游戏和网络文学等娱乐应用的用户规模有小幅增长,但使用率均有下滑。相比之下,网络视频的用户规模则较上一年增加 14.6%,达到 3.25 亿人,使用率提升至 63.4%。这给广电传统媒体带来挑战,也给广电媒体开展新媒体业务提供了契机,随着新媒体的崛起,传统广电媒体也要紧跟视听节目载体和形式变化的各种新趋势,开始实施新媒体发展战略,逐步实现传统媒体与新媒体的融合发展。

  由于网民对于视频需求的快速增长,以视频传播为主的音视频网站近几年如雨后春笋般不断涌现。广电网站作为我国广电媒体在互联网上重点发展的新媒体产业,依托于广电音视频节目资源的强大优势,已经开始在互联网视频网站竞争中显露出优势,且迅速发展起来。为响应国家广电总局关于促进广电媒体发展互联网视听节目服务的号召,各地电视台、电台纷纷采取措施,加强所属网站建设,大力促进广播影视节目传播渠道多元化、数字化、网络化,并积极探索适合广电媒体网站的经营之道。[①] 近年来,中央和省一级的电视台纷纷开始建立网络电视台,中国网络电视台于 2009 年 12 月 28 日正式开播,2010 年 6 月安徽电视台获得全国第一张省级网络电视台牌照,安徽网络电视台成为全国首家省级网络电视台,此后黑龙江、湖北等多家省级网络电视台纷纷开播。目前,县一级电视台从实际情况来看,开办网络电视台的时机尚不够成熟,但是抓住时机,进一步建设好广电系统的音视频网站也是一个迫在眉睫的问题。但基层广电媒体开展新媒体业务,资金有限,人才有限,如何才能突破重围,取得成果呢? 我们不妨来看一家浙江省的县级

---

  ① 曾静平. 我国广播电视网站现状分析与发展对策. 中国广播电视学刊,2008(8).

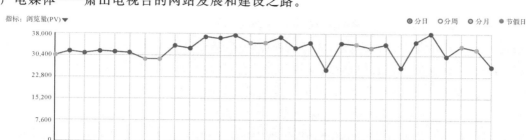

广电媒体——萧山电视台的网站发展和建设之路。

中国网站排名网：湘湖网 2012 年 3 月份每日 PV 量截图

目前在浙江，省级广电集团建立了新蓝网，地市级的广电媒体也都建立了各自的网站，县一级也有 50 余家广电媒体建立了各自的网站。但多数广电网站，往往是投入大、收益小，只能利用传统媒体哺育新媒体发展，新媒体还没有反哺传统媒体的能力。浙江的萧山广播电视台于 2005 年建立萧山广电网，之后一直发展缓慢。2009 年进行网站改制，萧山广电网改名湘湖网，管理体制也全面改革，在 2009 年当年网站营业额达 150 万元，实现盈利，到 2011 年纯利润就达 100 多万元，如此惊人的业绩是如何取得的？萧山湘湖网主要从以下几个方面实现了创新和突破。

一、树立媒体品牌意识

21 世纪的媒体将成为激烈的战场，无论是同类媒体品牌之间的竞争，还是新兴媒体品牌和传统媒体品牌的资源争夺，都将会使媒体市场竞争白热化。媒体市场竞争已逐渐变成品牌的较量，品牌经营是媒体制胜的必由之路，因此品牌建设已经被媒体列入战略计划。

首先，县一级广电媒体麻雀虽小，五脏俱全。把媒体品牌的概念引入日常管理和建设中，能给媒体的发展带来意想不到的收获。媒体品牌是能给拥有者带来溢价产生增值的一种无形资产，它的载体是用和其他竞争者的产品和劳务相区分的名称、术语、象征、记号等，其增值的源泉来自于在消费者心智中形成的关于其载体的印象。

萧山湘湖网从建网开始，就非常注重品牌意识的树立和品牌战略的实施。首先，网站要给网民留下深刻的印象，让媒体的标记和形象家喻户晓。这就要设计醒目的网站 Logo 图标，并利用各种机会，在各种新闻现场、大型活动中，抓住各种有利条件展示网站特色，打响网站品牌。在播放电视台自制节目时，加上网站 Logo 图标和显著性语句，吸引当地观众上网互动。通过各种途径的宣传，提高网站的影响力，增加网站的曝光度。

其次，湘湖网利用电视台原有的影响力和权威性，为网站建设铺路。加强网站建设要对广电原有的宣传资源进行整合，充分利用广电媒体自身的实力，以其新闻资讯的权威性、全面性、及时性和独特性来吸引网民。同时,利用网站的互动性强的特点,不断强化网站的舆论监督和服务功能。从单向提供信息到与网民双向互动沟通再到为网民提供个性化服务,想网民所想,急网民所急,为网民排忧解难,从而吸引本区域内网民光顾网站。湘湖网也经常与广播、电视合作,组织一些大型活动,利用几种媒体各自的特性和优势,互相配合,互相促进,共同发展。同时,湘湖网尽量避免内容同质化的问题,办出网站自身的特色。广电系统网站一个显著的优势表现在新闻的公信力和权威性方面,湘湖网充分利用这一优势,开辟民生栏目,涉足消费者投诉服务、商业广告、教育培训等领域,为网民提供丰富的服务形式和内容,拓展出一些有效的经营空间。

再次,湘湖网充分利用网络平台表现形式的多样化。宽带、多媒体电脑、数据压缩和流媒体技术,为广播、电视上网提供了技术实现平台。[①] 传统广播和电视的传输手段受到地域的限制。通过网络,再远的地方也可以上网收看收听相关节目,通过网络越来越体现出传播的张力。网络实时转播,事实上只是第一步。它所播的节目和传统广播电视一样,是集中广播式的。网站提供的第二个好处,就是提供"节目点播"的功能。网民既可以选择网络的视频现场直播,线性地收看相关节目,也可以在自己方便时以点播的形式挑选自己关心的节目,需要时可以看上几遍,也可以推荐或转发给朋友收看,或下载后作为资料。湘湖网在近三年来的区人大、政协召开两会期间,都开通大会直播和点播的专题页面,并同步进行文字直播,取得不错的效果。此外,网站还涉足一些大型商业活动、大型庆典活动、官员访谈等网上视频和图文直播业务,进一步挖掘广电网站的资源和技术优势,为网站开发特色栏目和特色服务。

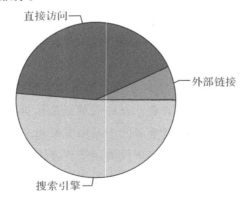

中国网站排名网:湘湖网访客(PV)的访问方式图

最后,要做好网络推广。从上图中可以看出,湘湖网有一半以上的流量来自搜索引擎,要合理利用搜索引擎提高网站点击量。原创内容是搜索引擎重点关注的,比较容易被

---

① 李晓明. 我国互联网管理模式的创新与转型. 网络传播,2008(2).

搜索引擎收录,但内容全部原创很难做到,而一味地照搬其他站点内容,只会惹人讨厌,得不偿失。所以对一些拷贝过来的内容,适当地加入一些自己的元素进去,譬如对标题和内容做一些加工,尝试对新闻报道的角度做一些变化,加入一些点评和网站自创观点。此外,与优秀的网站做链接,这也能增加自己网站在搜索引擎中的权重。但千万要避免与垃圾网站做链接,这就好比交朋友,与优秀的人相处,在他人看来你这人也不错,与恶人交往就会有损你在他人心中的印象。

二、打造媒体品牌价值

要打造媒体的品牌价值,不仅要利用好广电原有的资源,而且要建立网站自身的品牌价值,实现多种媒介平台之间的互补,形成合力,实现媒介融合发展。县级广电网站资金有限,人员相对不足,如何才能提高效率,把有限的资金和人员利用好呢?这就要集中力量发展优势项目,构建自身的核心竞争力。对于湘湖网来说,第一大优势,就是充分做好本土新闻。

湘湖网提出建成萧山本地门户网站的目标,其中核心理念就是提高本地新闻数量和原创新闻的质量,充分获得本地网民的认可,使网站成为本地网民网络生活中必不可少的一部分。

从下图湘湖网访客(PV)地域分布图上可以看出,湘湖网的本地访客在 2/3 左右,占有绝对的优势。做好本土新闻,吸引本地大多数网民的来访是县域网站的发展根本,因为即使是外地网民,不少也是暂居外地的萧山人,也是为看萧山本地新闻而来的。

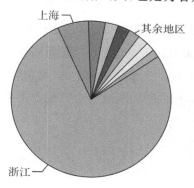

中国网站排名网:湘湖网访客(PV)地域分布图

网站的记者和编辑人数不多,网站本身原创内容不够丰富怎么办?这就要利用好广播电视台这个得天独厚的有利条件,将当地广播电视新闻作为网站的主打产品。从一定意义上来说,我们可以把广播电视台的新闻作为网站的原创新闻来发布,因为这个网站本身就属于电视台。网站在使用广播电视新闻资源时,要区分网络发布平台和传统广播电视发布平台各自的特点和优势。一般来说,电视新闻实效性较强,普通观众的二次观看的需求不高,电视新闻又普遍缺少文字表述。所以将电视新闻搬上网站时,不能照搬照抄,而要做一些符合网民观看习惯的处理。比如针对新闻节目,研究发现,网民对整段的网络新闻点击率不高,对播放时间长的视频,网民一般只看十几秒就会放弃。但是网民可能会对整段新闻中的某几条新闻特别感兴趣,特别是和自身相关的新闻,网民会反复点击,多次观看。因此,将电视新闻搬上网时,要对整段新闻以单条内容独立性为标准进行切割,分段处理,并给每段视频加标题和简介,便于网民在网站上及时看到该新闻,又利于网络搜索引擎的收录,便于网民的搜索和查找。

对于广播新闻,以音频文件的形式放到网站上,点击率很少,音频文件也不利于网民快速找到最关心的内容。所以发布时,不妨把广播稿打成文字稿,以音频加文字的方式在网站上发布,这样既有利于搜索引擎的收录,提高点击率,又可以让网民快速地查找到最关心的内容。

萧山电视台有 5 个频道,每天有大量的自制广播电视节目,其中有很多新闻节目,把这些新闻在网络平台上发布,作为网站的独家节目,这可以大大满足本土网民的新闻关注度。利用和编辑好这些新闻,可以大大节省网站的记者和编辑人员的数量。由于人员有限,要首先保证网站每天有一定的新闻量,在此基础上,再筛选一些收视率高的娱乐节目放在网上,也能获得较好的网络点击率。

此外,网站要组织精兵强将队伍,可以从其他新闻媒体挖有一定影响力的记者,在各大知名院校招聘新闻专业研究生,组建网站高质量的编辑团队,使之能够较好配合电视台,及时、准确地报道本地及各部门、乡镇、街道最新的时政要闻及经济、文教、科技、体育、社会等各方面的新闻信息,发布大量的原创新闻、原创音视频节目,编辑适合于网络阅读的新闻评论,提高原创新闻的数量和质量。电视和广播新闻报道深度不够,网站的编辑可以适当做些深度评论节目,形成特色。比如湘湖网上的"湘湖时评"栏目,就是网站编辑根据当天的新闻热点制作的一个深度评论节目,这个栏目的点击量一直很高,目前已经成为湘湖网的品牌栏目。

三、挖掘媒体品牌内涵

挖掘媒体品牌价值内涵,就是要打造媒体的核心竞争力,广电网站的核心竞争力应该是"视频节目",不仅要播出,还要能够制作。目前来看,广电网站仅仅依靠做好新闻,靠广告收入支撑,一般能够做到收支平衡就已经非常不错了。要实现较好的盈利,就必须依靠广电特色,打造自身的核心竞争力,形成独有的盈利模式,才能从众网站的包围圈中绝处逢生,脱颖而出。

湘湖网拥有全国县(市、区)级广电系统中唯一的一本"信息网络传播视听节目许可证"；全国县（市、区）级广电系统首本"广播电视节目制作经营许可证"；通过挖掘广电媒体的制作视听节目优势，推出了一种新型的，便于在网络上推广和传播的节目形式：网络剧。网络剧是网络文化事业发展到一定阶段后的必然产物，是网络文化创意产业的一大新亮点，广电系统制作网络剧，更是摒弃"恶搞"行为，引导网络视频走向健康发展的途径。具有视听许可证的湘湖网拍摄的第一部网络剧《我为天使狂》，于 2009 年 8 月 13 日正式在湘湖网上与广大网民见面。

通过网络剧的拍摄，我们发现这个节目形式能给网站带来多方面的收益。

第一是经济收益。网站摄制的网络剧，从投资角度来看，可以分为两种。一种是网站自己以很小规模投资拍摄的短剧，就是通过简单的剧情，夸张的形象和幽默的语言来记录发生在身边的一些小事和趣事，引发人们的共鸣和讨论。它主要通过打造品牌，受到网民追捧，提高了点击率，并赢得广告商的青睐。

另一种是企业投资的，通过一些与该企业相关的人、事、物来展开剧情，达到宣传企业的目的。网站通过网络剧的拍摄，赚取企业广告费，获得较高的点击率和网民的关注，从而达到双赢的结果。广电系统网站拍摄网络剧的成本相比电视剧要低得多，拍摄一集 10 分钟以内的网络剧，收费大概在 2 万～4 万元，多集连拍，也就十几万元到几十万元，这是一般规模的企业都能接受的广告投资成本。比如湘湖网拍摄的第一部网络剧《我为天使狂》共 6 集，制作成本不高，但点击率很高，收益也不错，并树立了网站品牌。后来又拍摄了《我健康我美丽》《为了孩子》等多部网络剧，取得较好的收益。

湘湖网通过网络剧打开局面，培养了一支创作实力强劲的团队，网罗了一批专业人才，树立了品牌。目前，这个团队里有萧山范围内顶尖的宣传片、专题片解说词撰稿者，曾担任过多部电视剧如《命运不是梦》《百姓利益》《风雨灯》和电影《西施》的编剧；有一流的专业导演和剪辑师，曾出任过电影《西施》、电视连续剧《灯火阑珊》的副导演；有担任过电影《西施》《离婚进行时》的摄像。此外，湘湖网还与浙江影视创作基地、浙江大学、浙江传媒学院建立了长期合作关系，解决节目制作的人才储备问题。今年 3 月起，隐退 20 年的严阿品大师（王洛宾、李双江的战友）已重出江湖加盟湘湖网，为相关节目作词作曲。有了这个品牌和创作团队，一些企事业单位拍摄宣传片也主动找上门来。

去年以来，湘湖网还推出了一系列 MTV 音乐作品，为中国首善陈光标制作了《我们的团队像太阳》《月亮知道我的心》《我与星星有个约会》等作品；为衙前农民运动纪念馆制作了《衙前 1921》等宣传片。湘湖网收费标准：宣传片、专题片，每分钟 4000 元；MTV 音乐作品，每首歌 40000 元。通过这些节目制作，网站取得了较好的经济收益。

第二是社会效益。网络剧受网民关注，使网站影响力大幅度提高。在眼球经济时代，网民的关注是网站盈利的基础。网络剧的诞生，是对演艺市场的一次变革，因为网络剧具有投资成本低、网民参与度高、传播面广、受关注度高等特点，因此，许多梦想走上演艺生涯的普通网民,可以借此"圆梦",换言之,"今天你是普通网民,明天你是网络明星"。湘湖网《我为天使狂》四名演员的选拔吸引两百多人报名,足以看出网民参与的热情。

与电视剧不同,网络剧的情节以网民的现实生活为基础,所宣传的企业以本地企业为主,演员多数从本地群众中选拔,对话可以带着一点乡音,甚至可以加入一点方言,贴近生活,对当地的网民的吸引力毫无疑问是非常巨大的。网民可以通过各种方式进行互动,和演员讨论剧情、演技等,主动参与到网络剧的摄制中去,主动追踪拍摄进程,主动点击收看,积极参与互动和传播。这种类型的网络剧创作,不仅为网站培养了忠实的网民,也丰富了当地人民的生活,为居民茶余饭后的交谈提供了很好的话题。湘湖网网络剧摄制播出期间一路飙升的点击率也充分说明了网民对整个过程的高关注度。

2011 年 1 月,杭州萧山电视台邀请中国电影评论学会到萧山为"大众网络剧奖"评奖,由会长章柏青带队,陆弘石、仲呈祥、盘剑、何志云、亚宁等人参加评奖,评出最佳大众网络剧奖、最佳女主角奖、最佳男主角奖等奖项。"大众网络剧奖"评奖活动被浙江电视台、浙江省广电局网站、浙江在线等多家媒体报道,后又被列入中国电影评论学会成立 30 年大事记,为网络剧事业的发展和推广做出了贡献。

湘湖网在拍摄网络剧和电视片的过程中积累了经验,打造了团队,从 2010 年开始,又逐步开始涉足电影的拍摄。2010 年 9 月,开拍数字电影《西施》。《西施》由杭州市萧山区临浦镇人民政府、杭州市萧山广播电视台、杭州萧山九天传媒有限公司(湘湖网)联合摄制,是萧山拥有独立拍摄影视许可证之后摄制的第一部银幕电影。电影《西施》主要讲述了 2500 多年前发生在现萧山临浦地盘上的美女西施的故事。电影《西施》摄制完成后,由于视角新颖、制作精良,获得了中央电视台审片专家的高度赞赏,在央视电影频道黄金时段播出,目前已在全国城市电影院和全国农村电影市场发行放映。电影《西施》的摄制,也使湘湖网得到了很好的收益。2011 年 12 月,湘湖网出品的《离婚诙谐曲》开机,并在一个月内完成摄制。2012 年后还将推出《决定放弃》《把自己告上法庭》《母亲的人生大礼》《美丽的逃犯》等多部电影,致力打造"萧山电影"品牌。

目前,广电媒体的网站发展面临着两大机遇:第一大机遇是"文化强国"。党的十七届六中全会确立了"文化强国"的战略决策,浙江省提出了"文化强省"目标。湘湖网抓住这个机遇,抓住当地发展文化事业和文化产业的机遇,加快自身发展。第二大机遇是"拉动内需"。由于国际经济形势持续低迷,我国出口产品受到一定制约,在这种情况下,我国提出以扩大内需为重点,努力拉动国内消费,势必对文化产品的多元带来机遇,湘湖网要多打造一些文化产品,要抢抓机遇乘势而上。相信未来的湘湖网一定会越办越好,其他县市广电系统的网站也会迎头赶上,湘湖网今天的成功必然也会促进它们明天的辉煌。

浅析中国县市报的发展与突破

2009年，我国新闻出版业在全球性金融危机持续蔓延的大背景下逆势上扬，总产值跨过万亿大关；2010年，继续保持强劲增长的态势。在从出版大国向出版强国迈进的新时期，我国县市报正从自身条件出发，发挥出不可忽视的积极作用。

中华人民共和国成立以来，我国的县级党报经历了两次发展高潮。第一次高潮，始于20世纪50年代中期，于60年代初期陆续下马。1979年下半年，中宣部提出，在全国开展恢复县报的试点工作。1980年初，中共中央宣传部召开了全国县市报工作座谈会，部署有条件的县市创办或恢复县市报。从1981—1991年，全国县报处于一种探索阶段。1992年春邓小平南方谈话发表后，我国县市报进入了复刊、创刊的第二个高潮，到2003年上半年，已有县市报500余家。2003年的报刊整顿，有国内统一刊号的县市报由309家锐减到48家，后来新办了6家，目前共54家，目前，除了新疆库尔勒外，其余50多家县报都建立了新闻网站，还有几十家县市报有了数字报、手机报。不少县市已有数十年的办报历史，有近十年的办网站、数字报的经验，不少县市开办或正准备开办手机报，已经实现跨越式发展。有的县市报在新闻报道和重大事件报道上积累了一些经验，具备了较强的经济实力、竞争能力，成为当地群众信得过、离不开的区域性主流媒体。这些县市报在政府的支持下，积极融入市场经济，实现办报与经营双赢，成为一支推动我国新闻事业发展的充满生机和活力的重要队伍。下面主要从发挥"乡村维纳斯效应"、有效解决信息服务"最后一公里"、服务好"城市化"，以及抓创新几个方面来谈谈县市报如何加速发展。

一、以本土为资源，发挥"乡村维纳斯效应"

"乡村维纳斯效应"指的是在偏僻的乡村，村里最漂亮的姑娘会被村民们当作世界上最美的人（维纳斯），在看到更漂亮的姑娘之前，村里的人再也想象不出还有更漂亮的人。不少市民会把发生在自己身边的，本地的新闻看成是最重大的新闻。越是身边的事，越能够引起一些人的注意。这为县市报的生存发展提供了一定的支持。

西方新闻界已经有成功的先例。根据 NNA(美国报纸协会)的调查显示,美国 7000 多家社区报目前共拥有 1.5 亿多读者,将近人口总数的一半。比如,《斯塔藤岛前进报》(*Staten Island Advance*),是纽约市斯塔藤岛区的一家社区报纸,发行量超 9 万份,有 82%的成人阅读该报,90%的家庭订阅该报。在英国,2009 年 3 月公布的数据显示,有超过 1300 种社区报纸,其媒介到达率远远高于其他媒体。调查还显示,英国成年人中(超过 15 岁)有 80.4%阅读社区报,而只有 61.0%阅读全国性报纸。在过去十年中,区域性报纸的阅读人数上升了 60.9%[①]。可见,遍及城乡的社区报是民众日常生活中不可缺少的部分。

中国的情况也相似。据新闻出版总署统计,2008 年全国报纸总印量是 1594 亿印张,同比减少 2.45%,为 16 年来我国报纸印量首次下降,但同期县级报纸平均印数增长 15%,总印数增长 17%,呈逆市飘红的新格局。据中国县市报研究会提供的资料,全国县市区域报的各项统计指数都呈现出快速增长的良好势头,发行总量从 2004 年的 120 万份增长到 2009 年的 164 万份,增长率 37%;广告额从 2004 年的 4.3 亿元增长到 2009 年的 7.8 亿元,增长率 78%;税后净利润从 2004 年的 6062 万元增长到 2009 年的 13848 万元,增长率 128%。

几年来,县市报的市场占有率大幅提升。比如,浙江金华地区的《义乌商报》,2004 年发行量为 5.6 万份,2010 年飙升为 10.6 万份,市场占有率从 28%上升至 59%;而 2010 年义乌所在的地级市的市级党报《金华日报》在义乌的发行量为 2.9 万份,《浙中新报》在义乌的发行量也才 3 万份。深圳的《宝安日报》2004 年发行量 4 万份,2010 年为 8 万份,翻了一番,2007 年至今,《宝安日报》在宝安区的发行量一直名列全国第一。江苏《东台日报》2004 年 2.5 万份,2010 年 3 万份,其地级市机关报《盐阜大众报》在东台发行量仅为 6500 份,《东台日报》在东台市场占有率高达 70%。山东《寿光日报》2004 年 2.8 万份,2010 年 4.1 万份,市场占有率也达 70%,而当地的地市报在本地的发行量仅 7000 份,都市类报纸 1 万份。山西《太谷日报》2004 年 10680 份,2010 年发行量 13860 份,2010 年其市场占有率达到 90%,当地的地市报《晋中日报》在本地的发行量才 2100 份,地市都市类报纸《晋中晚报》在本地的发行量也才 2100 份。

从阅读率来讲,县市报比上级报纸有较大的优势。据新生代市场监测机构提供的资料,2010 年上半年,在浙江省绍兴地区诸暨市发行的五份主要报纸中,《绍兴日报》的阅读率为 2%,《绍兴晚报》的阅读率为 7.8%,《都市快报》为 9.2%,《钱江晚报》为 16.3%,而《诸暨日报》的阅读率高达 27.5%。在经营效益上,县市报也取得了不俗的业绩。比如《义乌商报》,2010 年资产总估值 2 亿多元,存款 6000 多万元,发行 10 万多份,达到 127

---

① 张晨阳.坚守与创新:英美社区报的现状与发展,新闻实践,2010(7).

份/千人,年创利润 2000 多万元。又如,山东《滕州日报》从发行量不足万份、广告收入不足 60 万元的地方小报,迅速发展到现在发行量 3 万多份、广告收入 700 多万元,在鲁南地区具有较大影响的实力强报,成为市委满意、市民喜爱、市场需要的滕州"名片",多次被山东省评为"优秀级报纸"。

从我国目前情况看,县市报应以地域新闻作为自己的脊梁,起到上级报纸起不到的作用。县市报对本地群众有一种天然的亲和力,上级报纸因不能及时派记者而有可能会漏了不少新闻,县市报记者却可凭天时地利首先抢到手。县市报必须立足本地,面向农村、面向基层、面向普通群众,起到上级报纸起不到的作用,才会有生命力。这正如在同一个池塘里养鱼,不同的水层,有不同的鱼群,只要我们找准了自己的"水层",那么,既可以避免与上级报纸争夺读者,又可以促进县市报的健康发展。①

二、以贴近为宗旨,发轫"最后一公里"服务

县市报的建设,要及时收集信息、传播信息,发挥好政府与广大群众之间的"二传手"作用,有效解决信息服务"最后一公里"问题。2010 年全国新闻出版工作会议明确提出今后十年"向新闻出版强国迈进"的目标,主要有:到 2020 年,新闻出版产业总产值占当年全国 GDP 的 5％左右,成为国家经济发展的重要产业;基本实现报纸每千人日 130 份以上;数字媒体等新兴产业的发展达到世界先进水平。

到 2009 年,我国每千人拥有报纸 93 份左右②,如果 2020 年要达到每千人 130 份报纸,就必须在培养群众阅读习惯上下苦功,特别是县区级以下的群众。据专家估算,我国人均文化消费水平仅为发达国家的 1/4,市场潜力有待挖掘。考虑到城市公民的报纸千人拥有量已经比较高,主要差距在县及县以下群众,因此,必须在提高县域群众的阅读率上做工作。

我国乡村人口 71288 万人,占总人数 53.4％③。随着我国经济的不断发展,很多农民已经具备相当的购买力,但农村文化生活匮乏,缺少书报,多数农民的阅读习惯还没有形成,亟待培育。阅读习惯的培养,要让基层百姓感觉报纸上说的东西和自己相关。县域群众的阅读障碍,最主要的是信息传输在"最后一公里"上发生了"肠梗阻"。这方面,许多县市报下了大工夫,及时收集信息、传播信息,让百姓觉得报纸讲的是自家话,说的是身边事,报的是身边人;同时,发挥好政府与广大群众之间的"二传手"作用;再者,采取一系列

---

① 洪佳士. 地县两级党报关系及发展策略,中国记者,2000(10).

② 2009 年国内报刊发行业 10 大新闻发布,2010(1). 新华网 http://news.xinhuanet.com/newmedia/2010-01/01/content_12737875.htm

③ 国家统计局. 中华人民共和国 2009 年国民经济和社会发展统计公报. 2010(5). http://money.jrj.com.cn/2010/05/2509587523104.shtml

措施,加速"末梢传递",有效地解决信息服务的"最后一公里"问题。比如,为了让百姓爱读本地报纸,湖南《浏阳日报》除了1个实事版外,其他11个版面都是采写本地新闻的,开辟"偷听浏阳"之类小栏目,在不违背规范化语言文字使用规定的前提下,把浏阳话的生动和妙用传递给读者,让百姓觉得报纸讲的是自家话,说的是身边事,报的是身边人。又如,江苏《张家港日报》牢固树立"关注民生,贴近百姓"的办报理念,24小时开通新闻110及民生热线电话,第一时间关注反映普通民众的诉求、呼声,以及陆续开设与民生密切相关的和谐画卷、周末百姓故事、职场、楼市、健康等周刊版面,扩大了民生类新闻的阵地。

可以把留在家乡的农民群体细分为普通老农、青年农民、大学生村官这几类来分析。对老农来说,阅读习惯较难培养。青年农民普遍都有较高文化水平,有许多回乡高中生甚至大学生,他们对网络、手机等科技产品应用自如,不少人习惯于上网获得信息,不愁得不到信息,但是,缺少的是对本县的服务性信息的及时掌握和对当地的地方政策的了解,也普遍没有建立对于报纸等传统媒体的阅读习惯,需要进一步引导。大学生村官经过选拔,有较高的文化素质和实践能力,要善于从大学生"村官"中培养和选拔信息员和通讯员,使他们不仅能够将当地报纸的有用信息和知识及时传递给各家各户,而且能够把基层农民的各种需求反馈给报纸,建立好沟通报纸与村民的桥梁。这样能使地方新闻加快传播速度,扩大传播范围,不断地深化县市报在普通家庭的影响力,把品牌建立起来。

县市报若要在信息爆炸的苍茫大海中找寻到可以生存的岛屿,就要充分利用好其在发展中的三方面优势:其一,能使读者更早读到最新的新闻信息,能充分体现新闻的及时性;其二,能充分体现新闻的接近性和服务性,更容易贴近实际、贴近群众、贴近生活,更容易深入基层、渗透到千家万户;其三,有最近的心理距离,更易接受的地域文化,有条件的地方甚至可以建立个别方言报道栏目。一方水土养一方人,不断植入地方人文特色才能获得更好的发展。比如浙江建德等地的媒体前几年纷纷开展过"百村行",江苏的江阴等地媒体的"沿江行",广东等地媒体的"山区行"等活动,把建设新农村报道列为重大主题,有媒体要求记者"住农家屋,吃农家饭,睡农家炕,写农家事",将全县范围内的行政村悉数报道,发出许多优秀的来自田间地头的鲜活报道。

报纸是一种相对低成本的信息载体,阅读也非常方便。随着农村道路建设的不断完善,报纸投递上的困难已经逐渐减少,报纸的覆盖范围不断扩大,有的县市报已经开始建立自办发行体系,基本能够解决末梢投递问题。目前最大的问题是多少农民的阅读习惯还没有培养起来。我们可以把建设"城乡阅报栏"作为开拓农村阅读市场的有效载体和重要阵地,加大建设的力度,方便农民阅读。但从总体上看,2007年12月启动的这项工作进展良好,全国现在已经建立和正在建立阅报栏的城市有100多个,其中,县级城市有60多个。仅浙江省萧山区,到2010年9月,已经建立了410个阅报栏;2009年广告收入846万元;2010年起到8月底止,阅报栏广告收入555万元,另有其他收入800余万元。阅报栏给一些没有掏钱订报习惯的读者提供了阅读的机会，只要报纸能够提供他们实用和喜欢的信息，就能逐步培养看报习惯，最终成为报纸订户。

以计算机为主的信息化终端成本相对较高，在西部地区普及率还不是很高，但沿海地区的群众家庭大多已经配置了电脑，开通了网络，县区报社大部分都已经开通了网站，还有不少地方开通了数字报和手机报。随着数字出版等新型业态的不断出现和快速的发展，人们的阅读方式和阅读习惯也在发生深刻的变化，这要求纸媒紧跟各种阅读新趋势，在坚持不懈推广报纸阅读的同时，大力实施数字出版战略，实现数字产业与传统报业的无缝对接，提高社会对数字化产品的利用率，推进传统新闻出版业向数字新闻出版业转型，推动全民手机和移动阅读器延伸。

县一级新闻网站的开通，不但给当地老百姓送去有用的信息，而且有不少网站还开通了不少娱乐、服务以及舆论监督的栏目，给老百姓生活送去丰富的地方生活和生产信息，也带去了娱乐。像浙江诸暨网等网站还建立了县、镇、村三级网站集群，把大量的本地信息收集到这个集群中，一网在手，信息全有。同时将本县的社区居民、村民等普通市民都在网上注册成会员，市民、村民可以通过这个平台交流信息，给政府部门提意见，而政府也把一些信息和政策通过这个平台来发布，网站集群为市民和政府搭建了很好的沟通平台。

2006年以来，不少的县市报开通了数字报。即使在网站内容如此丰富的今天，不少县级的数字报依然取得优异的发行成绩。比如浙江的《乐清日报·数字报》。2006年到2008年的《乐清日报·数字报》定价是160元/份，2009年以后是180元/份，2009年的总订数达到4000份（不含赠送）。它的成功经验是什么呢？是抓住了30多万遍布全球各地的乐清人，解决了他们订阅家乡报纸的诸多不便。

2009年以来，浙江有十几家县市报开通了手机报。手机报有信息发布及时、方便携带和阅读、内容简洁、价格实惠等特点，所以一经开通，就显示出强大的生命力。像《富阳手机报》开通不到3个月，到2010年5月，发送量就突破6万份大关。地方手机报只要抓住地方特色，内容精选，发布及时就能够吸引大量的市民订阅。

报纸、网站和手机报各有优势。报纸阅读最方便，内容具有权威性和公信力，报纸以重点报道、分析性报道见长。手机覆盖面最广，收发最为便利，便于携带，可以互动，适合发布一些短小精悍的新闻。计算机网站信息发布速度最快，内容最多，搜索和交换都非常的方便，但接收的终端成本最高，有些乡村还没有覆盖网络，操作也最为复杂，网站新闻的公信力也还有待进一步的树立。所以在现实发展中，报纸信息发布要和手机报、新闻网站结合起来，手机报发布的信息要精选简短，言简意赅；网站信息要发布快，内容丰富，根据互联网便于互动的特点，为普通老百姓提供信息发布平台，建立最广泛的信息源；报纸发布深度报道和权威信息，要做最专业的报道。三种传播平台取长补短，相辅相成。

不论是新闻网站，还是数字报、手机报等新媒体，都给地方新闻在"走出去"时带来了极大的便利性。因此,县市报也应该从吸引他乡游子目光为起点,积极探索创新新闻出版"走出去"模式。

三、以培养新读者为目标,推进"城市化"进程

当前,我国正在推进城市化进程,这给县市报提出了新的挑战,也提供了新机遇。新闻史表明,现代报纸是都市化的产物。产业化促进了城市的形成,城市里密集的信息、便捷的信息传收通道,以及城市生活对信息的广泛需求,为报纸的出版提供了主客观条件[①]。县市报可以在城市化进程中发挥催化剂、冷却剂、润滑剂三大功效。

(一)发挥催化剂作用

县级城市是统筹城乡发展的主角和主力,是城乡一体化发展的前沿阵地。随着城市化的推进,在社会、经济、文化等方面,会产生众多的新需求、新困惑。这些新事物、新情况、新观念、新办法,都是县市报报道的重要内容,县市报可以利用地域上的优势,及时掌握最新情况和社会需求,为城市化发展提供大量有效信息,宣传新的思想观念,提供市民需要的各种知识,为加速发展起到催化作用。

比如,资金紧张一直是制约企业特别是中小企业发展的重要因素,2009 年,浙江《温岭日报》连续三天在头版头条位置刊出了《货币供应开闸,企业"钱荒"能解几何》的系列报道,详细介绍了温岭市相关部门和部分金融单位,如何提高服务质量,挖掘潜力,想尽办法使中小企业走出融资难的困境。同时配上《发展是最大最有效的防风险》《丰厚的民资和巨大的需求之间需要更多通道》《要等水到,先得渠成》等评论文章,为中小企业引航之路,帮助中小企摆脱困境,加速发展。

(二)发挥冷却剂作用

推进城市化经历着急剧而广泛的转型过程,会产生众多的新矛盾、新问题。新旧观念以及新旧生产、生活方式的碰撞与交融等矛盾,不及时处理,都会成为城市化进程的极大阻碍。县市报可以凭借地域上天然的贴近性,深入基层,主动介入热点,及时发现问题,迅速反映问题,促进问题的解决。我们大家知道:由于信息接受有"先入为主"的现象,社会热点特别是突发事件又往往夹杂着一些扑朔迷离的传闻,特别容易引起社会舆论混乱。县市报要尽量克服在热点问题特别是突发事件报道的严重滞后甚至失语的现象,多做解疑释惑、理顺情绪、平衡心理、化解矛盾的工作,及时、准确地报道社会热点特别是突发性事件,要及时化解危机,正本清源,让群众更快更详细地了解突发性事件的本来面目。

比如,江苏《武进日报》在 2009 年 6 月,围绕当地政府的"园区突破行动",通过"园区

---

① 童兵.未来十年中国地市报走势展望.新闻战线,2001(10).

突破进行时"系列报道,使市民逐渐认识到城市建设和发展的终极目标,就是要给全体市民带来更大的福祉,也使拆迁工作人员发现"拆迁之所以难,症结就在群众对政策不了解",从而促进政府决策和民众意志的交融,彰显出"大建设"的和谐之美,使拆迁重建工作顺利展开,使原来极易发生矛盾冲突的工程顺利进行,建设工期比计划缩短,有效促进经济发展。

（三）发挥润滑剂作用

县市报所做的大量民生服务类报道,可以使邻里关系和睦,生活品位提高,社会和谐进步,充分发挥城市化建设中的润滑剂作用。

城市化过程中出现的社区,既是新闻的富矿,又是群众矛盾的集聚地。比如,江苏《海门日报》针对这个情况,2009年专门成立了社区生活部,围绕社区建设,开设互动话题,有效传递民情民意,化解群众矛盾。对一些小区绿地种菜这个比较普遍的问题,在社区版以《我看小区绿地种菜》发起讨论,让市民参与,先后发表了50多人的观点和建议。同时,及时向市有关部门反馈具体情况。目前,市有关部门采纳市民建议,将改部分绿地为草坪砖,既杜绝绿地种菜又解决小区停车难问题。在此基础上,还推出了《我看小区办丧事》《我看文明放鞭炮》《我看清凉度夏》等由村民向市民转化所带来的民生互动话题等,都收到了良好的效果。以上例子充分发挥出县市报的润滑剂作用,在城市化提高市民的经济收入的同时,县市报也提高了他们的文化素质和生活品位,为创造和谐社会做出贡献。

"新闻创造价值,阅读改变生活。"但是这些入城"新市民"文化素质相对较低,以前又散居幅员广阔的农村,难有订报读报的机会,多数没有养成读报的习惯;即使阅读,他们的兴趣多以获取娱乐消遣信息为主,不太在意实用性与发展性信息。县市报要赢得这些读者,拓展市场,就必须利用媒体的教化功能来提高入城"新市民"的知识层次,生成新的消费理念和媒介素养;同时,还必须利用市场的手段通过宣传营销来发行自己的报纸,提高报纸的入户订阅率。只有让"新市民"们真正养成了阅读和学习的习惯,不断提高素质,才能推动城市化的大发展。

县市报的不断发展壮大,必将为我国建设新闻出版强国事业保驾护航,添砖加瓦。

（本文与洪佳士教授合作）

浙江县域新媒体发展态势及对策

从 20 世纪末期开始到 21 世纪的第一个十年,数字化的迅猛发展给传媒业带来了革命性的变化。终端的微型化和移动化,加速了以互联网和手机媒体为代表的新兴媒体对社会各个角落的渗透。随着新媒体在大中城市的崛起,县域媒体也紧跟各种阅读新趋势,尝试实施新媒体发展战略,以期达到新媒体与传统媒体的无缝对接。以浙江省为例,1999 年以来,浙江县域新媒体的发展,经历了一个从谨慎尝试、积极试水,到整合运用、融合发展的历程。

一、浙江县域新媒体发展总体情况

浙江省共有 11 个地区,58 个县(市)、32 个区。自 1999 年 1 月到 2012 年 1 月,全省陆续建起了县市区级新闻网站 86 家,其中 36 家县级新闻网站成为浙江在线支站。地级市政府所在地的城区,除了绍兴的越城区、金华的金东区、衢州的衢江区、丽水的莲都区 4 个区外,也都建立了区一级的新闻网站。浙江省还建立了面向全国县(市、区)媒体的中国县域传媒网,以便全国县市区域报利用网络优势,实现信息交流和资源共享。浙江各县报和县级新闻传媒中心在 2005 年以来,共开办了 30 家县域手机报;2006 年以来,共开办 63 家数字报①;与此同时,县级媒体微博的发展速度也很惊人,自 2010 年来,浙江各县报和县级新闻网共有 64 家在新浪微博或人民微博注册了微博账户。

(一)新闻网

浙江省县域新闻网的发展,可以追溯到 20 世纪 90 年代中后期。1997 年 6 月,由中国社会科学院新闻研究所主办的中国第二届科技传播研讨会在萧山召开。这次会议带来了国际传播界的许多新鲜东西,参会者对"在线出版"和"无纸采编"等内容很感兴趣。

1999 年 1 月 1 日,《绍兴县报》创办了浙江省县(市)报中第一个电子版——《绍兴县报·电子版》。这对整个浙江省的县市报,是很大的鼓舞。1999 年 9 月 29 日,《萧山日

---

① 包括县新闻传媒中心所属新闻网站办的数字报和手机报。

报·网络版》成功刊出,这是浙江县级党报中第一家每日更新的网络版。[①] 9 月 30 日,萧山日报社收到了一封发自美国科罗拉多州的电子邮件:"我可能是第一位在海外的网络上看到《萧山日报》的读者,我一直在网络上寻找你们,今天我终于找到了。谢谢《萧山日报》给我们在海外的萧山人带来了家乡的消息。遥祝家乡的亲人们节日快乐。"上网第一天就收到来自海外的受众反馈,显示了网络版能起到纸介质党报所起不到的作用。

2010 年 4 月,在福建石狮举行的中国县(市)报研究会常务理事会上,由浙江省诸暨日报社负责建设管理的中国县域传媒网正式开通。这为各报交流合作提供了一个新平台,也进一步提升了中国县(市)报研究会的影响力。

(二)数字报

到 2012 年 1 月,浙江县报和新闻网站开通了数字报 63 家。即使在网站内容如此丰富的今天,各县数字报依然表现良好。

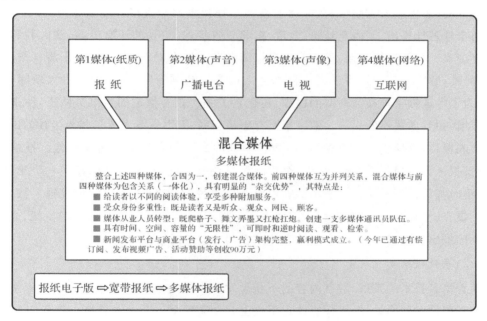

《诸暨日报》社提供:《诸暨日报》创建多媒体报纸、打造混合媒体示意图

《诸暨日报·多媒体数字报》是得到浙江省委宣传部表扬的县级新媒体,其发展主要经历了以下三个阶段:一是报纸电子版:把报纸的内容通过新闻网站发布。1999 年经中宣部外宣办批准,由诸暨日报社组建诸暨网。二是宽带报纸:报纸内容的发布平台从网站中独立出来,建立专门的发布平台,可以单独订阅。2004 年诸暨日报社加入浙江日报报

---

① 洪佳士.一家县级报的信息化历程.中国记者,2002(3).

业集团后,在诸暨网基础上进行创新和升级,创建了《宽带诸暨日报》,并自主开发有偿订阅、便捷实用的收费系统,两年共订阅 5000 余份。三是多媒体数字报纸:加入音频、视频等更多的多媒体元素,使电子报的展示形式更加丰富。2006 年 5 月 9 日,推出了《诸暨日报·多媒体数字报》,在多媒体报纸的文字报道中插入相关的视频报道,利用先进技术、先进组织理念,办多媒体报纸,通过全新的新闻传播方式,让读者在阅读多媒体报时享受不同的阅读体验。

2006 年 6 月 6 日,《乐清日报·数字报》①面世。乐清日报先后多次投入资金更新软件,并组建数字发展部。新媒体的发展,特别是数字报的创办,取得很大的成功,2006 年到 2008 年的定价是 160 元/份,2009 年以后是 180 元/份,2009 年的总订数达到 4000 份(不含赠送),订阅收入超过 70 万元。它注重订阅的便利性和发布的及时性。其订阅形式多样,操作方便。读者可直接到乐清日报社订阅,也可通过电话和网络订阅,通过银行汇款方式订阅,还可以通过购卡,在网站上输入卡号和序列号直接开通数字报。2009 年数字报向市外各地售出,国内至新疆、西藏、东北三省等地,更远的还有美国、意大利和澳大利亚等国家。在及时性方面,保证数字报订阅者都能够准时看到当天的《乐清日报》全部内容,另外,数字报每天至少还要上两条以上的本地视频新闻,基本做到重大新闻不漏。同时,为了保证数字报视频新闻的稿源,还建立了一支较为稳定的通讯员队伍,使来稿量与日俱增,而且质量不断提高。数字报设有乐清新闻、天下乐清人风采和新华社的国内外视频新闻栏目,以原创视频新闻为主,报社内部的文字记者外出采访兼摄像。报社还在《乐清日报·数字报》的网视上设立"全球眼",只要有互联网,在全球的任何一个角落,一天 24 小时都可以随时看到乐清市标志地雁荡山美景的动态情况。《乐清日报·数字报》融纸质媒介、网络媒介、视频媒介于一体的数字报,同时向新华社订购了视频专线,成为首家向全国推出音频、视频、文字、图片立体式新闻的县市网络报纸。

(三)手机报

随着信息技术的发展、数字内容的不断开发和 3G 的推出,手机逐渐成为大家手中便携的信息终端和网络终端,平面媒体在手机上开发应用是一个必然趋势。截至 2012 年 5 月,浙江省各县共有 30 家媒体开通手机报。

浙江县域最早尝试开办手机报的是温州地区的《乐清手机报》和湖州地区的《德清手机报》。乐清日报社于 2005 年与浙江在线合作开发手机报,当年乐清全市订户 1000 余户。2005 年 11 月,《德清手机报》开始试运行,并于 2006 年 1 月开始向手机用户征订,德清手机报以德清新闻网为主要信息来源,精编以后,通过无线技术平台发送到用户的彩信手机上,信息主要有德清最新资讯、国际国内新闻以及一些实用性信息。

---

① 洪佳士,李骏.乐清日报新媒体为何"红火".新闻实践,2010(6).

2006年10月27日,宁波地区的《象山手机报》开通。从2009年3月到2010年5月,杭州地区的桐庐、淳安、萧山、富阳、建德、临安、余杭相继开通了手机报,杭州成为浙江省第一个县县开通手机报的地区。之后,台州、金华、嘉兴、绍兴、舟山等地区各县(市)都开通了手机报。到2012年5月,全省11个地区中,只有衢州地区各县还没有手机报开通。

其中,2009年11月开办的《富阳日报·手机报》是发展得比较成功的一家县级手机报。它为用户提供丰富的资讯、多彩的内容、图文并茂的界面,贴近百姓生活,关注社会和民生,凸显及时性、便捷性。在发展过程中,准确地把握好了以下几个方面:一是重视发行,采用多种方式进行有效推广;二是确定精准的发布时间;三是关注读者细分;四是关注"报报"(纸质报与手机报)互动;五是在内容选择上把握好特、新、精的特点。这使得《富阳日报·手机报》发展势头相当迅猛,到2010年10月底,付费订阅量已经突破6.5万份。

2010年以来,发展最好的是《萧山日报·手机报》,到2011年底,订阅量已经超过10万份。

(四)微博

2006年,博客技术先驱blogger.com创始人埃文·威廉姆斯创建了新兴互联网服务Twitter。从2009年底开始,微博开始在我国出现并迅速风靡起来,成为一种时髦的新媒体。腾讯、新浪、网易、搜狐四大商业门户网站相继搭建微博架构。其中发展最快的是新浪微博,它于2009年8月14日开始内测,到2012年2月底,新浪微博注册用户数已经突破3亿,用户每日发博量超过1亿条。[1] 2010年2月1日,人民网自主研发的"人民微博"正式对外开放,这是中央重点新闻网站推出的第一家微博。

浙江省的多数县报,自2010年以来不约而同在新浪微博和人民微博上"落户"。到2012年2月,浙江的县报共有64家开通了微博,其中在新浪微博注册的有56家,在人民微博注册的55家,其中有47家县报同时在新浪网和人民网开通了微博。

目前,从各媒体微博的活跃程度和粉丝数来看,新浪微博超过人民微博。浙江省县级媒体在微博平台上发展最好的当属富阳日报社的新浪官方微博。《富阳日报》在新浪微博注册认证的名称是"富阳日报全媒体",2010年4月11日开通,到2012年1月底,已经有近3万名粉丝。他们的主要经验有以下几点:一是要提高黏合度。微博是个万花筒,它无所不包。如果只遵循传统办新闻网页的观念来操作微博新闻,必将陷入误区。微博粉丝的关注呈现相对集中、绝对分散的特点。仅靠发布一些地方新闻或者转发其他热点新闻,无法提高与粉丝的黏合度。富阳日报全媒体微博通过一系列的互动活动,让粉丝走入新闻现实中,让粉丝来亲身体验报社的新闻产品,以此来培养一批能爆料、善留言、会帮忙的

---

[1] 新华网,新浪微博注册用户突破3亿 微博商业化进度有望加快. 2012-2-28. http://news.xinhuanet.com/fortune/2012-02/28/c_111581138.htm.

铁杆粉丝。目前报社正在逐步形成机制,纸媒的互动报道一律与微博挂钩,不但突破了纸媒的传统话语界限,而且也提高了微博活动的权威性,将纸媒和微博双方的优势进行互补。二是要让微博资源流动起来。微博的粉丝是微博里的第一资源,如何让区域性报纸在浩如烟海的微博里让本地的粉丝知道自己的存在。光靠纸媒的包装和宣传还是远远不够的,在微博推广上还需要微博官方的合作和帮助,凡是合作必须是双赢。首先作为区域性报纸能给他们提供什么资源换取他们的支持,这就靠利用地方名人和有话语权的人开微博,增强影响力,将地方企业家和一批官员引入微博,和富阳日报微博互动推广,形成合力。

《萧山日报》在微博的建设上也比较成功。2011年1月4日,萧山日报新浪微博通过官方认证,正式对外公布,到2012年2月粉丝数已经接近13000人。2011年3月15日,萧山日报社旗下的萧山网也在新浪微博上开通了官方认证的微博,到2012年2月的粉丝数达14000人。萧山日报的微博除了发布本地重点报道、滚动播报突发事件、追踪热点新闻外,还尝试开展微博粉丝互动。发布形式包括精简的文字、图片、视频以及网站链接。微博的开通除了与报纸版面、栏目、网站有效互补外,信息采集也实现了新的突破,不少读者通过微博推送新闻和优秀报道。

余杭《城乡导报》没有在新浪微博上注册官方微博,但是总编以个人名义开通了"城乡导报李国平"的认证微博,目前每天发帖几十条,内容包括报纸活动和余杭当地新闻,也转载一些新闻,发一些个人观点,依靠个人魅力树立品牌,也赢得较好的关注度,粉丝数接近6000人。城乡导报社旗下的"余杭新闻网"也用网站名称开通了官方认证的微博,在新闻发布上和总编微博互相配合,已吸引4000多的粉丝。

二、新媒体发展策略

在县域媒体中,传统媒体是优势,新媒体是机遇。浙江县域媒体发展新媒体业务,要解决好三大问题:一是体制问题,2003年12月后保留了刊号,并入报业集团的县报,如何理顺机制,2003年12月后取消县报刊号的县级媒体如何建设和发展;二是如何发展,县级媒体资金有限,发展新媒体的要有大量资金投入,如何利用有限资金发展新媒体业务;三是全媒体建设,不同媒介平台如何优势互补,协调发展。

(一)县域媒体的体制建设

创新是县级纸媒的发展之魂,体制建设就要有创新,要善于在更广阔的空间里寻找新的生长点、发展点和繁荣点。多年来,浙江县域媒体的发展走在全国前列,取得了很大的成绩,最根本的经验就是不墨守成规,不断通过创新寻求发展。2003年报刊整顿,浙江省有16家县报保留了全国统一刊号,另有一家省内刊号的少数民族报纸——景宁《畲乡报》

被保留。其后,又创办两家县报,还有 60 多个县(市、区)建立了新闻传媒中心,主要经营和发展新闻网站等新媒体业务。浙江保留下来的县报,办报质量得到了进一步提升,发展速度进一步加快,多元产业不断壮大,经济实力日渐丰厚。被取消县报的县,更是以新媒体为主战场,创新发展,通过省政府新闻办的审批,开始建设新闻网站,从 2004 年后逐步组建成新闻传媒中心,后又逐步开展手机报、微博等新媒体业务,开创县域宣传新阵地,取得了不俗成绩。它们创新观念、开创媒体报道新平台、改革经营管理机制,树立了媒体品牌,在群众中的影响力不断扩大,成为当地的主流媒体。县报和新闻传媒中在积极融入市场经济的过程中,实现办报与经营双赢,成为推动浙江省新闻事业发展的一支充满生机和活力的重要队伍。2011 年 1 月至 10 月,浙江省县(市)区域报和新闻传媒中心的经营总额达到 11.59 亿元,其中 18 家全国统一刊号报纸经营总额 10.16 亿元,新闻传媒中心1.42亿元,其中萧山日报社 2011 年全年总经营额 1.75 亿元,利润 1700 万元,创历史新高。

在报业整顿之初,体制和管理机制不顺也给各家县(市)域媒体发展新媒体带来诸多困难。比如乐清日报社并入浙江日报报业集团后,虽然在 2005 年就开通了《乐清手机报》,但是一直发展不快。原因一是报社和报业集团在资金投入和利益分配上没有理顺,导致双方都不愿加大资金投入和人员配备;二是报业集团的管理不便,乐清地处温州地区,距离省城杭州有 4 个多小时的车程,报社的管理人员到杭州浙报集团开一次会来去也得两天时间,对于发展建设中产生的问题沟通不便,解决不及时;三是报业集团虽然在技术管理上有优势,但省级媒体与县级媒体的发展差异很大,浙报集团下有 9 家县报,地处多个地区,在制定政策时很难充分考虑这些差异。另外,浙报集团与县域当地的电信、移动公司又缺少直接接触,在开展新媒体业务时要得到这些单位的优惠政策相对困难。2010 年 11 月 1 日后,浙江日报报业集团和乐清日报社理顺管理归属问题,《乐清手机报》由乐清日报社主办,整合了《乐清日报》和中国乐清网的信息资源,借助中国移动平台发布。《乐清手机报》每天一报,一周五期,以本土新闻和生活资讯为主,发展非常迅猛。

(二)县域媒体的品牌建设

媒体品牌是能给拥有者带来溢价、产生增值的一种无形资产,它的载体是和其他竞争者的产品和劳务相区分的名称、术语、象征、记号等,其增值的源泉来自于在消费者心智中形成的关于其载体的印象。媒体品牌包括媒体公信力、影响力、忠诚度、美誉度四个方面。县域媒体要树立品牌意识,打造核心竞争力,增强媒体的影响力,要坚持自身的主流价值,提高舆论引导能力和传播能力。

首先是明确的媒体品牌定位。新媒体的定位需要与媒体品牌形象一脉相承,新媒体是传递媒体品牌价值的顺畅渠道。明确的品牌定位,鲜明的媒体性格,客观真实的新闻内容,有助于摆脱信息提供同质化,有助于抓住受众的注意与心理,达到与受众的最佳沟通效果,从而在新媒体传播平台中脱颖而出,实现信息的传播价值。

其次,浙江县域媒体在发展中悟出的一条经验是:县域媒体的最好的品牌定位,就是集中优势资源,发展本地新闻。县域媒体虽然资金不够雄厚,但有着自身"地域接近性"的优势,它最接近本土基层读者。县域媒体上的新闻,大多数发生在基层读者的身边,一篇篇带着浓浓乡土味的文章,与他们的生活有着千丝万缕的联系。乡镇读者每天面对一大堆报纸的时候,往往把自己县市的报纸作为最先阅读的一张报纸,每天上网时,也不会错过当地的新闻网。因此,为了巩固和发展这一主要读者群体,县域媒体必须关注本地人、本地事。《萧山日报》明确提出了"新闻贴近,服务贴心"的编辑方针,提出了"因为本土,所以亲近"的形象宣传口号,打造萧山区的主流媒体。富阳手机报的口号就是"内容要非常本土化"。《富阳手机报》每天发布20条左右的新闻,其中本地新闻必须保证在12条以上,充分满足本地读者的需求。

再次,要把握新媒体的发布时间和节奏,确定精准的发布时间。县报通常是一天一份,每天早上发出,但对新媒体而言,发布时间是个重要问题,要根据媒体受众的阅读时间高峰,选择信息的发布时间和频率。目前手机报一般也是一天一次发送,但对重大和突发新闻可以采用即时发布的形式。网站一般要在早上和中午集中更新一些新闻,其他时间段陆续要有少量新闻更新。对于微博,更要注重这个问题,采用8小时工作制的微博发布制度自然不可取,但在24小时中平均用力也很值得商榷。受众对微博的关注度,不可能是正态平均分布的。比如,除去突发性事件的报道以外,每晚21至24点也存在一个微博活跃的时期,要利用这一时段,推送各种信息。

浙江省大部分县级手机报,都选择在早上发行,这是因为参考了在早上发行的地市级手机报。然而,不少地市级手机报还有下午版,每天早上和下午各发一次。县级手机报每天发两次,所获得的广告额不足以抵消增加的费用;而且,相对来说也没有那么多的可读性强的新闻。《富阳手机报》选择在晚上七点钟发布,这个时间可以将第二天纸质报的核心内容确定,通过手机报发布,满足读者提前知晓重大新闻的心理;还可以加深读者对一些新闻深度报道的关注,促使他们第二天去购买纸质报纸进行阅读。[1] 同时,可以避开上级媒体手机报集中发行的时间,避免因为较短时间内重复收到多份手机报,引起读者不耐烦甚至反感的尴尬局面。[2]

如果在大城市,这个发布时间显然不能满足受众对信息传递速度的需求,也不符合受众接受信息的阅读习惯。但是,对于小县城来说,尤其对于本地农村来说,对信息传递速度的要求并不高;同时,《富阳手机报》的实践也证明,读者的阅读习惯和接收时间是可以

---

①　李骏,洪佳士.地方手机报发展策略——富阳手机报的实践与启示.新闻记者,2010(8).

②　张悦.21世纪新媒体——手机报分析研究.北京工业职业技术学院学报,2009(10).

改变和培养的。很多读者已经习惯一边看新闻联播浏览国内外要闻,一边查阅手机报了解小城大事。

县域媒体还要在提高媒体公信力,提高新闻报道的吸引力、感染力和引导力上下工夫,在增强创新意识、忧患意识和科学管理意识上下工夫,打造媒体的品牌价值。

(三)如何开展全媒体业务

我国一般的新闻网站都是免费浏览的,新闻网除了收取比纸质报少得多的广告费外,其他盈利方式较少,所以报社不能把报纸新闻一股脑地全盘照搬到新闻网上发布,这会影响报纸本身的发行。而应该采取同一新闻差异化报道,多采用视频、照片和简单文字介绍的形式发布新闻,和报纸新闻形成互补。

数字报保持了原汁原味的纸质报纸版式,符合传统读报习惯,不少报社又加入视频新闻的新元素,利用报纸、声音、视频、网络媒体各自优势,具有明显的"杂交优势",使数字报的表现形式更加的丰富多样。数字报融合了"在线阅读、下载阅读、离线阅读、Flash阅读"多种方式,能满足大家不同的阅读习惯。读者除可以用鼠标在版面上点击文章进行阅读外,还可在标题导航中直接选择新闻进行阅读。此外,数字报还提供了往期报纸查阅功能,直接点击页面日历即可实现按日期阅读。数字报如果是有偿订阅的,则把纸质报的内容照搬上去即可,如果是免费阅读的,则最好在发布时间上适当延迟。

手机报以其个性化、移动性、即时性,被业内人士称为继报纸、广播、电视、互联网之后的"第五媒体"。手机报可以被用户随身携带,接收便利,可以利用零碎时间阅读,还能够实现互动。县市手机报的客户群多数来自县级城市及农村地区,手机报不必在海量信息中搜寻新闻,比手机上网操作简便,比较适合基层群众和农民朋友用户阅读。手机报上发布的新闻,一般要做一些精简处理,文字要简洁,视频也不要太长,要便于读者利用琐碎时间越短。一般可以采用收费订阅,但是订阅费用要比报纸少很多,订阅量一般会超过报纸很多。

微博时效性最强,信息简洁是最大的特点。在突发新闻报道上最具优势。但微博的发展时间最短,问题很多,管理上要相对慎重。

新闻网站、数字报纸、手机报和媒体微博各有优势。数字报和纸质报在内容上没有差异,在新媒体中具有很高的权威性和公信力,以重点报道、分析性报道见长。手机覆盖面最广,收发最为便利,便于携带,可以互动,适合发布一些短小精悍的新闻。新闻网站信息发布速度快,内容最多,搜索和交换都非常方便,但接收的终端成本最高,部分农村没有覆盖宽带网络;网站新闻的公信力也有待进一步的提高。媒体微博时效性最快,但是内容简单,有时会引起歧义;审核流程不健全,现在操作中会有漏洞。所以在发展新媒体时要采取的策略是:报纸信息发布要和手机报、新闻网站和媒体微博结合起来,手机报发布的信息要精选简短,言简意赅;网站信息要发布快,内容要丰富;要为普通老百姓提供信息发布平台,建立最广泛的信息源;数字报发布深度报道和权威信息,要做最专业的报道;媒体微博对新闻做最快的简洁的报道,可以对重大新闻事件做预发布,然后在其他平台追踪和深入报道。多种传播平台取长补短,相辅相成。

要培养全媒体报道的人才。在新媒体不断冲击传媒格局的大环境下,县级媒体要加快开拓新媒体业务以及利用新兴技术来加速传统媒体的转型升级。报业发展新媒体也使媒体人员转型:既要爬格子、舞文弄墨,又要扛长枪短炮,拍照片和视频,进行多媒体报道。在全媒体采编上,模糊了文字记者与摄影记者的角色,模糊了记者部、编辑部和网络部等的边界,记者扮演全媒体营运的多重角色。记者是全媒体记者,不仅要能写,而且要能摄影、会摄像,并能主持。

要挖掘更多的盈利模式。进入全媒体时代,要保持全媒体营运旺盛的生命力,能构筑起相应的赢利模式至关重要。在市场经济条件下,一个不能盈利的媒体,注定是不能长久的。县级媒体要重点突围网络经营:一是做优网络新闻,不断提升网站人气;二是做大电子报发行,不断扩大影响;三是做足手机报用户,提升覆盖功能;四是做精网络管理,不断持续网络开发。注重网络语言、网络视频、网络营销等在工作中的运用,充分挖掘网络的优势,创设多种盈利模式,加大推进全媒融合的步伐。

浙江县级媒体开拓新媒体业务,利用新一代数字技术,通过网络让本地新闻快速无限的传播,深受人民群众喜爱。在新形势下,浙江省的县域新媒体事业,正以更大更快的步伐迈向未来!浙江县域新媒体的今天,或许就是许多其他省县域新媒体的明天,浙江省县域新媒体发展的成功经验,值得各地借鉴。

乐清日报新媒体为何"红火"

《乐清报》创刊于 1955 年 9 月,2000 年 12 月经国家新闻出版总署批准改为《乐清日报》,2003 年 12 月 25 日加盟浙江日报报业集团。乐清日报是从 2004 年开始办网的,《乐清日报》电子版在浙江在线网站上正式和网友见面。2006 年 6 月 6 日,《乐清日报·数字报》面世。2007 年由乐清日报负责整合乐清新闻门户网——创办于 1999 年的"乐清之窗"和《乐清日报》电子版,建成全新的地方门户网站中国乐清网,成功地整合了全市电视、报纸、广播三家媒体的新闻资源,形成了以文字、图片、音频、视频组成的全方位宣传的网站格局,真正做到了"多媒体"、立体化的新闻宣传模式。乐清的数字报、网站等新媒体的建立和发展,为当地的文化宣传事业,为当地的改革、发展和稳定做出了贡献。也为探索在新形势下如何搞好县市级媒体的建设这一时代课题提供了经验。

(一)

乐清日报领导重视网站建设和数字报发展,在实践中不断完善、提升数字报,先后多次投入资金更新软件,并组建数字发展部。新媒体的发展,特别是数字报的创办,取得很大的成功,2006 年到 2008 年的《乐清日报·数字报定价》是 160 元/份,2009 年以后是 180 元/份,2009 年的总订数达到 4000 份(不含赠送),取得了可观的经济效益。数字报缘何这般火热?归纳起来,主要把握了三个方面的特性:

一是乡土性。坚持内容的乡土性,发布地方新闻和在外乐清人的新闻,让本地人本地事唱主角,赢得众多乐清人的青睐。在外地的乐清人不少,据有关部门的不完全统计,现有 30 多万乐清人遍布全球各地。同时,在全国各地温州商会的负责人中乐清人居多,说明乐清人在外有一定影响力。而在外地的乐清人多数有着一种恋乡情结,十分关心家乡的新闻和事情,并乐于帮助家乡人办事。在数字报没有开办的时候,尽管纸质的《乐清日报》在投递时效等方面存在诸多问题,还是有在外地的乐清人积极订阅,而且坚持订报数年不断,仅北京每年就有百余份的订数。这些都为乐清数字报的推广发行提供了良好的条件。

二是便利性。《乐清日报·数字报》的订阅形式多样,操作方便。读者可直接到乐清日报社订阅,也可通过电话和网络订阅,通过银行汇款方式订阅,还可以通过购卡(类似于手机充值卡),在网站上输入卡号和序列号直接开通数字报。2009 年《乐清日报·数字报》向市外各地售出,近有省内温州、义乌、杭州,远至新疆、西藏和东北三省等地,更远的还有美国、意大利和澳大利亚等国家,均有在外乐清人注册订阅了《乐清日报·数字报》。

三是及时性。数字报订阅者都能够准时看到当天的《乐清日报》,因为网络传输的及时性和准确性保证了数字报的发布不受天气、道路等投递情况的任何影响。另外,数字报每天至少还要上两条以上的本地视频新闻,基本做到重大新闻不漏。同时,为了保证数字报视频新闻的稿源,还建立了一支较为稳定的通讯员队伍,使来稿量与日俱增,而且质量不断提高。数字报设有乐清新闻、天下乐清人风采和新华社的国内外视频新闻栏目,集各类精品新闻之大成。乐清网视以原创视频新闻为主,报社内部的文字记者外出采访兼摄像。报社还在《乐清日报·数字报》的网视上设立"全球眼",只要有互联网,在全球的任何一个角落,订阅者一天 24 小时都可以随时看到乐清市标志地雁荡山美景的动态情况。

(二)

乐清日报新媒体在发展中,已经成为新闻传播的有效载体。值得指出的是,在发展过程中,不论在内容上、形式上,还是在制度上,乐清日报新媒体都有独到之处。

第一,内容上。新闻采集,注重"新、奇、特、强"四字方针。"新"是内容要新,视频新闻要求是当日新闻;"奇"是要记录奇闻奇事;"特"是要抓住事件的特点;"强"是现场感要强。视频新闻重在展现新闻的原生态,力求接近本源,通过具体画面"说话"。

第二,形式上。建立文字、图片、音频、视频全方位格局。《乐清日报·数字报》是融纸质媒介、网络媒介、视频媒介于一体的数字报,同时向新华社订购了视频专线,成为首家向全国推出音频、视频、文字、图片立体式新闻的县市网络报纸。

第三,制度上。为了发展数字报业,报社出台了一些相关制度。为鼓励报社内部采编人员拍摄视频新闻,凡购置数码摄像机的一次性补贴 3000 元,使用 3 年后归个人所有。发动鼓励报社全体人员开展数字报的征订工作,并对在市外征订数量多的员工给予特殊奖励。与此同时,市里的主要领导、市招商局和许许多多全国各地的在外乐清人也在努力帮助宣传推广《乐清日报·数字报》,从而保证了发行工作的顺利进行。报社还和众多政府部门和企业建立联谊会,展开合作,进行报纸、数字报以及广告打包,促进发行。

（三）

县市级新媒体的发展往往受到经济、人口、区域等条件的制约,发展中要培养能够适应这个区域的特殊人文和环境的生存机能和生长能力。只要抓住区域改革发展和新闻宣传中普遍性的突出问题,有针对性地开拓创新,与时俱进,就能在县市级这方寸之地上长期坚持,生根开花,结出硕果,显示出其特有的效能。

效能一,多了一个对外宣传的窗口。扩大了宣传面,架起了增强乐清与乐清人之间了解和沟通的桥梁,方便了各地人们对乐清的了解,进一步提高了乐清在国内外的知名度。

效能二,多了一个新的利润增长点。以《乐清日报·数字报》按每份每年定价180元,每年订阅4000份计算,一年可以增收72万元。另外,数字报的广告还是一块待开发的"处女地",今后的发展潜力很大。数字报顺应时代发展,给报业发展带来新的生机和活力。

效能三,多了一个报网互动的空间。新闻网站上开辟的论坛空间等,给读者提供了一个参与时事热点讨论和发布信息的平台。记者编辑不时收集一些读者感兴趣的话题,吸引读者参与讨论,既可收集民意,又可为民分忧,甚至可以通过互动,对政府部门进行舆论监督。新闻网站和数字报对视频的传输又是对平面媒体的有力补充。《乐清日报》新闻版面专门设有互动服务专版,报纸与网络视频互动上结合紧密。如报纸上的重要文字新闻后加一句话,告知读者可点击网站或数字报收看当日视频新闻或相关新闻事件的最新进展。而新闻网站上可以即时简单地发布一些新闻,提示读者关注纸质报纸的详细报道。

（四）

乐清日报的新媒体建设和发展,对如何繁荣县市级新媒体提供了以下具体的经验。

首先要有人文。媒体建设,内容为王。区域媒体必须先立足本土,才能发展壮大。在互联网技术发展这样一个大的时代背景下,县市级报纸和新闻网站若要在网络世界这一苍茫的大海中找寻到可以生存的岛屿,就必须不断植入地方人文特色,通过网络与地方人文特色深度融合与内部组织的全新构建,使之不仅仅限于提供新闻信息的传播平台,更是植入区域与生俱来的本土气息,散发出浓郁的本土芳香,使当地人以及远离故乡的人们无比眷恋,欲罢不能。

第二要有创新。地方新闻报道必须适应新形势,不断创新,应用先进技术和管理方法,谋求发展。

（1）机制创新。报社尝试了"技能投入"和"贡献投入"激励制,有效推进了报社新闻、发行和广告这"三轮"的驱动。只有搞好机制创新，才能激发整个单位的活力，挖掘发展潜力。

（2）技术创新。着力引进新设备、新技术。数字报和网站的发展都要依靠互联网来传输内容。互联网的发展日新月异，数字化进程不断加速，报社必须要与时俱进，紧跟发展的步伐，提早在技术的引进、设备的投入等方面要有所准备。

（3）经营创新。新媒体建设投入必不可少，报社要想方设法，获取多方支持。首先要努力获得当地财政的支持，争取到一些发展经费。其次要在政策允许的条件下，适当地进行融资，获取大企业的资金赞助等支持。最后，在经济条件允许的情况下，做一些投资，赚取利润为新媒体的进一步发展提供有力支持。

第三要有人才。人才是保障，要做好人事管理。报社建立了"进人过五关、在职淘汰制"的唯才是用的用人制度。主要在以下几个方面积累了一些经验：

（1）要吸引人才。通过较好的待遇吸引人才，通过公开招考引进人才，特别是引进既懂新闻又懂技术和既懂新闻又懂经营的复合型人才。引进的人要通过严格的考核，简称"过五关"，具体是指个人成果关、专业考试关、政治测试关、电脑操作关、见习试用关。

（2）要培养人才。采取传帮带、送出去、培训等多种方式培养人才，储备人才。

（3）要用好人才。采取竞聘上岗和评议推荐的方式，给内部人员提供充分展示才能的舞台，做到事业留人。

（4）要考核人才。建立完善的员工绩效考核制度，建立优胜劣汰的人才管理模式，对记者和编辑的考核从新闻稿数量和质量两方面都设立详细的考核标准，重奖优秀员工，同时建立好退出机制，淘汰不合格的人员。

总之，县市级新媒体建设，是新时代发展带来的崭新课题，需要我们进一步努力去探索。只要我们坚持不懈，勇于探索，善于创新，及时总结经验教训，就一定能够使县市级新媒体发展取得更大的成绩。

（与洪佳士教授合作）

地方手机报发展对策

——富阳手机报的实践与启示

从 2004 年 7 月 18 日《中国妇女报》推出了全国第一家手机报《中国妇女报·彩信版》起,手机报就显示出强大的生命力。2009 年以来,浙江省部分县级媒体也开始推出手机报。但是,要在大报手机报已经占领的市场中分一杯羹,谈何容易。浙江大部分县市级手机报的发送量在 1 万份以下,最少的仅 1000 份左右。然而,富阳手机报却异军突起,到 2010 年 5 月,富阳手机报的发送量已经突破 6 万份大关,达到了很多地市级手机报的发送量。

富阳手机报在发展上颇具代表性,其主要特点有:

一、重视发行大计

想要开拓手机报市场,搞好发行是最重要的问题。相比传统报业发行,手机报的发行面临三大困难:一是单位用户少,个人用户多;二是无法自办发行,只能委托第三方电信运营商进行管理;三是对用户的情况掌握较少。这些困难,正是电信运营商的长处。在电信运营商那里,有两样最有价值的东西:第一,享有运营资格及牌照的基础通信网络(有线、无线)。第二,掌握有效的手机用户和他们的信息。电信运营商有了这两样东西,可以给无数合作伙伴提供无数种的应用服务。这些业务,又有重点业务与普通业务的区别。

对于短信彩信手机报等产品,运营商随时都可以换一个合作伙伴继续做,甚至自己直接做。再说得透彻一些:各类增值业务的用户,90%以上都是电信运营商从其用户群中取出的;如果不能得到移动公司的重点支持,手机报的发展会受到很大的制约。富阳日报在日常的管理中,非常注意处理好与富阳移动分公司的关系,利用报社专业人才的优势,帮助移动公司策划主题活动,广告宣传,以及在各方面与移动分公司积极合作,建立多种合作关系,以便取得移动分公司在手机报推广上的大力支持。

在手机报的发行上,报社并不是完全被动的。针对手机报的特点,也可以采用几种方式进行推广。首先,给读者一定的免费试读时间。手机报的推广,有一大难题,即如何培养受众的阅读习惯。在手机报出现之前,人们对传统的纸质媒体已经建立了阅读感情,习惯了报纸版面较大的空间和显示器宽屏及浏览式阅读。而手机报则受制于屏幕,分页太多,字体太小。阅读习惯的改变需要外力的作用,而要把传统报纸忠实订户扩展到手机报,一般会采取让读者免费体验阅读手机报一段时间的方式,让用户先睹为快,降低受众接触新媒介的门槛,通过一段时间的体验培养受众对手机报的感情和依赖之情。例如,富阳手机报推出 1～3 个月的免费体验期,首次订阅者都可在体验期内免费使用。这就大大提高了读者的订阅积极性和可能性,有利于阅读习惯的培养。

其次,优惠发行,例如推出"买 4 送 2"之类的优惠活动,只要预缴 4 个月手机报订阅费,即可收阅 6 个月的手机报,促进它的发行。富阳手机报还趁电信运营商举办增值服务,和移动公司的其他促销活动结合在一起,采取打包服务的方式发行,吸引更多潜在的用户订阅手机报。又如,通过广场搭台宣传手机报等方式积极推广和促销。经常在传统报纸上刊登手机报的优惠券和促销信息,或者干脆与纸质报发行捆绑,举办征订一年纸质报加十块钱即可赠送全年手机报的活动,来促进手机报的发行。

还有一些辅助手段。比如瞄准在移动用户中渴求信息的人群,有针对性地为他们提供所需的必读内容;设法提供便利的手机报订阅途径,例如富阳手机报通过移动公司向手机用户广发订阅信息,订户只要发送某预制短信到指定号码,就能得到免费赠送的手机报试用服务或手机报续订服务。

目前,报业系统一般与移动运营商的分成模式是采用四六分成,有的甚至会二八分成,给移动运营商较大的分成比例,以便换取更大的用户市场。发行工作是手机报立足市场的基础,要想搞好手机报的发行,必须和电信运营商搞好关系。目前,中国移动拥有最多的用户,所以一般报社都与中国移动在当地的分公司联合发行手机报。富阳手机报采取 4∶5∶1 的分成方式,报社拿四成,移动公司拿五成,手机报发布平台供应商拿一成。富阳手机报售价每份每月 3 元,以目前 6 万份的发送量,除去还在赠送期内的用户,月发行总收入可达 15 万元以上,其中报社可以获得 6 万元以上。目前富阳手机报还处于培植期,年初的预期,能够不亏,或者微亏,就算达到目标了;而 2010 年上半年就能够有收入,是很令人鼓舞的。

二、确定精准的发布时间

县级手机报必须选择精准的发布时间。一是为了达到好的发行效果,二是为了节约开支。浙江省几乎所有县级手机报,都选择在早上发行,这是因为地市级手机报都是在早上发行。然而,不少地市级手机报还有下午版,每天早上和下午各发一次。县级手机报每天发两次,所获得的广告额不足以抵消增加的费用;而且,相对来说也没有那么多的可读性强的新闻。

根据这些情况,同时也为了实现良好的报报互动效果,富阳手机报选择在晚上七点钟发布,因为这个时间可以将第二天纸质报的核心内容确定,通过手机报发布,满足读者提前知晓重大新闻的心理;还可以加深读者对一些新闻深度报道的关注,促使他们第二天去购买纸质报纸进行阅读。同时,可以避开上级媒体手机报集中发行的时间,避免因为较短时间内重复收到多份手机报,引起读者不耐烦甚至反感的尴尬局面。

如果在大城市,这个发布时间显然不能满足受众对信息传递速度的需求,也不符合受众接受信息的阅读习惯。但是,对于小县城来说,尤其对于本地农村来说,受众对信息传递速度的要求并不高;同时,富阳手机报的实践也证明,读者的阅读习惯和接收时间是可以改变和培养的。到 2010 年 5 月,富阳手机报读者普遍接受这个发行时间并表示满意。很多读者已经习惯一边看新闻联播浏览国内外要闻,一边查阅手机报了解小城大事。

三、落实两个关注

第一是关注读者细分。 以前的报社,难以得到翔实、完整、实时的用户信息,不方便了解用户对内容、服务的感受,也更谈不上统计学意义上的深层次用户数据挖掘工作了。但对于手机报的用户,我们可以从移动公司获取比较完善的用户资料和新闻点击数,从而方便对读者信息和阅读信息的收集,全面掌握手机报用户的各个状况。

富阳手机报的一条重要经验是:不要忽视一个巨大的群体——农民。对于农民来说,虽然如今生活已经不愁温饱了,但由于知识水平和经济实力的限制,不少还没有买电脑,暂时还不大方便通过计算机网络来获取信息。信息获取的方式也较为单一,一般只有电视和广播,有效信息的获取量相对不足。据报道,农民阶层还比较缺乏对经济社会事务等的知情权,知情权的缺失导致农民话语权缺失。"在社会信息化发展过程中所形成的信息分化,已使得一部分人成了信息的富有者,也使得一部分人成了信息的贫乏者。信息贫乏者是信息社会的最大弱者,他们由于缺乏获取信息的手段,根本无法及时获得必要的生产性信息和生活性信息。"农民所获得的生产性信息和生活性信息都是不充分、不完备的,与城市市民之间的"数字鸿沟"越来越明显。如今,手机的普及率在浙江农村地区也达到了80%以上,如果能够积极开发农村市场,加强手机报的三农报道,增加农村报道板块,同时积极引导农民订阅手机报,让手机报成为这个群体获取信息的一大途径,也能在很大程度上弥补农民知情权不足造成的话语权缺失。甚至可以考虑尝试以"农村包围城市"的策略,通过培养农民群体订阅手机报,积极开发农村市场,逐步立足传媒市场。

据统计显示,目前手机报的用户主要有学生、军人(士兵)和白领以及其他公职人员。这几类人应该是手机报或者以后的 3G 手机使用的主力用户。相对而言,学生和军人(士兵)这两类群体比较封闭,也不具备随时上网的网络条件,因此手机报可以成为他们及时了解信息的重要途径。要充分收集这些阅读群体的兴趣和信息需求,编辑适合他们阅读的手机报栏目,把他们培养成手机报的忠实客户群。

对于白领及其他公职人员,虽然可以很方便地从报纸、网络等媒体获取信息,但他们乐于追赶潮流,喜欢做一些新体验。要对这个群体加强宣传,培养热情,鼓励订阅,形成潮流,让他们成为订阅主力读者。此外,还可以通过移动公司已有的各种小范围的用户群,比如公务员群、教师群、公司群,等等。可以充分利用已有的这些细分的客户群体,为他们提供类别化的服务。也可以与这些群的特殊系统绑定到一起,比如和有些公务员群已有的移动电子政务办公系统进行绑定发行,采用给予一定优惠的方法让他们集体订阅手机报,并把手机报融合到他们常用的移动电子政务办公系统之中去。

富阳手机报计划对用户进行分类甄别,推出不同版本,让手机报成为贴身乃至贴心的传媒。同时通过资讯新闻的形式,以用户需要为标准,有选择地植入广告发送给不同类别的群众。

第二是关注"报报互动"。纸质报纸和手机报在多种层面上积极互动,形成互补,是发展手机报的有力措施[1]。手机报不会完全取代纸质报纸及其他媒体,手机报应该与纸质报纸成为一种互相补充、协调发展的关系。首先,手机报毕竟受屏幕大小的限制,在深度阅读及全文阅读方面有着难以跨越的鸿沟。其次,手机上的各种应用,不管是手机报还是其他手机媒体,都呈现出一种在零碎时间中打发时间、快速获取信息的功用属性,当读者有整块的闲暇时间或者需要深度阅读的时候,往往会选择互联网或者纸质媒体进行阅读。我们可以通过手机报让读者了解一个大略,对需要深度阅读内容的读者,应该引导他们购买报纸来继续阅读。对于一些时事热点和重要的文体新闻,可以通过手机报编辑部门实时发送一条简讯进行报道,以便读者通过阅读能够在第一时间掌握新闻动态。所以,在报社现有读者中推广订阅手机报,形成报纸与手机报的互补阅读,也是一个良好的发展途径。

通过手机报这个平台,手机报编辑部及时收集手机报读者对手机报和纸质报的反馈信息。读者可以通过短消息,直接将阅读中遇到的问题和想法发送到报社指定平台,报社对这些短信进行及时的回复,营建报社与读者积极互动的良好局面。

四、用好三把利器

在新闻内容的采编上,富阳手机报特别注意用好"三把利器"。

特——地方特色。媒体建设,内容为王,县(市、区)域媒体发展必须首先立足本土。在互联网技术迅速发展这样一个大的时代背景下,县(市)级报纸和手机报要在网络世界这一苍茫的大海中寻找到可以生存的岛屿,就必须加强本地新闻的报道,并不断植入地方

---

① 王雪莲,王雷.我国手机报发展面临的困境及对策研究.新闻界,2008(1):156.

人文特色,通过与地方人文特色深度融合与内部组织的全新构建,使之不仅仅限于提供新闻信息的传播平台,更植入区域与生俱来的本土气息,散发出浓郁的本土芳香,使当地人以及远离故乡的人们无比眷恋,欲罢不能。富阳手机报的口号就是"内容要非常本土化"。富阳手机报每天发布20条左右的新闻,其中本地新闻必须保证在12条以上,充分满足本地读者的需求。

新——传播快速。 传播时效是困扰传统报纸发展的"痼疾",受采编、印刷、发行环节的制约,无论怎么努力也难做到与新闻事件同步。手机报省略了印刷厂和邮局等环节的工作,"手机媒体"作为新型传媒具有阅读便捷、不受时空限制等特征,在传统订户订阅的报纸还在印刷厂、邮局的时候,手机媒体的新闻信息已通过手机送到用户面前。它借助先进的无线通信平台,能将瞬间发生的新闻事件迅速传播和再传播,基本能做到和新闻事件同步,其传播速度之快和传播范围之广是其他任何媒体都望尘莫及的,能够最大限度地满足读者对新闻信息时效的要求。手机报除了在固定时间发布新闻外,还可以实时发布重大新闻,传播速度上优势明显。

精——内容精选。 相对于报业,手机新闻强调更短更精。传统报刊要发挥自身优势,就要突出深度报道,解释性报道,不怕篇幅长;而手机屏幕窄,查阅累,手机报应该根据手机特点,在内容安排上突显出手机媒体自身的特色。手机报应转变编辑思路,抢抓重大新闻、突发新闻,凸显新媒体的"速度"特色,内容不应该追求面面俱到,更不是传统媒体的简单照搬,强调信息的浓缩精炼,传播的往往是一两句新闻的要点。

手机报的信息模式是多媒体,既有传统报纸的文字、图片内容,还有声音、视频、娱乐、互动,未来还将发展为包含动画、影视、游戏等多媒体内容,也更强调娱乐性、交互性。从编辑方针上说,传统报刊是党的喉舌,一般比较严肃,而手机报因其特性决定,在编辑方针上既强调新闻真实快速,强调信息的服务性、有用性,同时更强调娱乐性、互动性。富阳手机报就在有限的手机报容量里每天加入两条娱乐信息,比如网络小笑话、节日祝福短信、心理小测试、猜谜语、小游戏等内容,让读者在忙碌的一天中能够在阅读手机报时拥有轻松一刻,会心一笑。

五、讲究四大策略

手机报要进一步发展壮大,必须讲究策略。除了富阳手机报已经在做的一系列工作之外,以下四个方面做得怎么样,是关系到地方手机报今后能否快速发展的重要条件。

策略一,稳定性。 针对手机报有效受众不稳定的状况,必须想方设法努力留住原有的用户,在留住用户的基础上,再进行进一步的推广。如今,首先,手机报的有效受众掌握多种信息资源的机会和渠道比较多,在占有大量信息资源的前提下,读者会坚持长期选择手机报吗?其次,手提电脑和手机无线上网功能的开通后,手机无线上网的功能不断增强,也必定会分流走一部分消费人群。将这些消费人群锁定,是影响手机报的市场基础。所以,对老用户,要通过优惠续订,搞会员俱乐部并积极互动,及时沟通,密切关注他们的需求并及时改进内容和技术,赢得他们对手机报的依赖,成为长期铁杆用户。建设好便利的新闻报料平台和通讯员队伍,并给予通讯员和报料人一定的经济奖励,让更多的人关注该报的建设和发展。①

策略二,异质性。逐步建立起独立的采编团队,以原创内容抢占先机。目前手机报的内容方面大多脱离不了母报,形成了信息内容同质化,缺乏原创性和创新性,无法满足读者求新求变的心理。因此要拓宽发展思路,手机报在条件成熟的情况下可以成立专门负责手机版的采编人员及专业的图文编排人员。如今,很多手机报已经开始尝试独立采编新闻,富阳手机报已抽出两个专职编辑,负责对新闻进行重新编辑,使相同内容在报纸和手机上的展示各具特色,不完全雷同。内容上注重手机信息的策划、整理和优化,选择最有价值的信息,并紧扣热点进行组合报道,贴近百姓生活。

针对手机报读者呈分众化趋势,而手机报个性化欠缺的问题,提供各种满足内容需求多样化的特色服务。手机报在将来应该注重读者的定位策略,按需提供分类新闻信息,使得新闻信息的传播具有人性化趋势。换言之,受众最希望看到的内容能以最简捷、最方便的方式出现在手机上,而受众不感兴趣的内容则通过其他的定制服务或者搜索才能得到。这种精确分类可以使读者处于比较主动的地位,在看到新闻内容时也不会产生厌烦和反感的心理,从而提高手机报的存栏量,而不是让手机报读者每天增加一个删除手机报彩信的负担。从纸质媒体"宽播"向手机报"窄播"的转化,对媒体而言,信息的利用做到了最大化,对于用户而言,充分享受了个性化服务的乐趣,更好地实现了传播的异质性,从而满足人们在这个急剧变化的时代里的信息需求。

策略三,互补性。针对如今浙江省各地不少县(市)媒体都已经拥有纸质报和数字报资源的现状,地方报社可以考虑将手中掌握的新闻通过纸质报纸,数字报和手机报等多种发布平台联动,建立跨平台发布的体系和机制,形成互补,联合发布,进一步方便读者的阅读,全方位地满足读者需求。例如,一位读者在办公室的电脑屏幕上浏览数字报,读到一半时,要出去办事,就可以随身带上这张数字报的纸质报纸在路上继续阅读。如果想了解报纸里某些重要事件的最新进展,则可以通过手机订制相关新闻,手机报编辑通过读者短信了解到读者的个性化需求后,及时通过无线网络发布平台,将相关的最新信息实时发送到订制读者的手机上,供读者随时随地阅读。

策略四,创新性。在 3G 技术的支持下,增强型手机报将成为未来手机报的发展方向。增强型手机报是指在 3G 网络和终端的支持下,根据内容表现的需要,综合了文本、

---

① 汪玲.手机报纸现状分析及发展方向初探.四川大学文学与新闻学院,2007.

音频、视频、Flash等多媒体技术,具有更人性化的浏览体验和更丰富的交互特性的手机报,可称之为手机多媒体报刊。[①] 与现有的手机报相比,其内容容量、表现形式都有较大的飞跃,两者区别如下表所示。

增强型手机报与现有手机报之比较

对比项	现有手机报	增强型手机报
媒体格式	图像、文字、简单动画,基本无视频	多媒体
浏览速度	较快	很快
浏览方式	上下移动	自由平移、链接、变焦
用户体验	形式单一	形式多样
增值能力	以包月收入为主要收入	包月、广告等
内容下载	在线下载、预下载	在线下载、预下载
使用环境	有限带宽,一般手机	高带宽,智能手机

中国报协电子技术工作委员会在《报业"十一五"信息化发展的几点建议》中,建议报社确立技术发展战略,制定技术发展规划,打造先进、高效的技术平台,这对手机报发展颇具指导意义。基于技术平台的改进,手机报可以开发新闻查询、彩信手机报料、自定义手机报内容和发送时间等"个性化"功能。在3G时代,手机报的目光不应只局限在目前的彩信上,而是应该着眼于3G技术,未雨绸缪,构建相应的平台。截至2009年底,全国报业媒体,包括中央大报、都市报、行业报、区域报,已推出涵盖娱乐、体育、财经、旅游、健康、饮食、双语、教育等领域的手机报约1800种。传统媒体借助手机作为新型快捷的传播渠道发布新闻正成为趋势,越来越多的新闻媒体为抢占移动新媒体发布平台纷纷布局。地方报业媒体也要未雨绸缪,做好手机报的发展规划,尽快占领这个市场。

(本文与洪佳士教授合作)

---

① 张玉良,钟致民,杨广龙.3G手机报业务发展前景研究.移动通信,2007(10):48.

浅议我国新媒体舆论监督的兴起与改进措施

随着互联网的不断发展,网络新媒体作为一种社会性力量,在社会发展中的力量日益强大,许多社会热点事件通过网络等新媒体曝光后迅速成为公众关注的焦点,比如"三亚局长女儿行政能力测试99分事件""王鹏跨省抓捕案""杭州飙车案""南京天价烟案""局长日记事件"等都是通过网络传播,并在网民的关注下,引起有关部门的高度重视并得到妥善处理,使得"问题人物"纷纷落马,为受害人讨回公道。这种新媒体监督是一种新型的监督形式,深入研究它的特征和规律,探索和把握其与现有监督制度的内在联系,提出相应的引导和规范策略,发挥其应有的作用,对有效地预防腐败,形成风清气正的社会环境,具有重要的理论价值和现实意义。网络新媒体舆论监督是在新时代、新形势下产生的新的舆论监督形式,它具有较强的快捷性、自由性,因而更具公开性和曝光性,监督力度也更大,网络舆论监督的功能也已逐渐被人们所重视。新媒体发展给中国的法制建设带来了新变化,新媒体的兴起使普通公众拥有了网络上的话语权,行使监督权利的途径得以拓宽。而且,随着网络的普及,知识和地区差异造成的数字鸿沟正在缩小,通常所谓的弱势群体、边缘群体的声音也逐步有了进行表达的条件。

一、新媒体舆论监督的进程

甘惜分教授主编的《新闻学大辞典》①给出了舆论监督的定义:"①公众在了解情况的基础上,通过一定的组织形式和传播媒介,行使法律赋予的监督权利,表达舆论,影响公共决策的一种社会现象。舆论监督的对象是一切社会权力,其重点是权力组织和决策人物,对于前者的监督包括对决策过程的监督和对决策效果的监督;对后者的监督包括对决策人物产生的监督和对决策人物行为的监督。舆论监督是社会民主的重要环节,实行舆论监督是一个制度化的过程。②特指新闻媒介对社会不良现象的批评,以及对于政府和政

---

① 甘惜分.新闻学大辞典.河南人民出版社,1993:42.

党的批评,促使其修正错误。"新媒体舆论监督主要表现为:出现了大批具有话语意识和实践意识的行动者,借助于新媒体发展所带来的各种规则和资源,将舆论监督日常化和惯例化,并在某种程度上促成了一些制度性关系的初步形成,从而影响了中国舆论监督的发展态势。

新媒体舆论监督的案例最早大概可以追溯到 2003 年发生的"孙志刚案",当时该案引起网络媒体的热议,最终促使政府出台新政,废除了原来的收容遣送制度。2005 年开始的"徐工贱卖案",即因"博客门"而激起国民广泛关注和议论的徐工与凯雷并购案,到 2008 年最终宣告无果而终,以不情愿的方式保住了"国有资产"的身份,网络新媒体舆论对此结果起到相当重要的作用,新媒体舆论监督也得到了更多的认可。

时任总书记胡锦涛同志 2008 年 6 月 20 日在《人民日报》考察工作时指出:"互联网已成为思想文化信息的集散地和社会舆论的放大器,我们要充分认识以互联网为代表的新兴媒体的社会影响力。"有人据此认为:2008 年是新媒体进入主流媒体的元年,互联网成为党和政府治国理政重要的新平台之一,新媒体舆论监督也越来越受到重视。2010 年 1 月,李长春在全国宣传部长会议上提出:"要适应时代发展要求,努力提高与媒体打交道的能力,切实做到善待媒体、善用媒体、善管媒体,充分发挥媒体凝聚力量、推动工作的积极作用。"突出"善待、善用、善管",一方面表明了政府重视媒体的"善意",另一方面也反衬出现实中还存在一些"不善"的问题,从中折射出一些党政干部对媒体地位、职能和作用认识不清,在与媒体打交道方面表现出本领危机和知识恐慌的问题。互联网是当今中国最大的信息集散地和舆论场,回顾近年来的重大社会事件,不少是网络媒体上首先传播开来的,所以在对于新媒体舆论监督这个问题上,特别应该把握好"善用媒体"这一原则。

新媒体发展给中国政府工作带来了很大影响和变化。2010 年 3 月,《人民日报》一项关于"人大代表看新兴媒体"的针对性调查显示,超九成全国人大代表对新媒体表示肯定,采访显示:在超过九成受访代表的生活中,新兴媒体已经占据"重要"或"比较重要"的地位,超过九成代表认为"新兴媒体让自己获取信息更加方便";另有 7% 的受访代表,曾向人大会议递交有关新兴媒体的议案。[①] 新媒体的兴起使普通公众拥有了网络上的话语权,行使法律权利的途径得以拓宽。法律赋予人民表达意见和监督的权利。新兴媒体监督是比传统方式更广泛的监督,将促使政府管理更透明更负责任。在这环境下,2008 年人民网也建立了舆论监测室,通过收集网络新媒体的信息来了解民情民意,并取得一定成效。为进一步贯彻落实党的十七届四中全会关于"健全联系群众制度、创新联系群众方式,拓宽社情民意反映渠道,加强和改进信访工作,健全反腐倡廉网络举报和受理机制"等

---

① 任珊珊.超九成受访人大代表认为新媒体占据重要地位.人民日报,2010-3-3.

重要决定,中央不少部委和多数省市地方政府也开通了网上信访服务。①

二、新媒体的变化和特点

（一）新媒体舆论监督的特点

Web 2.0 的出现,使得媒体传播出现了即时性传播特别便利、交互性特别好的特点,这两个优点放在一起,就形成了新媒体"及时交互"的重要特点。在这个背景下,网络舆论监督就产生了以下四个特点。

1. 发酵快。一个有趣的现象是,随着新媒体对新闻介入得越来越深,传统媒体不断图变力保"主流"话语权,大量的新闻尤其是突发性和揭秘性新闻在传播路径上出现了变化。这种变化体现在,新闻发生后往往由网民在互联网上首先发布,尽管有时只是只言片语,但在互联网上进行短暂"发酵"后,以都市类报纸为代表的传统媒体开始介入,并迅速与网络形成互动,穷尽一切、深挖不止,在较短的时间内使新闻事实浮出水面。

2. 畸变强。"真实"是新闻的生命,新闻传播离开了真实,也就离开了受众。新媒体传播的自由性、开放性的特点决定了网络新闻的可信度、真实性、权威性比传统媒体逊色。在网络新闻的信息源头、传播过程中都会带有"噪音",从而影响到新闻的真实性,有时会偏离了最初的事实真相。所以新媒体对社会问题新闻的报道,还要通过其他的手段和途径进行证实。

3. 蔓延快。媒体使得时空的距离被缩小到最小,不再需要复杂的剪辑和烦琐的后期制作与排版,实现了信息实时的传播,这一优势是任何传统媒体无法比拟的。

4. 掌控难。新媒体不同于传统媒体,后者可以从信息的出口进行严格控制。新媒体有自媒体的特性,所有网民都可以通过微博、QQ、论坛等渠道发布与传播信息以及发表对现实事件的看法,对于这些言论控制的难度大大增加。

（二）新媒体环境下传媒生态的变化

以传媒网站、无线手机网站为代表的新媒体,给媒体带来的巨大冲击,使传媒生态和舆论格局都发生了巨大变化。新媒体已经开始登上中国主流媒体的中心舞台,对社会舆论的势态和走向产生不可估量的影响。针对网络新媒体传播速度快、范围广、信息多等特点,应在以下几方面做深入思考,通过这些方面的研究,更好地发挥新媒体舆论监督的功能。②

1. 网络新媒体环境下舆论格局发生变化。新媒体能够及时收集各种民意信息,快速反应新闻事件的真实情况,越来越多的人首先从互联网获取信息,通过互联网表达诉求,

---

① http://news.xinhuanet.com/lianzheng/2009-06/24/content_11587034.htm.
② 孙海光,车永波.网络民意伸张的新途径.新闻实践,2010(5):4-7.

发表见解,参与社会生活。网民形成的舆论,越来越呈现强势,能在相当程度上左右社会舆论的走向,显示了网民作为社会舆论主角的新形象。2008 年以前,传统媒体在一些重大事件和关键时刻的失声或滞后反应,实际上是开始逐渐游离于社会舆论的中心场的表现,有被网民边缘化的趋势。2008 年 6 月以后,这种现象有了很大改进,传统媒体的新媒体融合报道方式正在逐渐兴起并在实际上掌握着主流舆论。

2. 网络新媒体环境下传播主体发生变化。① 网络论坛的活跃,博客和微博的兴起,QQ 高速传播能力的普及,数码相机、摄像机的大众化,手机的多功能化,使普通老百姓都有条件随时成为新闻的播报者和传播者,使新媒体的舆论监督成为社会常态。媒体应该思考如何顺应这些变化,调整工作思路,转变理念,创新内容、形式、手段,更好地遵循新闻传播的规律。

3. 网络新媒体环境下受众群体发生变化。当今受众,特别是年轻受众对待媒体的态度有较大变化。互联网提供了海量的信息和多元、平等交流的平台,人们对媒介传播的内容,有了理性的取舍,受众不再满足浅层次的信息获取,更喜欢深层次探求事件背后的前因后果;不再是单向的接受,而是参与到传播过程中,平等地和其他受众进行多向交流。随着社会经济和民主政治的发展,受众思想越来越活跃,价值取向越来越多元化,在这种情况下,一方面要更好地保障广大人民群众的知情权、参与权、表达权、监督权,提供全方位的周到服务,另一方面也要履行正确引导舆论的职责,准确处理好两者的关系。

三、新媒体舆论监督兴起的成因

(一)多年来的群众监督机制不成熟,主要存在这些问题

1. 政务公开的问题。政务公开的制度不健全。对政策执行活动的监督是以政务公开为前提条件的,监督主体要真正做到在政策执行过程中有效监督执行人员的行为,就必须对政策执行人员的执行活动有所了解。但目前我国的政务公开制度仍不完善,在政务公开的范围、内容和方式等方面仍具有随意性和零散性;对国家秘密的认定没有比较明确的标准,国家机关享有较大的自由裁量权,经常以国家秘密为由拒绝向监督主体提供信息。

2. 监督机制的问题。群众监督的保障制度不完善。监督功能的有效发挥必须保障群众监督人员的合法权益,但在实践中,一些普通群众在反映政府工作人员的行政行为和一些腐败问题后,会遭到打击报复,合法权益得不到保障。这不仅严重地扼杀了那些群众监督的积极性,甚至会使他们产生畏惧心理,从而以一种事不关己、高高挂起的态度来对待身边发生的各种腐败问题,不再去行使正常的监督权力。

---

① 姚必鲜,王绍曦.新媒介生态下传媒与公共事件的关系.新闻爱好者,2010.1(上):22—23.

（二）网络新媒体为群众监督提供了便捷平台

1. 网络的匿名性。网络的匿名性和庞大的网民数量使新媒体舆论监督范围更广。它使得网民在发表评论和意见时能畅所欲言，各种信息和观点能够自由地在网络空间得到传播。从民主监督看，网络的匿名性特点和交互传播的特点，使其在舆论监督中具有先天的优势。从监督方式上看，网络民主监督实现了监督方式的转变。中国传统的舆论监督，具有明显的政府组织控制的色彩，重大的舆论报道需要经过上级机构的批准，本质上还是一种行政领导监督。网络时代，公民的舆论监督具有明显的主动性和自发性，是自下而上的公民自觉监督。网络舆论贯穿的是媒体、民众与政府的平等对话精神，网民意志不再直接受政府高层的干涉，实现了从自上而下到自下而上的监督方式的转变。网络民主监督的对象范围和层级都被突破。传统新闻媒体的监督仍然存在分级管理，监督对象级别受到限制，舆论监督范围存在"雷区"。网络舆论突破了这一限制，上至政府高官，下至普通公民，都可以成为监督的对象，网络舆论里不再有级别限制和层级障碍，舆论的风向标直指各级政府官员。在传统媒体舆论监督步履维艰、遭遇权力对抗和各种阻力的情况下，网络新媒体在揭发和举报政府官员失职、渎职和各种腐败现象等方面几乎发挥着先锋和主力军作用。其过程一般是先由网民用网络手段予以曝光、揭发、检举，引起大量网民关注，形成强烈舆论并转化成民意压力，再引起相关部门的介入和调查。

2. 新媒体舆论监督的门槛不高。

（1）新媒体监督的便捷性。由于受各种现实因素的制约，普通百姓的呼声并非都能在传统媒体上得到充分表达，很多问题也不能及时引起政府有关部门的重视。但是这些问题随时可以发到网上，去赢得大众的舆论支持。网络的这个便利性使得监督的门槛大大降低。网络条件下，任何人都可以实施监督，任何时间都可以进行监督，这种监督是超越时空的真正的社会性的监督，充分体现出社会监督的大众化、日常化和多元化特征，民主监督的主体更为广泛，监督成本更为低廉。

（2）政务信息在电子政务平台的公开，使网民能够比较容易地获得以前较难获得的信息。很多政策和文件通过政府网站等网络平台发布和公示，传播范围远远超过其他方式的公示，为群众了解政策带来了很大便利。群众可以及时地了解相关政策并做出反应，也使一些监督行为有据可查，使政府和官员的行为得到了有效的监督。比如海南某事业单位公开招考工作人员，考试后在成绩公示中暴露出这样一个问题，有考生行政能力测试考试成绩得到了不可思议的 99 分，引起公众的强烈质疑，引起有关部门重视，并对此事进行深入调查，后该考生成绩迅速被取消，相关人员的违法违纪行为也迅速得到处理。

（3）网络超强的时效性和交互性，使舆论迅速聚焦，促使问题迅速解决。网络的时效性是报纸、电视等传统媒体不可比拟的。这就使得那些吸引眼球的"报料"在虚拟社区上能及时得到广大网友的关注和参与评论，促成舆论的生成和发展，舆论监督的影响力随网民的积极参与而迅速提高,这样促使问题能更快解决。及时对网上舆情进行回复是对民意的重视,值得大家的赞赏和尊敬。网络反馈的及时性和传播的互动性、参与性,又使网络新媒体更容易在短时间内形成议题,加上网络传播突破了空间限制,也更容易在较大范围内产生强大的舆论压力。这在很大程度上保障了民主的实践。从BBS、博客,到各新闻网站和门户网站的相关频道,再到个人维权网站甚至是专门进行舆论监督的网站的出现,各种网络形态的并存与互动,使得新媒体舆论监督不仅快速、便捷,而且廉价、有效。

四、新媒体舆论监督存在的问题

新媒体舆论监督仍处于一个初级阶段。新媒体舆论监督的主体合法性尚不明确,监督手段缺乏、受到限制。从目前的情况看来,新媒体舆论监督在以下几方面有些先天不足,新媒体舆论监督不可避免地带有局部性和片面性。

1. **合法性。**网络监督缺乏法律规范。有关监督的法律法规既是对监督主体的权力及其行使的规范,又是对这种权力及行使的保障。但当前,我国虽已出台一系列关于权力监督制约方面的法律法规,但多为原则性的,缺乏详细的实施细则,使具体的监督活动无章可循,缺乏可操作性。就群众监督而言,我国宪法并未对人民群众的监督权利及程序做具体明确的规定,权力的行使缺乏法律设定的可操作性。更加缺乏新媒体舆论监督的相关法律法规。最近发生的"王鹏跨省刑拘案"充分暴露出这个问题。

2. **无序性。**网络新媒体是一个新生事物,网络舆论监督必然有一个逐步完善和健全的过程。问题如:网络舆论监督主体的"集群行为"情绪化问题较严重,网络语言的非理性和观点的盲从性,言论缺乏独立判断和思考,在网络舆论中盲目跟风,人云亦云。有任何与自己相左的言论出现就谩骂和攻击,形成"网络暴力",中央电视台甚至提出一个"网络黑社会"的概念引起广泛的讨论。此外,有些网民把自己现实生活中积累的情绪和怨气在网络上发泄,随意侵犯他人隐私权和名誉权,也造成了很多的社会问题。

3. **公信力。**网络虽然具有相对自由、开放的优势,但这种平民式的、"去中心化"媒体传播方式的非正规性可能导致遭遇尴尬。网络的性质决定了它天然地缺乏传统媒体所拥有的权威性和公信力。网络报道与传播中也产生不少谣言。有些网民为提高个人知名度,会发布各种具有轰动效应的信息,其中不乏虚假消息、炒作新闻、谩骂、攻击、诽谤言论。此外,近年来由网络传播引发的法律侵权等问题也成为公众普遍关心的问题。这些都影响了新媒体舆论监督的公信力,干扰了公众对监督客体进行客观、公正的判断,阻碍了网络舆论监督功能的发展。

4. **倾向性。**目前,除了少部分政府和传统新闻部门建立的网站外,拥有广泛影响的众多论坛、博客以及商业网站等都是民办企业,都面临着生存的压力。在经济利益的驱动下,这些新媒体天然地带有一定的倾向性,追求新闻的"财富效应"。新媒体是眼球经济下的产物,为了提高点击率,报道追求优美隽永的文字、新颖前卫的内容,煽情的表达,独具匠心的设计,其目的就是调动社会公众的情绪,引发公众的共鸣,提高媒体的关注度。"新颖""出彩""点击率"是新媒体的评价标准。为了追求轰动效应,迎合部分网民,一些网络新媒体"语不惊人死不休",剑走偏锋,打政策与法律的"擦边球",将个别现象推至为普遍现象,夸大其词,矛头直指政府。在进行宣传报道和舆论引导时容易预设立场,戴着有色眼镜看问题,有时不免失之偏颇。有些网络新媒体没有客观真实地报道事件,引发社会问题。这种哗众取宠的做法,或许会在短时间里赢得观众的充分关注,然而,把做新闻以及发表言论的出发点放在了扩大事态而非解决问题上,媒体也就偏离了轨道,丢弃了政治责任与社会责任。

五、新媒体舆论监督的规范和管理

"领导干部上网,也是一种现代社会的'微服私访'。网民所议所提虽是个人意见,但代表着一个群体,不管是粗言、苦药,还是牢骚、怪话,都能为决策提供有益的参考。"安徽省委书记王金山的这段话,被人民网评选为"2009 年度最强声音"。对新媒体舆论监督,许多地方的政府正在理念、决策和行为各个层面上发生变化。新媒体舆论监督是民主、公开、平等的推动力,政治民主化是政治文明的前提,基本要求是政治上的民主、公开和平等,这也是新媒体舆论监督的前提和目标。[1] 政治公开化就是要增强政治生活的清晰度和透明度,消除政治的封闭性和神秘色彩,突破程序上、技术上和地域上的限制,使广大人民群众能够通过网络更好地了解政治过程,更好地知政、议政和参政,实现各种民主权利。因此,营造开放的信息传播环境,能起到民意通道和"排气阀"的作用,使民意得到真实、充分的表达。

(一)加强新媒体的舆论监督与引导能力

1. 确认新媒体的主流媒体定位。要把新媒体建设成健康向上、丰富生动的主流媒体,要深刻地认识到,仅仅掌握了工具和阵地,仅仅有话语权是不够的,关键是要如何发言,媒体要怎么去做,才能使话语不仅正确,还能贴近人心,深得人心,让老百姓听得进去,能够相信;所报道的内容能够吸引人、感染人。新媒体要成为主流媒体,要提高网络媒体从业人员的素质,增强他们的社会责任感,提高网络舆论的社会公信力,进一步赢得百姓信任。

2. 发挥网上舆论领袖的作用。活跃在网络论坛上的"版主"们已成为网络新闻媒体舆论引导的一支生力军。发挥这些网络"意见领袖"的作用,重视对这些网络"意见领袖"的培养、引导,能够收到事半功倍的效果。

---

① 马欣.网络监督视角下的党风廉政建设研究.党史文苑,2009.12(下):25—27.

3. 加强网络民意的引导。胡锦涛 2008 年在《人民日报》的讲话提出："要把提高舆论引导能力放在突出位置。"加强对网络民意的收集，发现隐患要及时疏导，避免造成网络群体事件。湖北、长春等地的党员网络信息员队伍的建设，就是收集网络民意的一个典型的实践，对收集网络民意有很重要的意义。只有认真地了解和研判舆情，积极地回应民意，才能引导舆论、化解公共危机、树立公众对政府的信任感，从而进行有效的社会管理、维护社会公平正义。

4. 加强对网上不良信息的处理。腐朽落后的思想文化和有害信息借机传播，会对社会发展产生一定的负面影响，也会严重影响新媒体的健康发展。要严厉打击利用网络制造和传播虚假信息、造谣惑众的行为。要积极发挥社会公众的监督作用，完善对网络的违法和不良信息举报的工作机制和应对处理机制，善于利用先进的网络扫描和搜索技术加强对网络信息的监听和管理，营造一个绿色和安全的网络空间。

(二)完善对新媒体舆论监督的法律和规则

要建立健全网络舆论监督的法律法规，依法治网，明确监督主体的权利和义务，新媒体舆论监督的前提必须是依法。因此，相关部门要把好关，引导网民加强法律意识，提高法制观念。

在我国，界定网络舆论监督的"合理"界限，通过法律制度的调整实现舆论监督对社会发展的良性促进作用，是一项艰巨的挑战。由于舆论监督属于民间的社会力量，在网络舆论监督制定合理规划时，应该尽量发挥市场的作用，凡市场本身能够决定的问题，政府应该避免介入和主观定性；凡业界能够自我调整的，政府立法应该为行业自律创造条件；凡传统法律可以解决的，尽量利用传统法律，避免过多网络立法对网络舆论监督产生副作用。如果要想让网络舆论监督和传统媒体舆论监督共同打造一个良好的舆论监督环境的话，就必须要补上相关政策法规这个缺失，加大我国新闻政策体系的完善和加快新闻立法的进程。

(三)建立网络道德规范体系，规范网民言行

加强对网民的网络素养教育，诚信与公德教育，形成网络道德公约。网络规范和道德的形成，要靠教育和引导，靠所有网民的自律才能实现。在构建和谐社会理念的指导下，应尽快制定统一、系统、完整的网络道德规范，约束网民的行为，引导网民合法有序地参与新媒体舆论监督。同时要加强对网民的网络道德教育，向网民灌输平等、民主、公正、守法的网络理念，引导人民树立起网络法律意识和网络道德意识，自觉依照各种制度和法律来规范自己的言行，促进公民民主理性的提升，引导网民以积极向上的态度进行新媒体舆论监督。

今后，要进一步将新媒体舆论监督纳入规范化渠道，为推进我国社会主义民主进程、廉政建设进程添砖加瓦，使人民当家做主的权利得以进一步发挥。

论媒体微博公信力的打造

微博英文名为 Micro-Blog，其概念缘于博客（Blog），是一种可以即时发布消息的系统。2006 年，博客技术先驱 blogger.com 创始人埃文·威廉姆斯创建了新兴互联网服务 Twitter，最大的功能就是让用户随时随地通过网络或手机短信来更新和发布最新动态信息，每条信息限制在 140 个字节以内，就像一篇微型博文。因此，人们将 Twitter 模式称为微博（Micro-Blog）。微博的主体信息构架主要有三块：多人信息聚合；个人信息聚合；短信息发布。同时兼具信息筛选功能：信息检索和好友检索；信息传递功能：关注与被关注、转发；互动功能：评论及回复，短消息提示，私信等。

从 2009 年底开始，微博开始在我国出现并迅速风靡起来，成为一种时髦的新媒体。腾讯、新浪、网易、搜狐四大商业门户网站相继搭建微博架构。其中发展最快的是新浪微博，它于 2009 年 11 月 3 日上线，到 2010 年 8 月，开博用户数已近 5000 万，平均每天发博数超 2500 万条[1]，到 2010 年底，新浪微博注册用户数已经超过 1 亿[2]。

2010 年 2 月 1 日，人民网自主研发的"人民微博"（t.people.com.cn）正式对外开放，这是中央重点新闻网站推出的第一家微博客。省级媒体里发展微博较早的是浙江在线，于 2009 年底推出"时刻微博"；浙江经视等电视频道的主持人也纷纷开出微博。杭州都市类媒体也不约而同在新浪微博上"落户"。到 2010 年 8 月，有 466 家主流新闻机构开通了新浪微博，其中包括 118 家报纸、243 家杂志、36 家电视台和 69 家电台[3]。媒体从业者把与受众的沟通延伸到手机短信、E-mail 等，实现了全时段、全媒体的互动微博，掀起信息传播的革命。

进入 Web 2.0 时代的这几年来，平民化传媒时代已经到来。网站出现了从媒体主导向个人转换的趋势；受众自己可以加入知识生产的群体中，这在传统的传播时代，是不可能的；微博作为网友个体完全自为、自主的"自媒体"，会在一定程度上削弱专业媒体的权

---

① 新浪发布中国微博市场首份白皮书，2010-9-10. http://www.chinaz.com/News/Portals/09101321Y2010.html.

② 卢舒倩.新浪发布财报 微博用户数破亿.深圳晚报，2011-3-3.

③ 新浪发布中国微博市场首份白皮书，2010-9-10. http://www.chinaz.com/News/Portals/09101321Y2010.html.

力,同时也会进一步削弱博客中精英的话语权,凸显草根性与平民化。Web 2.0 不是一种技术规范,而更多的是一种互联网的发展模式,它的核心理念是用户至上和开放主义,在某种程度上它不依赖于技术,而是一种态度:用户体验,资源共享,集体思维,平台开放。这些形态的出现,意味着平民化传媒时代,也即草根媒体、个人媒体时代的到来。Web 1.0 到 Web 2.0 的转变,是从模式、主体、技术到运行机制等各方面的转变,主要有以下一些特点:(1)模式上是单纯的"读"向"写""共同建设"发展,由被动地接收互联网信息向主动创造互联网信息迈进。(2)基本构成单元上,是由"网页"向"发表、记录的信息"发展。(3)运行机制上由 Client Server 向 Web Services 转变。(4)工具上由互联网浏览器向各类浏览器、RSS 阅读器等发展。

2010 年 12 月 6 日晚,一条"金庸,1924 年 3 月 22 日出生,因中脑炎合并胼胝体积水于 2010 年 12 月 6 日 19 点 07 分,在香港尖沙咀圣玛利亚医院去世"的消息在微博等网络空间疯传。《中国新闻周刊》官方的新浪微博在 20 点左右转发了此谣言。该刊是国内知名的新闻杂志,官方微博拥有 30 余万名粉丝,它的转发,加速了谣言传播,数分钟内该信息又被转发近千条。一小时后的 21 时 22 分,该刊发布致歉声明,并删除谣言;23 时 23 分,发布第二条致歉声明:"因为编辑工作失误,我们传播了金庸先生逝世的虚假消息。再次诚恳地向查良镛先生及家人,以及一切受到失实消息困扰的朋友道歉,对不起,我们会积极消除影响,处理相关负责人的。我们在以后的工作中,会严格地要求自己、严格遵守新闻纪律,加强三项教育学习,杜绝此类事件的发生。敬请原谅。"

从这个案例,我们可以看到 Web 2.0 时代下的微博管理具有这样一些难点。

第一,微博的内容生产难以控制。首先,微博发布信息相当便利,它集成了 Web 2.0 时代网络传播的诸多优势,拥有论坛的跟帖功能,帖吧的发帖功能,QQ 的好友添加功能,聊天室的即时发布功能,同时还具有便利的多点发布功能和强大的转发功能。微博的媒体融合功能非常强大,可以通过手机发布信息,为人们随时随地传播信息带来极大便利。其次,内容审核流程的缺位。在微博上,网民不单是信息的接受者,也成为信息的生产者和传播者,信息出现多源性。相比网民原来在论坛上发帖和在新闻后面写评论,都有网站管理员进行"把关"和"审帖",微博的信息由于数量太大,微博平台管理者无法对发布的信息进行全面审核,微博上的博文基本由博主自己把关,信息可靠性难以保证。

第二,微博的内容质量难以保证。每条微博不超过 140 字的规则,使它的内容生产门槛极低。微博博主多数缺乏专业性,普通网民在成为博主、获得网络言论的自由后,一段时间内处于发帖热情高涨的阶段,由于缺乏专业性和自身的局限性,经常没有完整准确地了解新闻事件,就道听途说或者断章取义地发布出来,有时又会夹带着一些对社会不满的情绪看问题,导致描述的信息与事实的严重不符。由于网络获取新闻的便利性,导致一些缺乏敬业精神的新闻从业人员,也不愿再放开脚板跑新闻、沉到生活中去抓新闻,而是投机取巧,过分依赖网络,对互联网上的"新闻"不加核实,扒下来后,要么改头换面,要么进行拓展;有的竟然连标点符号都不动,原文照搬,给虚假新闻的传播提供机会。

在传统媒体占主导的时代,对于新闻事实的核查有相对成熟的有效机制,一个虚假新闻要想得到大规模传播有难度。而网络传播流量大,交互性强,对网络信息发布的监管难度大,管理部门还难以做到完善、全面和有效,这容易导致虚假新闻的扩散。一批批操控网上舆论的"水军"和"网络打手",他们追逐非法利润的出发点,使得其制造和传播的新闻信息从根本上讲,不可能是真实的。他们甚至不惜扰乱社会秩序,有意发布倾向性极强的信息,达到其不可告人的目的。

第三,微博的传播过程难以控制。微博的博主一般又能够让他的追随者产生比较强的信任感,这样,一旦博主不慎发布或转发错误信息,就容易在圈子里产生很大影响,并且被他的追随者们层层传播而产生巨大的影响。博主的每条微博发布后,会自动向他的追随者播报,而追随者又可以把这条微博转发给自己的追随者,信息这样一层一层地传播出去,整个传播过程可以在很短的时间内完成。不妨把微博的这种传播方式定义为"涟漪式传播",就像在一个池塘里,水面上的任何一个地方都可能成为振源(信源),产生振动(发出信息),每个振源的振动都会引起涟漪(传播),一圈一圈地向外扩张,在它的影响范围内,随时会有新的振源(信源)出现,并产生出自己的涟漪扩大影响范围;不同的振源产生的涟漪可能会有重叠,会有干扰,会加强或减弱振动(信息)的传播力度。对于这样的传播方式,既难以像管理传统媒体一样从信息出口严格把关,又难以对信息传播过程进行管理和监控。上面的案例也可以看到,《中国新闻周刊》的信息转发,加速了谣言传播,使谣言在数分钟内被转发近千条,进一步扩大传播范围。

第四,在信息的接收方面有群众基础。随着信息传播的多渠道化,人们对传统媒体的信任度和依赖性正在逐步降低,不少时候,人们对有把关人的信息也会持有怀疑的态度,而对亲友或是比较熟悉的人传播的信息,反而有比较强烈的信任感。信息缺少把关也是有两面性的,它既是新媒体的短板,也是新媒体的优势。由于微博审核机制的缺位,在较简略的审核流程里,很多真实的消息不会因为各种现实利益而被过滤掉,它的信息比普通媒体更具有原生态特征,很多时候没有对信息进行主观的取舍,能够直接反映人们的所见所闻,真实描述发生的客观现象。这样的信息容易得到众多网民的认可,赢得网民的追随和信赖。很多网民更愿意接受这样的信息传递和信息收集方式,这成为微博信息迅速传播的群众基础。

传播学有这样的观点,信源的可信度主要取决于两个方面,一个是传播者的信誉,一个是传播者的专业权威性。从传播者信誉的角度看,很多人对博主的信任程度可能不亚于其他媒体,然而从专业权威性角度看,微博的博主一般是不如专业媒体的。由于微博信息鱼龙混杂,出现严重的重复超载,让受众目不暇接,有效信息的提取也较为困难。随着微博的发展,微博信息的公信力问题凸显出来,成为当前亟待解决的难题。人们在长期面对海量信息难辨真伪后,又会转而寄希望于权威媒体对信息的提炼。

因此,现阶段在加强信息传播的纯粹性和专业性、增强信息的公信力方面,专业媒体开微博具有绝对优势,媒体应该利用开微博的良好机遇,通过媒体的品牌效应,扩大媒体的传播渠道,充分认识新媒体特性,建立较合理的发布机制,提高微博信息的公信力,并逐步掌控在微博平台的话语权,打造媒体的微博品牌,扩大影响力。

一是要明确媒体责任,起到标杆作用。媒体官方微博代表的就是官方的品牌和权威,承担着社会责任,要把握正确导向,起到标杆作用。媒体微博是媒体品牌的一个伸延,媒体多年以来建立的品牌效应和专业权威性,在受众中产生比普通微博更加广泛的影响力。在网民看来,不管是媒体的纸质发布还是通过微博发布的,都应当是真实、权威的新闻,他们是把媒体微博上的发言与它作为强大的机构在其他平台发布的信息等同看待的。"责任造就媒体公信力",不管在什么平台上,社会公信都是媒体生命的核心,新闻真实性是媒体公信力的基础,在求快求新的同时,不能忽略"真实"这个新闻的第一要素,不能为抢时间而发布未经核实的新闻。传统媒体迫于新媒体的冲击和生存的压力,纷纷在网络媒体上开通官方微博,然而,却对包括微博在内的新媒体传播特性认识不足,不少是跟风开博,管理相对比较随意。在传统媒体试水微博等新媒体的初级阶段,难以投入一定的人力物力来保证新媒体业务的开展,一般采用只抽调个别人手从事新媒体业务,多数人按部就班走老路的模式来发展。在这种情况下,有时就可能出现一个人代表一个机构发言的状况,一人出错,就可能给媒体带来难以挽回的不良影响。在微博平台上,有的媒体为了追求"眼球效应",忘了自身的社会责任,对媒体的公信力造成巨大伤害。

二是要完善媒体微博管理机制。微博等新媒体由于具有迅速反应事实的特点,有极强的时效性,这就有24小时把关的难度。针对微博的特点,媒体必须设置可靠的管理流程和发布审核机制,采用网络、手机等多种终端联动,把关人实时审核、尽快发布的原则,要把传统媒体的严谨作风继承下来,也要把新媒体的优势发挥出来。经了解,《中国新闻周刊》的新媒体只有一个编辑负责微博内容的更新,按规定,她在上午9时至下午5时的工作时间里,发每条微博之前,需要值班的主编或者总监对内容进行审核。而"出事"的那条微博,是她下班后在家里更新的。对于工作时间以外发布的微博,单位没有明确规定要请示了谁再发,形成一个漏洞。最终,因为转发"金庸去世"的假新闻,对《中国新闻周刊》造成难以挽回的负面影响,而它的副总编及责编等人都已辞职,多人受到处分。该事件凸显出媒体微博管理机制的不成熟。

三是要建立媒体微博的纠错机制。媒体微博要充分利用新媒体迅速传播信息的特征,建立纠错机制。网络平台是双刃剑:一方面,网络成为造假源头;而另一方面,网络又是打假主战场。2010年,网络已经成了新闻打假的主战场,网友则是新闻打假的生力军,网络信息的海量和超链接等特性，为人们证实新闻的真假提供了条件。比如，最先对"金庸去世"假新闻发出鉴别结果的就是凤凰卫视的专业记者闾丘露薇，她于当晚 20 时 41 分在个人微博里辟谣，紧接着 21 时，凤凰网也及时辟谣，专业媒体和媒体人的迅速反应，在很大程度上遏制了假新闻的进一步扩散。这些信息给《中国新闻周刊》的纠错带来便利，促使其从在微博发布"金庸去世"传闻到澄清，只用了两小时十五分钟，如果同样的纠错信息在报纸上发布，至少要一天时间，在周刊上纠错，至少要一周时间。在对新媒体发布信息的时间紧迫性的充分认识后，建立有效的纠错机制，也是必不可少的一个环节。纠错越早，媒体就越能把握住话语主动权。《中国新闻周刊》的微博截至 2011 年 1 月底已有 36 万的追随者，比事发时的 30 万追随者增加了 20％以上。这也说明很多周刊微博的追随者并没有因为周刊的这次错误报道而放弃对周刊的信任。

四是要完善对网民微博信息的对接机制。媒体要密切关注微博平台动向，将网民生成的碎片化的信息进行有效的专业化的整合。要善于利用专业人才优势、技术优势和资源优势，搭建好信息收集和核实平台，建立快速的信息反应机制，加速信息的核实，避免虚假和错误信息的传播。可以考虑开辟专栏，对微博的热门话题进行实时监控，快速辨认真伪，发布权威核实信息，达到正本清源的效果，把媒体微博建设成忠于事实、疏导情绪的良好平台。在突发事件发生后，更应该承担媒体责任，及时发布权威的信息，在网络舆情引导上化被动为主动，塑造公信力。最后，要尽可能拓宽传播途径，可以考虑和有较多粉丝的博主进行合作，一边将十条左右的精选信息以 iframe 页面方式嵌入到博主微博页面中，一边对与其合作的博主进行宣传推广，取得传播上的双赢效果。

专家预测，国内微博市场预计在 2013 年前后步入市场成熟期。对于传统媒体而言，微博已经成为传统媒体获得新闻线索的重要来源，2010 年 83％的微博重大事件有传统媒体的跟进和推动，这也就有效地加强了传统媒体和公众的互动，提高了传统媒体的影响力。传统媒体应该充分发挥自身的特点和优势，借助微博的力量来进一步取得发展，及时对微博传播的即时信息进行研判，发布权威信息，建立媒体微博的公信力。

政务微博发展研究

随着我国经济的不断发展,社会建设也在日益进步,民主政治的发展也在不断地突破和创新。以往推进政治体制改革一般由中央依靠行政权力发起,如今,随着网络的不断发展,民主政治建设开始出现新变化。首先,互联网作为现代传媒,具有互动性、开放性、平等性、虚拟性等特征,它不仅推动了社会政治经济文化的发展,也使得网络舆论参与政治的方式有了更多鲜明的特点。特别是互联网的社会性和草根性这两个属性,给社会民主政治带来了什么发展和变化呢?如今有一大变化就是来自基层民众的草根民主在互联网上悄然兴起。其次,由于网络特有的便捷性和广泛性,影响力不断增强,也为普通百姓与政府部门领导的沟通建立了桥梁。领导人在网上和网民互动不再是新鲜事。在俄罗斯,无论是梅德韦杰夫,还是普京,多年来一直在网上和网民进行互动;在美国,奥巴马总统也是 Twitter 的提倡者。在我国,2008 年后,党和国家领导人在人民网等网络媒体上多次与网民交流,共商国家发展大计,这在最高层领导与基层民众之间架设起一条网络问政的高速通道。此后,各级领导干部也纷纷强调"要高度重视网上舆情,把亲自上网、了解舆情作为每天上班的必备功课,将网上舆情作为工作的第一信号"[1]。这进一步推动网络民主政治的加速发展,为民主政治改变注入全新的活力。2010 年 2 月,人民网推出人民微博不久,在 2 月 21 日出现了一个特殊的名字"国家主席胡锦涛",立刻引起了网友的关注。时任国家主席胡锦涛从春节网上拜年,到网上接受网民的提问,再到现在开设微博,无不在与时俱进。

一、微博的概念

(一)微博发展与政务微博

微博英文名为 Micro-Blogging,其概念缘于博客(Blog),是一种可以即时发布消息的系统。2006 年,博客技术先驱 blogger.com 创始人埃文·威廉姆斯创建了新兴互联网服务

---

① 王涛.网络热词登上了《人民日报》的头版头条.声屏世界,2011(1).

Twitter,其最大的功能就是让用户随时随地通过网络或手机短信来更新和发布最新动态信息。

从 2009 年年底开始,微博开始在我国出现并迅速风靡起来,成为一种时髦的新媒体。腾讯、新浪、网易、搜狐四大商业门户网站相继搭建微博架构。其中发展最快的是新浪微博,它于 2009 年 11 月 3 日上线,到 2010 年 8 月,用户开博数已近 5000 万,平均每天发帖数超 2500 万条①,到 2010 年底,新浪微博注册用户数已经超过 1 亿②。

2010 年 2 月 1 日,人民网自主研发的"人民微博"(http://t.people.com.cn)正式对外开放,这是中央网站推出的第一家微博客。省级媒体里发展微博较早的是浙江在线,于 2009 年年底推出"时刻微博"。微博把和网民的沟通延伸到手机短信等载体上。实现了全时段、全媒体的互动微博,掀起信息传播的革命。

进入 Web 2.0 时代的这几年来,平民化的传播时代已经到来。网络促进了以政府和主流媒体主导向个人主导舆论发展的转换趋势;受众可以加入知识生产的群体中,这在传统的传播时代,是不可能的;微博作为网友个体完全自为、自主的"自媒体",凸显草根性与平民化,会在一定程度上削弱政府的声音,如果政府不积极应对,会进一步削弱政府的网络话语权。

微博是互联网发展过程中产生的新形式,它具有不同于以往网络传播手段的特点,并表现出了巨大的影响力。因此,研究微博对网络民主政治的影响,就显得尤为重要。2010年以来,微博这种新的传播模式的出现,就体现出强大的吸引力,一些喜欢网络的领导干部开始开微博并在上面发表一些话题。2011 年,微博在"两会"兴起,更是推动了网络舆论通道的进一步成熟。微博拓宽了代表委员听取百姓建议的渠道,越来越多的参会者利用这一便利的沟通方式,与网民互动,开创了别样的网络问政风。

(二)政务微博的类型

利用微博,必须加强对微博的了解。这里讲的政务微博主要指两种类型的微博。

一类是政府部门开的微博。比如 2010 年 6 月,成都市政府新闻办开通微博,公开通报政府信息、重大活动,一些突发事件还会在线"直播"。2010 年 12 月 29 日,四川省开通首个省级政务信息微博平台"天府微博、聚焦四川"。2011 年 3 月,浙江省委组织部和 11 个省辖市市委组织部同时开通了官方微博。2011 年 5 月 19 日,重庆市政府新闻办在华龙网开通微博③等。

一类是政府官员或者有一定影响力的有政府背景的人员开设的微博,包括政府官员、

① 新浪发布中国微博市场首份白皮书,2010-9-10. http://www.chinaz.com/News/Portals/09101321Y2010.html.
② 卢舒倩.新浪发布财报微博用户数破亿.深圳晚报,2011-3-3.
③ 徐兴渝.重庆市政府新闻办今在华龙网开微博.华龙网,http://news.ifeng.com/gundong/detail_2011_05/19/6495850_0.shtml.

人大代表、政协委员等。2009 年 11 月,云南省委宣传部分管新闻的副部长伍晧开通的"微博云南"第一时间发布政府处理突发事件的进展。浙江省省委常委、组织部部长蔡奇 2010 年也在腾讯微博上开通"蔡奇"微博。另据不完全统计,2011 年有约 30 位全国人大代表、政协委员开通了自己的微博,房价、医改、社保、反腐倡廉、依法拆迁等微博社区上关注的热点也都顺理成章地成为"两会"上的热点话题。

在 2011 年的地方两会上,代表委员除在线交流外,微博也派上了用场。1 月 26 日,四川省政协会议间歇,樊建川委员急忙打开手机,按动键钮,用短信方式进行微博直播。从会议开幕起仅一天时间,博文就达 8 屏。在浙江政协会议上,3 位政协委员在省政协网站上开辟了"共话大学生创业"微博专区,让委员注册,与网民互动,网上集纳民意,网友就在代表委员的微博中跟帖交流。

蔡奇 ✔ 认证 (@蔡奇)

http://t.qq.com/tabtoo

广播 **2011** 条 听众 **1324412** 人 他收听 **191** 人 收录他 **4613**

腾讯网微博:2011 年 7 月 3 日截图

不久前,复旦大学"舆情与传播研究实验室"发布的中国第一份《中国政务微博研究报告》①显示,截至 2011 年 3 月 20 日,中国已有 2400 余个政务微博。报告称,"微博问政"已渐成政府信息公开的新趋势。与之同时,官员中也兴起了"微博热",一些党校在官员培训中开设了与微博相关的课程。

二、微博的特征

对政府部门和政府人员开微博来说,必须先了解微博的以下几个特点。

(一)认清微博的特殊性

对网络传播的认识除了通常使用的传播学视角外,可以从营销学和管理学的角度进行分析。比如"长尾理论",指当存储空间和流动渠道足够宽广时,需求尾部产生的效益不亚于头部产生的效益。"长尾理论"产生和成立的基础是互联网空间的无限性,同样,这

---

① 复旦大学. 中国政务研究报告. 2011-4-22.

个理论也适用于对网络舆论影响力的思考。在传统媒体时代,政府言论主导着社会的舆论,而在互联网出现后,众多的"草根"群体加入到网络的报道和评论中,他们逐渐成为舆论报道的尾部,在今天,这个尾部的舆论力量日益强大,并受到了主流媒体越来越多的关注,推动着社会的决策和进步。微博上的这个"长尾"现象更加明显,每当有重大的舆论事件发生时,催化舆论爆炸性传播的往往是那条"长尾"。

而在管理学上,有个"短板理论",又称"水桶效应",认为一个木桶无论有多高,它盛水的高度取决于其最低的那块板。如果在网络时代,政府部门恪守成规,不重视在网络上建立舆论阵地,网络就会成为政府在整个社会管理中的短板,严重削弱政府的影响力。

从微博自身来说,微博的地位和高度虽然无法与政府文件和官方网站相比,但是因为微博有着一条"长尾"以及独到的舆论影响机制,可以凭借较低的门槛凝聚巨大的舆论影响力。微博上,任何人都可以追随或被追随而不需经过同意,一个用户的好友可以是任何不认识的人,而不必是自己的亲人、同学或朋友,且添加好友的数量不受限制。微博的使用也具有了更多途径,用户不仅可以通过计算机,还可以通过手机发布信息,这正是信息来源广泛、更新及时的强大动力,这就是微博对舆论产生"长尾"的基础。

(二)了解微博的广泛性

微博要产生强大的影响力,必须培养大量的追随者。麦克卢汉提出过这样一个观点:"媒介即讯息。"在信息社会,互联网上的垃圾信息是否泛滥不是影响舆论和民主进步的根本因素,网络传播手段的不断创新才是影响网络舆论的真正动力,一个网站的用户数和技术支持通常是影响力的基础。以论坛或帖吧为例,可能多数信息是无意义的,但受到关注的几条会被置顶,并瞬时引来全社会广泛的舆论热潮。如"贾君鹏你妈妈喊你回家吃饭"这个吸引了 49 万跟帖、2008 次转帖的帖子,它影响力的生成手段和过程比内容本身令人震惊。对于微博来说,虽然多数时间、多数信息是琐碎的和个人化的,但只需要有少数有意义的信息,就可能影响整个社会的议事日程。"媒介即讯息",意味着当我们面对的是信息泛滥的现状时,考察新媒介作用的方式可能比考察新媒介的内容更有意义,微博的舆论力量是否强大,关键要看微博的用户数量是否迅猛膨胀,微博网站的开通是否越来越多,因为微博的言论传播不受地域限制,且能在链式反应传播和几何级数扩散的传播特点下快速产生极大的威力。

链式反应存在于微博的内容更新中,一个用户发表的内容可以马上被跟随者或好友看到并转发,而每个转发者的好友或跟随者又可以看到被转发的内容,因此,信息的扩散不再是一对一的传递或一对多的广播,而成为一乘以多再乘以多的链式反应,这种即时快速膨胀的信息传播,具有难以比拟的扩散优势。

(三)重视微博的互动性

政府领导在互联网上与网民沟通已经比较普遍,但是通过微博的互动仍在初期,微博的作用正在被进一步认识。微博最大的特点就是具有极强的二次传播和互动性。现实生活中,一份公告贴在公告栏里,多少人看了,不得而知,微博就不一样。某个发言如果有 2 万多条评论,等于是 2 万多人在投票;9 万多人在转发,就等于 9 万多人在投票,博主可以清楚地看到有多少人关心它。随着微博的不断被转发,产生的影响也越大,互动效果也就越明显。当一条重要信息受到关注或重要评论受到追捧时,会迅速发生链式反应并在微博用户中快速传播;当博文受到高度认可时,会形成转发的循环,并持续出现在个人页面或共享页面的顶部,获得持续的关注和舆论反应。

因此对于网民跟帖回复的问题,要尽可能地给予解答;对于网民的留言,尽可能多看一些,对具有代表性的留言要及时回复,建立良好的互动。比如前面提到的蔡奇部长的腾讯微博,蔡部长至今还保持着每天几十条的微博更新和对网民的回复,互动效果很好,到2011 年 7 月初,蔡部长腾讯微博的听众已超过 130 万。①

(四)确保微博的准确性

政务微博作为政府管理的补充工具和政府官员与民众沟通的又一得力工具,应当保持一种提供事实真相、维护社会公共秩序、引导正确的网络舆论导向的形象。虽然微博上人人都可以成为博主,但如果有一批公信力强的微博忠于事实、疏导情绪,网上舆情管理就能化被动为主动。令人欣喜的是,现在已有越来越多的政府部门开设了官方微博,开始主导网络舆情,在突发事件发生后,及时发布权威的信息。这不仅体现了有关方面的责任意识,更对民意起到了积极的引导作用。

微博正改变着公众和政府的关系。在肯定微博对于畅通民意渠道的积极意义的同时,如何确保微博传递的信息的公信力,也成为当前急需破解的问题。一两次发言不当,可能就会产生很大的不良影响,严重影响微博的公信力。所以,官方利用微博这个平台,也必须发布实事求是、公正的权威信息,杜绝虚假、欺骗民众的错误信息。开博不是作秀,如果为了自身利益,有意隐瞒、歪曲地公布虚假信息,结果只能导致相关部门公信力荡然无存。

政务微博代表的就是政府的形象和权威,承担着社会责任,要把握正确的舆论导向,起到标杆作用。政务微博是政府管理的一个伸延,党政机关多年以来建立的形象和权威性,在受众中有比普通微博更加广泛的影响力。在网民看来,不管是政府的文件发布还是通过微博发布的,都应当是真实、权威的新闻,他们是把政务微博上的发言与它作为强大的机构在其他平台发布的信息等同看待的。"责任造就政府公信力",不管在什么平台上,社会公信力都是政府管理的核心,因此确保政务微博的正确性,具有相当重要的意义。对微博影响力有了充分的认识,就要着力建立粉丝队伍,通过加强互动沟通等手段,不断稳

---

① 蔡奇. 腾讯微博. http://t.qq.com/tabtoo.

定和扩大这支队伍,拿下主导网络舆论的制高点。

三、政务微博管理的要求

如何使用政务微博呢? 我认为应该做到善于沟通、善于求策、善于理事、善于展示。

(一)善于沟通

《新京报》"京报调查"关于"官员微博热,能带来什么变化?"的提问,62.5%的被调查者在回答这个问题时,选择了"能促进官民之间的互动与交流"的答案。这说明,官员微博热能够带来的最大影响,是打破官民壁垒。[1] 公共事务管理中常会遇到这样的问题:一些民众在某些政府决策的重大事情上,对政府工作相当不支持,频频在公开场合唱反调。尽管他看起来是在反对这个事情,事实上,可能是民众对政策的理解不全面造成的。以往,政府工作人员靠贴布告、发文件强制执行,这就容易埋下隐患。民众情绪带来的危害很可能是多米诺效应,会感染到更多群众。一旦这样,政府的威信就受到很大损害。届时再去做"政治思想"工作,百姓的心里话还能轻易对政府说出口吗? 最后很可能是工作人员推心置腹了一番,群众却是不痛不痒地应付几句,或者干脆三缄其口,无动于衷。

那么,怎么样才能及时掌握民众的真实心理,缓解群众的不满情绪呢? 微博无疑是一个与群众沟通的良好平台,微博可以推翻官民之间无形的围墙。通过网络微博等非正式沟通是一种不错的选择,政府人员通过微博设置一些议题,关注一下粉丝的回复和反应,及时把握民众的情绪、思考和认同的观点,了解群众的普遍心态,进而做些针对性的工作,可以起到较好的效果。

要坦诚面对网民的批评,一般情况下不要关闭评论功能,尽量保留评论的客观代表性。不删除网友的正常评论,也不要一边倒的正面评论。对于带有一定情绪性和主观性的观点,可以通过适当的方式与之沟通,努力排解其情绪。除了可以通过微博加强沟通外,还可以了解到群众的多个侧面。不妨参考一下大众的微博:他们在关注什么? 热衷什么? 认同哪些观点? 欣赏哪些政策?

(二)善于求策

《新京报》"京报调查"另一个调查问题"你认为官员微博热的原因是什么?"64.7%的被调查者回答:"随着技术进步,改进执政手段与时俱进。"59.0%的人回答:"从微博中可以了解民间真实信息。"[2]这些原因是必要的,但并不足够。即使官民都很认可微博可能带来的下情上传、上情下达的作用,然而,如果不能实实在在地使用微博,最终微博极有可能蜕变为官员的 T 型台。

---

① 官员微博热,能带来什么变化?.新京报,2010-5-20.

② 官员微博热,能带来什么变化?.新京报,2010-5-20.

对于官员使用微博这一现象,可以上升到国家政治文明的高度来认识。可以通过微博"问计求策",进行"网络问政"。让微博成为一种获取信息的新渠道,实施社会监督的新手段。例如,2010 年全国两会召开前,《人民日报》曾就"人大代表看新兴媒体"的问题,采访了 97 名人大代表,他们表示他们使用网络的重要原因有两条,一是"通过网络搜集民情民意,开展调研",二是"充分利用电子邮件、博客、微博等新媒体,加强与人民群众的沟通、互动"。而《人民日报》则称,"以互联网为代表的新兴媒体,开通了一个 24 小时的民意通道"。

（三）善于理事

党政机关和官员注册微博时,要明确界定个人和所代表的公职身份之间的关系,善于理顺关系,办理公务。对于机构微博,更要注意对维护者加强培训,明确信息发布管理的规则和流程,严格避免使用者在机构微博中发布个人观点和看法,严格避免个人随意发布未经证实与许可的信息。

例如,伍皓这名年轻的副部长,在过去的一年多时间里因在职权范围内力推"网络新政"而备受争议。从被网民追捧到主动"暴露"个人生活,与一干网民唇枪舌剑,直至后来差点诉诸公堂。他曾对自己的微博做出新的定位:"本博改为只发宣传信息,回避谈个人的任何事情和个人观点,虽然少了些趣味性,但织围脖一年多以来,终于找准了官员微博的定位。官员开微博,就不能有自我,虽说很残酷,但在目前的网络环境下,只好如此。等中国网民的素养普遍提高以后,再展现个性吧。可惜觉悟晚了些。"相对而言,浙江省省委常委、组织部部长蔡奇的微博正面评价更多些。2011 年 1 月 12 日,蔡奇公布了个人微博,一天时间,他的微博引来网民组团围观。蔡奇表示:"每条微博都是自己动手,开博初衷是为了广泛了解民意,接受公众监督。开博已九个月,这次不小心被浮出水面,有点意外。感谢近日大家对我的爱护与鼓励。我还是个新手,不到之处请各位见谅。我尽可能回复所提问题,但精力所限难免有疏漏。既然是同学,就直呼姓名或称老蔡即可,叫职务就见生了。"

另外,目前流传着这样一句话叫"上访不如上网",很多网民也利用党政机关和官员微博这一平台,表达对现实生活中具体问题的诉求。对于这些问题的处理,微博当然不能代替上访,首先还是要努力引导网民通过现实中正常渠道解决问题。对于特殊情况,也可以采取"有限回应"的方法,也可在微博中对相关机构的职能、联系方式和办事流程予以公布,方便网民尽快解决问题。

（四）善于展示

经过认证的微博直接代表党政机关和官员的对外形象,必须重视发言的语气、用词,并努力提升公众沟通技巧。展示坦诚的形象、平等的态度是得到网民信任的首要前提,少说官话、大话、套话才能赢得网民的好感,起到应有的沟通效果。

百姓对政府官员总有更高的期望,既要有深度和广度,又要包容他人的浅薄和短视,要有宽容和宽宥；既要有主见和执著，又要能纳谏和灵活……而且，除了领导能力外，个人魅力也要强。但平时政府官员直接接触群众的机会不多，在公共场合，不是高高在上的端坐主席台，就是匆匆忙忙，无暇顾及与群众沟通。既然如此，政府官员们又该如何更好地展现自己的魅力？不妨可以利用一下"微博"，让它全方位展示个人魅力，突出个人的优势和特点。比如：有一手好文采，就偶尔小吟几句，展现风雅的一面；对某事有真知灼见，不妨发表一下，有人可能会不认同，但认同你的一定会刮目相看；如果有运动天赋，就多找点能给你加分的话题……微博是一个能和群众找到诸多共同点的平台，善用它能博得群众更多的好感。

四、微博的展望

政府对网络民意的重视，一方面是我国网民数量迅即发展的结果，另一方面也是政府信息公开机制与时俱进的体现。这也是各级党政机关顺应时代开启执政方式创新的新实践。青海省委书记强卫说："网络问政是社会发展进步的产物。网络问政是否被重视，体现出领导干部是否解放思想、与时俱进，是否善于从新生的信息交流渠道中捕捉民众智慧，倾听民意民声。"网络是当今反映社会民意，加强交流互助的重要平台，是各级领导干部了解民情、集中民智，实现科学决策、民主决策的重要渠道。通过网络这个载体，拉近了领导干部与群众的距离，使老百姓可以直接向领导干部建言献策，表达诉求。微博架起民情"连心桥"必将成为民主法治建设中亮丽的风景。政府应广开渠道问政于民、问需于民、问计于民，真心实意地为老百姓办实事。通过微博，在政府公共决策中，吸纳更多的网民参与到政治生活中来，有利于进一步凝聚民心民智，把虚拟的网络力量转化为推动社会发展的真正动力。

当然，现在的网络尚缺乏足够的秩序，一些网民反映民意实际是在发泄不满和私愤，这种现象值得思考。开设政务微博，进行网络问政，既需要网民理性地问，也要求政府官员真实、真诚地答。唯此，方能推进政务公开和民主政治建设的进程。但还有一些地方政府部门和官员在对待网络民意时反应迟滞、僵化、落伍，值得我们高度关注。此外，微博仅仅是一种工具，只是政府与民众沟通的一种渠道，既不能代替实地调查，也不能代替对实际问题的解决。

从 QQ 和 360 之争看 Web 2.0 时代的用户策略

Web 2.0 时代强调用户为王,基于"精准""互动"理念的新媒体运营中,用户是绝对的基础。根据美国《连线》杂志主编克里斯·安德森所言,互联网代表着媒体运营模式延伸到了各行各业。在互联网上,并非只是广告商付费这么简单。媒体公司能够围绕免费的信息和服务用数十种方式挣钱,包括提供增值服务,广告服务,以及直接经营电子商务等。[①]

2010 年 11 月 3 日下午,腾讯在其官网上发布了《腾讯公司致用户的一封信》,同时在 QQ 软件实时新闻同步发布公告,将在装有 360 软件的电脑上停止运行 QQ 软件。此前,360 曾发布 QQ 保镖,限制 QQ 软件的一些功能。中国互联网的两大客户端开始贴身肉搏,双方为何大动干戈? 是为了炒作产品吗? 这一事件与以往的口水战有何不同? 腾讯 QQ 和奇虎 360 是中国互联网的两大客户端软件,前者本质是基于即时通信的社交网络,后者主推互联网安全服务。但随着 360 软件的日益壮大,长期独霸用户桌面端的腾讯也不得不将其视作重要的竞争对手,并开始了布局对阵。下面来分析一下腾讯公司为什么会公开发布战书,挑起这场网络大战。

一、盈利点上的争夺

腾讯主要经营三项业务:互联网增值服务、移动及电信增值服务及网络广告。2009 年总收入为人民币 124.4 亿元,其中:互联网增值服务收入为人民币 95.3 亿元;移动及电信增值服务收入为人民币 19.1 亿元;网络广告收入为人民币 9.6 亿元。[②] 2010 年 10 月 29 日,第二大客户端软件 360 针对 QQ 推出"扣扣保镖"产品,让用户可以选择关闭 QQ 的诸多功能,其中一些功能涉及禁止启动诸多插件、屏蔽广告等,QQ 被 360 禁止的这些功能会在一定程度上影响到腾讯的收入,下面进行详细分析。

---

①　克里斯·安德森.免费——商业的未来.北京:中信出版社,2009.

②　腾讯 2009 年总收入 124.4 亿元 同比增长 73.9%.腾讯网 http://tech.qq.com/a/20100317/000347.htm.

（一）广告收入

腾讯 2009 年的广告收入为 9.6 亿元,弹窗是其吸引流量及广告主的核心资源。360 对此推出相关功能:过滤聊天窗口广告;过滤 QQ 迷你首页广告;过滤右下角新闻卡片广告及手机生活面板广告。这直接影响 QQ 的广告收入。腾讯的业务发展是借助其 IM (Instant Messaging)工具 QQ 软件所衍生的,包括腾讯门户、电子商务等,并很快获得商业回报。其门户网站 www. qq. com 的流量增长也被认为很大程度上借助了 QQ 软件,包括"QQ 迷你窗口""QQ 新闻弹窗"等的推广。而腾讯曾披露 QQ 弹窗为其带来了 20%～25% 的流量。此次"360 扣扣保镖"在"帮 QQ 加速"及"去 QQ 广告"中直指这些弹出窗口,用户可选择禁止弹窗。根据谷歌最新公布的全球 TOP1000 网站榜单,腾讯 QQ. com 网站排名第九,日独立用户数 1.3 亿,用户到达率为 8.4%。通过 www. qq. com 开展的网络广告的业务,腾讯的巨大流量也被转换成了真金白银的收入。根据腾讯公司财报,到 2010 年第二季度,其网络广告收入相比上一季度增长了 94.5%,为人民币 3.9 亿元,占第二季度总收入的 8.5%。

（二）社区增值业务收入

腾讯 2009 年社区增值业务收入为 12.9 亿元,QQ 秀、QQ 会员及 QQ 空间是最核心的来源。360 对此推出相关功能:禁止启动 QQ 秀插件;禁止启动 QQ 会员插件;禁止启动 QQ 宠物。给腾讯推出的增值业务以极大打击。360 扣扣保镖软件可对 QQ 插件、弹出窗口、广告等腾讯基于 IM 软件的推广渠道进行屏蔽和过滤,无疑将导致腾讯所惯用的新产品和业务推广方式受到较大的影响,也可能进一步导致 QQ 用户的黏性的下降。

（三）游戏业务的部分收入

腾讯 2009 年游戏收入 15.5 亿元。360 对此推出相关功能:禁止启动游戏人生插件;禁止启动腾讯对战游戏平台插件;禁止启动 QQ 游戏。以上这些措施,对腾讯游戏的推广极其不利,也严重影响了 QQ 游戏用户的使用,这些禁用导致 QQ 游戏用户因无法正常使用游戏平台而离开,给游戏业务带来巨大损失。

360 软件通过上述功能基本上就将 QQ 软件阉割成了一个纯网络聊天工具,对一款免费的 IM 工具来说,原有的盈利模式遭到极大的挑战,如何应对这一危机,是开发新的赢利点,还是不惜一切手段保护已有的盈利模式,成为腾讯要考虑的头等大事。

二、用户的争夺

互联网时代是用户为王的时代,在网络时代,任何一家软件公司都希望自己能够占领用户桌面哪怕米粒大小的位置。有了这一领地,就能充分发挥互联网的优势,收集客户需求,进行用户细分,进行网络增值服务,实现赢利。腾讯 QQ 和奇虎 360 对用户的争夺,具体手段就是驻留网络用户桌面,通过这一通道对用户产生强大的控制力。

根据官方数据,腾讯即时通讯服务的活跃账户数达 6.12 亿。凭借庞大的用户规模和天然的客户端资源,腾讯也逐步将业务延伸到前面提到的互联网诸多领域,如网络游戏、新闻资讯、电子商务、电子邮件、影音播放,等等,均抢下较大的市场优势,是名副其实的霸主。奇虎公司于 2006 年 7 月推出主打互联网安全的"360 安全卫士"软件,不到一年即成为国内最大的安全软件。据官方数据,其用户数量已经超过 3 亿,覆盖了 75% 以上的中国互联网用户,成为国内第二大桌面客户端软件。以该客户端为基础,360 延伸出免费杀毒软件、浏览器等产品,均获得了成功。本次 360 安全卫士和腾讯 QQ 决战的正式开场,标志着"占领用户桌面"的客户端之争陷入白热化。腾讯手中拥有 6 亿多忠诚的用户,希望借用户黏度一举将 360 击溃;360 则握着名为"安全"的底牌,希望利用用户的恐惧心理,让他们不再忠于 QQ。

为了赢得更多的用户,今年来,腾讯和 360 都不惜花重金大做广告。腾讯 2009 年 12 月至 2010 年初的大型品牌电视广告活动,使腾讯网的品牌形象和知名度进一步提升。公司还通过加强重大事件的报道,并提高各个频道的内容质量,致力提升腾讯网来取得主流媒体的地位。2010 年,利用 2010 上海世博会赞助商以及诸如世界杯等重大事件报道的机会,进一步提高腾讯网的品牌地位和媒体影响力。

360 也不落后。进入 2010 年,奇虎公司对杀毒软件的推广越发频繁,推广力度也让其他软件汗颜,和腾讯公司一样,对平时软件行业很少涉及的传统电视媒体,奇虎公司也没有放过。2010 年 2 月,360 杀毒软件直接在中央电视台上大做产品广告。在 CCTV2 经济频道的晚上黄金时段,360 杀毒软件的广告频繁轮播,这对于一款免费的软件来说,实属难得。在 CCTV2 播出的这段 360 杀毒广告,由身兼主持人、导演和演员多职的刘仪伟代言,整幅广告以反复直白的形式在宣传 360 杀毒软件的"免费"特性,操作可谓大手笔。

QQ 软件和 360 杀毒软件都是免费的,为什么还要上央视大做广告呢? 免费的东西到底要不要花钱做广告,目的是什么呢? 其实,不管采用什么样的手段,最终目的只有一个,赢得更大的用户数。腾讯 QQ 和奇虎 360 都采取了免费商业模式,不妨先来看看,究竟什么是免费商业模式? 根据克里斯·安德森的说法,这种新型的"免费"商业模式是一种建立在电脑字节基础之上的经济。这是数字化时代一个独有特征,如果某样东西成了软件,那么它的成本和价格也会不可避免地趋于零化。这种趋势正在催生一个巨量的新经济,这也是史无前例的,在这种新经济中基本的定价就是零。"免费"需要一种把货物和服务的成本压低到零的新型卓越能力。在 20 世纪"免费"是一种强有力的推销手段,而在 21 世纪它已经成为一种全新的经济模式。"免费"的目的就是建立极大的用户群体,然后对用户群体的寻求进行引导和细分,把这个群体各自的需求和特点划分成多个"小群体",

并对小群体进行精准营销,开展各种"收费"业务,实现赢利。简而言之,就是"大众免费,小众收费"的模式。

免费为腾讯带来了巨大的注意力效应,腾讯网继续创下中国门户网站流量新高,注册用户超过6亿,即时通信服务QQ最高同时在线账户数于2010年3月突破了1亿,在中国互联网史上树立了一个新的里程碑,为收费提供了基础。其中,腾讯QQ的互联网增值服务付费包月用户数为5160万,移动及电信增值服务付费包月用户数为2030万。2009年,公司的核心即时通信平台取得快速增长,归功于日趋受欢迎的社交网络服务通过跨平台整合提高了用户活跃度和参与度;另外,具有上网功能的手机安装客户端软件也增加了即时通信服务的使用。

免费的最大好处自然是能累积起巨大用户群。在360之前,中国互联网安全市场用户数量有限,但免费这一特性使360用户数在短短两三年内达到3亿,并仍在飞速增长。几百万的规模和上亿的规模,对一个公司的战略意义截然不同。因此,奇虎360竭尽全力争取尽可能多的用户,只要聚集起数亿用户,赚大钱自然不难。免费也使360软件对互联网安全行业彻底颠覆:如果有免费而可靠的安全解决方案,谁还会每年花几十元甚至上百元来付费安装杀毒软件?因此,与360免费杀毒用户数的上升曲线对应的是,金山、瑞星和卡巴斯基等传统杀毒软件市场份额的不断下跌。

彻底的免费永远是陷阱。对企业而言,无论如何变化商业模式,始终要有收入来源。与免费相联系的商业模式通常是广告和增值服务。前者很容易降低产品体验,后者则容易落入降低基础服务质量而推销增值服务的窠臼。免费经济学的真谛是:"免费服务必须完美无缺才能吸引大规模用户,增值服务则应与免费服务既有内在关联,又不同质化。一定要按照'1%'的规律把握好尺度,设计出大部分人不会用、但极少数人一定会花钱用的东西。"拥有大量用户,并通过自身技术优势对用户进行合理分类,实现精准营销,必将取得巨大利润,这是免费中蕴藏的金矿。以此逻辑,360即将推出收费的安全存储和电脑远程维护服务[①]:它们不同于360防病毒产品,又都处在互联网泛安全概念下;大多数人用不上,少数人极需要。360调查显示,5%~10%的人对这些服务感兴趣,远超1%的预期。如果360致力于此,或许还不会引发这场纷争。

然而,作为互联网上客户量第一和第二的软件,由于奇虎公司和腾讯公司各自客户量的飞速增长已经网罗了大部分的网民,关于用户的争夺就不再是各自为政、自说自话,而是渐渐进入直接对抗、贴身肉搏的状态。2010年10月29日奇虎公司针对腾讯QQ推出"扣扣保镖"软件,对QQ全面监控,让用户享受绿色QQ,帮助网民屏蔽了大量网民不喜欢的捆绑服务,极大地收罗了网民人心,推出3天注册用户就达到8000万。如果有8000

---

① 360度进攻,环球企业家网站 www.gemag.com.cn(北京).

多万人看不到商家在 QQ 上的广告了,很多广告商可能会降低在 QQ 上投广告的可能,这对腾讯来说是一个不小的损失。而且,还会降低腾讯门户网站的流量,从前只要弹出的新闻就迅速带来几百万访问者,如今让"扣扣保镖"拒之门外。此外,按照这种发展势头,短期内奇虎 360 就能够把大部分的 QQ 用户变成它和 QQ 的共同用户,QQ 十多年来积累的用户群体可能在短期内就被 360 共享,这对 QQ 推广它的增值业务也造成重创。

由此可以看出,奇虎推出"QQ 保镖"软件主要目的就是把 QQ 用户变成自己的用户。打个比方,腾讯公司做烤鹅卖,卖得很好,奇虎公司看有那么多人爱吃烤鹅,就研制出一种胡椒粉,然后强行在烤鹅上撒胡椒粉,多数客户吃了带胡椒粉的烤鹅,都喜欢上了这种口味,以至于不带胡椒粉的烤鹅就卖不好,最终 6 亿多的烤鹅客户也成了胡椒粉的客户。其次,因为有胡椒粉烤鹅的口味迎合了大部分客户的口味,以至于腾讯公司研制出许多新口味的烤鹅都卖不好,就使得腾讯公司的业绩也受到了很大的影响。

这样,360"QQ 保镖"正在成为企鹅帝国从开始发展到目前遇到的最大的绊脚石,这引发腾讯公司的极端不满,最终采取冒天下大不韪的极端行为进行反击,打响了这次用户保卫战。

三、腾讯 QQ 的优势和损失

几年来,腾讯公司和奇虎公司通过自己的团队,开发出了各自独有的优势产品和服务,各自也都赢得了数以亿计的网友。实事求是地说,两大公司的产品和服务都是不可替代的:不用 QQ 不方便工作和沟通;不用 360,电脑的安全没有保障。所以,大多数网友在使用 QQ 的同时,也都在使用 360 产品。QQ 和 360 已经成为大量网络用户必不可少的两样基本的工具软件。

然而,用户对两大工具的依赖还是有明显区别的。从某种意义上来说,用不用 QQ 不是网民本人能够决定得了的,取决于他的用户群和好友圈,很多 QQ 用户多年来积累的朋友,业务的联系都通过 QQ,失去 QQ 可能就失去很多和朋友的直接联系。据有关统计,一个 QQ 账户平均有 250 个好友,也就是说,如果多数好友还在用 QQ,少部分退出的人会给自己造成诸多不便。所以在多数人没有停止使用 QQ 之时,网民个人很难脱离这软件。然而,用不用 360 软件由网民本人说了算,电脑的安全问题大不了通过花点钱装个付费的杀毒软件来解决,毕竟在现代社会,人脉资源比小钱重要得多。QQ 利用用户的这一特点,在 11 月 3 日发出战书,挑起了这场战争。

正是两大公司产品和服务都具有一定的不可替代性,演变成了它们用来"绑架"网友的条件,使网友陷入两难。就像夫妻离婚,非要让自己的孩子选择其中一个,否则夫妻就会对孩子六亲不认。殊不知,这样自私的父母早已在孩子心目中自毁形象,因为他们只站在自己的角度考虑问题,根本没有考虑孩子的想法。尽管这个比喻不是很恰当,但恰恰说明，这种做法也是自私的。腾讯用一群好友绑架一个网民，虽然暂时赢了和 360 的战争，长远看来，必将失去民心，这种做法，极大伤害了网友的感情，使数以亿计的网友沦为腾讯公司的竞争工具，从某种程度上说也使 QQ 用户成了受害者。不少网民已经组团转战新浪 UC、skype、MSN 等其他 IM 工具，长久看来，网民对 QQ 软件的黏度必将降低。

四、启示

众所周知，一个有良知的、负责任的企业，在遵循市场经济公平竞争规律的同时，更加注重对用户的保护和尊重，这不仅是树立企业形象、提升企业影响力、扩大企业市场份额的途径，更是企业追求的最高目标。一个企业要走向国际化，成为国际知名企业，就必须秉承道德信念，承担企业社会责任，就必须克服自私的欲望。狭隘的企业观、狭隘的发展观，最终将导致企业被市场所淘汰。正如古人所说：己所不欲，勿施于人。大多数普通的网络用户对这场客户端终极战争谁胜谁负并不关心，他们只希望驻留在自己电脑桌面上的网络软件能够各司其职，和谐相处。这场战争在政府的直接干预下，两款软件各自表示愿意和平共处，但是，这也折射出网络时代的危机。法规不健全、竞争无序等问题都有待进一步解决。腾讯 QQ 虽然貌似赢得了一些胜利，但是这次突如其来的袭击对用户的伤害是难以弥补的，也给网民做了一次深刻的危机教育。我们期望的是有健全的行业规则或者相关的法律，来约束这个行业，让这个行业健康良好发展，让任何一款软件都能使用户用得放心。

第三编　数字媒体应用

数字媒体正在路上，面对飞速发展的网络世界，互联网思维与各行各业都碰撞出各种各样的火花，改变社会和生活的方方面面。人们只有把全面融合作为根本，不断地拥抱变化，激发人的积极性和创造性去适应调整，才能走得更远。媒体融合显然是一道没有标准答案的开放式命题，发令枪已然响起，让我们一起尽情奔跑……

Initiating New Prospects of Rural Science Popularization in the Digital Media Era

I. Significance and Focus of Rural Science Popularization

"Three issues concerning agriculture, countryside and farmers" are the key problems in the building of well-off countryside, the core of such questions is the agricultural efficiency. The dissemination of new technologies, new ideas and culture about new socialist countryside construction should depend on the popular science work. Humanistic spirit, atmosphere of public opinion and social environment should be promoted and created by the media. Therefore, we must have a thorough understanding about the construction of the new socialist countryside. It is necessary to enhance greatly the propaganda of science popularization in rural areas.

Rural science popularization is focused on universal, convenient and practical information service in this new era. Recently, local authorities in Zhejiang have tried to issue a series of policies aimed at rural science popularization work, having gained a lot of valuable experience, then spread the experience step by step and expanded the work in waves. Rural science popularization work includes such two sides: giving full play to the important role of traditional media, and actively exploring digital media outreach capabilities.

II. Strengthening of the Traditional Media

For decades, science propaganda in rural areas has relied primarily on two measures. One is the print media, including newspapers, periodicals, books, and posters and so on, which is the important way to spread scientific thinking, advocate scientific methods, carry forward the scientific spirit, popularize scientific knowledge to improve the quality of public science and culture.[①] On July 1,1964, the *Zhejiang Science and Technology* was published. It is a professional newspaper about popular science construction, to promote the scientific spirit and popularize scientific knowledge, which has a circulation of more than 200,000, and has been deeply welcomed by readers of the urban and rural areas. Readers construe it as "the golden key to get rich". Beginning since the 1980's, popular science construction of county newspapers is the forefront of China. On June 15,1981, the *Jinhua Popular Science* was launched. Then, many kinds of Popular Science journals were also published in Zhejiang. As newspaper contents were getting closer to local farmers, newspapers had a broader impact in rural areas, and the propaganda effect has been better.

On the other hand, there is the transmission of audiovisual media, including radio, television, film and so on. Public scientific literacy survey of the China Association for Science and Technology shows that television has been one of the largest channels accessing to scientific information in recent years. The Radio Film and Television Production Centre for Science Education is Zhejiang Provincial Science Education Institution, taking science education, publishing and technology promotion responsibilities, with 200 square meters, the virtual studio, a lot of video and audio equipments. Aimed to improve the scientific quality of the people, its mainly interview partners are academicians and experts.

Two major issues about science popularization in the countryside should be considered: Firstly, the terminal should have a high degree of popularity, and the second is more convenient operation. Demand for Zhejiang government has widely established electronic reading devices in urban and rural are as to improve the newspaper's ability to communicate and to enhance the digital transformation of radio and television.

1. Establish Electronic Reading Common Facilities

Traditional newspapers have two very important advantages. One is abundant

---

① Zhang Linjun. Science Popularization and the New Rural Construction—The Role of Popular Print Media in the Rural Propaganda[J]. *China's Foreign Trade*, pp. 296(Ch),2011. 9.

resources, there are many sources of information, certainly distribution channels and lots of readers. The other is the credibility. However, its disadvantage is also clear, people cannot read without subscription. Many places in Zhejiang have established many electronic reading common facilities. It provides reading newspaper free.

The *Xiaoshan Daily* office has began to establish many electronic reading common facilities at urban and rural since 2005. It occupied the propaganda position, led the mass reading, enhancing spiritual and cultural life of the people, promoting scientific and cultural knowledge.

In this period, Ningbo, Jinhua and Huzhou had also established a lot of electronic reading common facilities.

It is an available method to improve the rural science popularization capability.

2. Founding of Propaganda System Model of Paroxysmal Public Crisis

Effects of popular science are unable to appear in a relatively short period, but its results will be better to spread related scientific knowledge in the process of paroxysmal public crisis and disaster relief than radio or TV programmers. We must firmly grasp chances to spread the science after the incident.

After the Wenchuan Earthquake, radio and TV were disseminating the relevant information and knowledge, let audiences accept numerous scientific knowledge, such as seismic exploration knowledge, maritime satellite phone and life instrument and so on. It shows that the most efficient communication must be in the process of public crisis emergency. Because scientific knowledge is closely related to the vital interests of the public and causes great concern and the most profound memories, we should attach importance to the golden opportunity of popular science propaganda to promote the healthy development of the situation. The Zhenhai PX Project triggered mass incidents in October 2012. After that, local authorities use various media, including newspaper, Internet, radio and TV, multi-dimensional communicated related scientific knowledge and government information. So that, the event was over soon.

Ⅲ. Development of Network Digital Media

China Internet Network Information Center (CNNIC) released the *31st China Internet Development Status Report*, showing the number of Chinese netizens has reached 564 million by the end of december 2012, Internet penetration has reached 42.1%. It provides an opportunity for leap-forward development of the popular science work in the countryside.

Since 2009, popular science in rural areas has closely followed the development of digital media, innovated methods of work in Zhejiang.

1. Construct Digital Television Broadcasting

Because of the traditional radio and television is extensive and influential, it is necessary to take digital transformation of radio and television, and to improve the ability of popular science propaganda.

In recent years, "four in one digital agriculture" project, based on CATV network in Hangzhou "digital television services, rural information service, rural information service platform, and broadband communications", has meet the requirements of information development in rural areas. Bring the low cost and full coverage, multifunctional development goals into truth.

Hangzhou "Digital agriculture" project started in 2009, 31 villages have implemented the "Digital agriculture" project by the end of 2009. The total number of users had exceeded 330,000 by 2010, and 974,000 by 2011.

Conversion of digital cable television has been rapidly advanced in Zhejiang Province by the end of 2011, as the forefront in China. Hangzhou "Digital agriculture" Project broke the traditional pattern of rural informatization. It has a scientific meaning and played a great role for the rural popular science.

2. Try Using "The Fifth Media"

The 31st China Internet Development Statistics Report shows that the number of Mobile internet users in China is 420 million at the end of December 2012, annual growth rate of 18.1%. At the same time, amount of mobile internet users continues to improve from 69.3% to 74.5%. Mobile has become the largest internet terminal.

Mobile newspapers, such as the mobile Web can be used anytime and anywhere. Mobile media has become an important way to spread among persons. The following newspapers, radio, television and the Internet can be called "the fifth media". ①

By the end of December 2012, more than 80 percent in rural areas of Zhejiang Province is mobile users. Popularity of mobile phones in rural degrees higher than the computer. Mobile newspaper is simple, low cost, send quick, receive convenient, users may read it in fragmented time. It is more suitable for peasant to read. Issuing mobile newspaper is also a good way for Rural Science of science and technology.

The Mobile Newspaper of *Zhejiang Science and Technology* is the most professional mobile newspaper in Zhejiang Province, as a result of the cooperation between the Zhejiang Science and Technology newspaper office and Zhejiang Mobile company, which including information technology, life discovery, healthy life, novelty agriculture.

3. Develop a Network Platform of Popular Science

The characteristic of network is interactivity and mass. The result indicated that the application of network can heighten an effect for the popular science. ② At present, rural areas in Zhejiang Province all launched Network. It is necessary to build a new popular science propaganda positions on the network. In Zhejiang countryside, a new generation of young farmers are growing up, chasing the tide, catching in Internet, mobile newspaper, microblogging. We should build the network platform of the popular science propaganda for them. The popular science propaganda relying on Internet, set up popular science website to promote scientific and technological knowledge for farmers. ③ In recent years, using microblogging to carry out the work of popular science are more popular.

On March 5, 2012, Zhejiang popular microblogging phalanx, the first provincial science based on Tencent microblogging twitter Square officially launched. It is led by Zhejiang Provincial Association of Science and Technology. As popular science Resources Co-Constructing and Sharing innovative ideas is creative and rich, microblogging twitter Square will provide more powerful impetus to improve the quality

---

① Yun Xiao, Runqiang Wang, Ying Wang, Hongyu Bi. Research on the Development and Trend of Mobile Science Communication Industry[J]. *Science Popularization*, pp. 90, 2011. 2 (supplement).

② Wang Qin. Changes in the Concept of Digital Popular Science[J]. *Science Popularization*, pp. 32-38(Ch), 2011. 8.

③ Shang Ye, Liu Kaili. The Rethinking of Popular Sciences Propaganda in the Internet Age[J]. *Modern Science*, pp. 109(Ch), 2009. 7.

of popular science. ①

The successful building of microblogging phalanx in Zhejiang has brought enlightenment to the popular science work in the countryside. ②

However, network media is a "fast-food culture". Popular science work must be prevented from pursuing the so-called big effect on the content and presentation techniques, or some sweet wildness phenomena. It is possible to get better publicity for popular science propaganda platform with digital media only with a good brand and credibility.

Ⅳ. Conclusions and Implications

Digital Media provides a good platform to spread scientific knowledge. Rural popular science works splendidly in the digital media era in Zhejiang, it mainly caught two points: Firstly, that make full use of traditional media, keep innovating and develop new mode; Secondly, seize the opportunity, create a more diversified forms of popular science communication applying websites, mobile phone and twitter. Through a variety of digital media to learn knowledge, people can really feel the strength and charm of popular science. These experiences can provide a reference to the popular science, and to create a better future in Digital Media era.

Ⅴ. Acknowledgement

Here, I would like to take this opportunity to extend my gratitude to all the local governments and agencies concerned in Zhejiang, for their support to my research and writing.

Funding: 2013 Zhejiang Philosophy and Social Science Planning of "the Zhijiang Youth Project" (Grant No. 13ZJQN088YB).

SHS Web of Conferences 6, 04003 (2014)
DOI: 10. 1051/shsconf/ 201406 04003
published by EDP Sciences, 2014
(ISTP 收录)

---

① Ye Yuyue. Microblogging Group Is Playing an Important Role in Popular Sciences[N]. *Zhejiang Daily*. 2012. 3. 5(Ch).

② 2012 University Student Volunteers Environmental Protection Popular Science Activity in Thousands of Villages Has Been Started[EB/OL]. Tencent Education(Ch). http://edu. qq. com/a/20120322/000378. htm

浙江长兴:科技券带来了什么

浙江农晨饲料科技有限公司董事长林志勇从县科技局副局长杨冯梅手里接过1万元科技券,他没想到,这竟是浙江省长兴县第一张科技券,也是中国第一张跨区域流通科技券。

那是2013年10月。而今科技券的应用在该县已如火如荼。

"2013年以来,我们已发放科技券6万多张,总金额5627万元,直接带动企业科研投入1.27亿元,极大地激发了企业创新的积极性。"5月13日,长兴县科技局局长陈锋接受记者采访时说。

一、逼上科技创新路

2013年7月,长兴县委县政府为推进科技工作进行调研时发现,企业科技创新意识虽很迫切,但该县人才和科技资源严重不足,无法满足需求,这一问题引起县委县政府的高度重视。

县委常委、宣传部长王庆忠告诉记者,长兴工业曾以水泥、砖瓦、电池、纺织等污染型、资源型、粗放型企业为主。2005年,该县爆发了震惊浙江的"血铅中毒"事件,长兴因此成为"省级环境保护重点监管区"。

痛定思痛,长兴县决心改变经济发展模式,2005年召开了"不发展会议"——停止粗放型、污染型、环境型经济发展模式,要求企业转型升级!壮士断腕,全县蓄电池企业从175家锐减至30家,并以每年一个传统产业的速度推进对石粉、水泥、粉体、印染、造纸、耐火等行业的整治。

如今长兴已成为国家级生态县。

是环境倒逼使长兴觉醒:不依靠科技,发展没有出路!

十余年过去,长兴又面临新问题:创新需求旺盛,但缺少高校、科研机构和高层次人才,资源要素制约企业创新,2012年,长兴企业R&D经费支出仅占主营业务收入的0.9%。

长兴必须走与高校、科研机构合作的路!

长兴是一个极富创新意识的县,2001年在全国首创教育券引起轰动,此后还设立了文化券、旅游券等。能否设立科技券来帮助企业购买科技服务?2013年7月,长兴县委常委会提出了设立科技券的设想。

王庆忠说,该县每年的强县资金和科技创新专项资金上亿元,但奖给企业,企业却不会主动把钱用在科技创新上。若用科技券的形式奖励给企业,逼企业将资金用于创新,则能激发企业投资科技的积极性。

2013年9月,长兴县开始发放科技券,这是我国第一个跨区域流通的科技券。

二、激活资源供企业共享

长兴县内科技资源匮乏,周边的长三角研发人员占全国的1/5,研发经费投入、专利申请总量、高技术产业产值接近全国的1/3。上海等地的研发公共服务平台大批科研机构设备闲置。

科技券重点服务中小微科技企业,政府发券激励企业,企业凭券购买创新服务,政府按券给予企业补助。该县设立专门与上海研发公共服务平台对接的长兴分中心,负责受理科技券的申请、联系、服务、兑现等工作,还与上海平台签署战略合作协议,由该平台帮助长兴解决企业技术难题,所需费用部分由科技券来支付。科技券的使用方式是企业先支付、政府事后兑现。

科技券被分成申请类和奖补类两种,前者凡省、市、县认定的科技企业均可提出申请,可获3万~10万元的额度,兑现比例是60%;奖补类须符合县建设工业强县专项资金、县科技创新专项资金规定条件企业方可,兑现率为80%。科技券可跨区域流通,国内国外均可用,凡产品检验检测、研发设备购买、人才引进、国际专利购买都可用科技券支付。

"科技券将长三角地区的科技资源一网打尽,"陈峰兴奋地说,"上海研发公共服务平台、江苏大型仪表仪器公共服务平台、浙江科技云服务平台三大平台共汇集了浙、沪、苏三地各类加盟机构3800余家、大型科学仪器7万多台套、30多万名高层次科研人才和技术创新服务专家,这些资源都向长兴企业敞开大门。"

三、激发企业创新积极性

记者5月中旬在长兴一些企业采访,一个强烈的感受是:中小微企业的创新积极性被激发出来了。

记者13日走进浙江新高包装有限公司董事长徐建学的办公室,迎面一匾:"天道酬勤",一个一米多高的弹壳上,"百战百胜"4个字透过岁月风尘表明主人曾经的身份:坦克兵。

对徐建学来说,科技券不仅是钱,更是他创新的后盾。

潜心科研的徐建学倒真是"天道酬勤":仅中专学历的他,20年已斩获12个实用新型专利和 3 个已申报的发明专利。

发明的过程虽非"百战百胜",但他曾夺得全国冠军:率先研发成功的民用炸弹包装薄膜使他的企业在 2004—2009 年间成为国内该产品的唯一企业。

徐建学是浙江长广煤矿职工。长广煤矿炸药厂一直生产极易引发爆炸的粉状炸药,1996 年从美国引进乳胶炸药后,安全性能大幅提高,但乳胶炸药所需的塑料薄膜包装我国无法生产,只能向国外购买。

连塑料薄膜都不能生产?徐建学不服,遂开始研发。他倾其所有购得一套旧设备进行研制,其间的艰辛无法言说,关键时连续 70 多个小时未睡,一次,他骑摩托车上班在车上睡着,车子冲下路基,撞向一棵大树……

2003 年,乳胶炸药包装薄膜研制成功,此时徐建学已倾家荡产,负债累累。次年,徐建学建成国内第一家乳胶炸药塑料包装薄膜生产企业。而今他的产品已占全国市场份额的 26%。

创新永无尽头。现国际上最先进的炸药包装薄膜系用一种特殊的拉伸工艺加工而成,该工艺能使薄膜在力学性能相同的情况下减少一半厚度。

新目标出现,他决定发起进攻。但建实验室就要 1000 万,且成功并无把握。创新路上徐感到很累,上不上?他犹豫。"是科技券帮我下了决心。"他说。12 万元科技券相对 1000 万投入微不足道,徐建学接过科技券时却感到一份沉甸甸的激动。"钱不多,但感觉很好,因为背后有政府支持。"他说。

林志勇拿到的是长兴第一张科技券,他马上用来支付上海的 1 万元检测费,这使他感觉很好。"我是小微企业,3 年来已拿到 10 多万元科技券。钱不多,但帮我解决了流动资金问题,"林志勇说,"我已申请了两项发明专利。"

科技券同样激发了大中型企业的创新热情。天能集团总裁办副主任宋文龙说,该集团年销售额 700 多亿元,几年来已兑现科技券 708 万元,去年该集团锂电池销售额 7 亿元,为实现 2020 年达到 100 亿元的目标,集团急需解决电池包问题,为此去年引进两位国际顶尖专家,向猎头公司支付的 42 万元中介费就来源于科技券。

超威集团是长兴最大的企业,集团政研室副主任黄思淼说,该集团去年销售额 750 亿元,建有国家实验室、院士工作站。集团利用科技券与哈工大进行高性能动力电池的课题研究;去年集团购买的扫描电镜,340 万元中有 160 万元是用科技券支付的。

据悉,长兴县 279 家科技型企业全部都享受到申请类科技券,有 507 家企业享受到奖补类科技券。2013 年以来全县已发放科技券 6 万多张,共 5627 万元,直接带动企业科研投入 1.27 亿元,极大地激发了企业创新的积极性。

四、科技券的首创效应

科技券使该县企业创新积极性倍增。据统计,该县有 416 家企业利用科技券开展了科技创新活动,购买专利 157 项,制定标准 87 项,引进高层次人才 45 人;全县研发经费从 2012 年的 8 亿元增至 2015 年的 12.4 亿元,专利申请量从 2941 增至 4785 件,发明专利授权从 144 件增至 456 件。

科技券的发放引起国家有关部门的关注。2014 年,科技部原副部长王伟中专程赴长兴调研,对长兴在公共服务平台和科技券上的创新举措给予充分肯定,希望为创新驱动发展战略的实施提供更多可供借鉴的蓝本。

2015 年 2 月,浙江省借鉴长兴的做法推出科技创新券;2015 年 4 月,上海亦实施"科技创新券"。据悉,目前全国已有 13 个地区开始采用科技券或创新券。

陈锋说,科技券能实施并取得较好效果,与长兴县领导的高度重视分不开。长兴县委书记吕志良被称为"科技书记",他高度重视这项工作,亲自参与调研并决策。

吕志良接受记者采访时说:科技券的作用是"借梯登高、借脑引智、借船出海",使高校科研机构的资源为我所用,起到四两拨千斤的作用。科技券投入不多,却带动企业研发的积极性,体现了政府的精准发力,补科技短板,使政府的有限资金做到有的放矢的投入。

(与严红枫等合作,《光明日报》2016-5-25:5 版)

科技创新：插上"科技券"的翅膀腾飞

2016 年 5 月 30 日，习近平总书记在全国科技创新大会、两院院士大会、中国科协第九次全国代表大会上讲话，提出了建设科技强国的总体目标，强调坚持走中国特色自主创新道路，面向世界科技前沿、面向经济主战场、面向国家重大需求，加快各领域科技创新，掌握全球科技竞争先机，对实施创新驱动发展战略进行了动员和部署，预示着我国创新驱动发展战略全面实施。

目前，我国中小企业普遍存在创新资源缺乏、创新动力不足等问题，在大众创业、万众创新的要求下，如何激发企业创新的内需？如何破解科技资源不足的问题？浙江省长兴县推出的国内首创跨区域流通的科技券政策，可以为破解以上问题提供借鉴。

探寻太湖之滨的这个拥有 1700 多年历史的古老长兴县转型发展后焕发出勃勃生机的秘密，可以发现一纸小小的"科技券"是其科技创新的高效催化剂之一。长兴县政府把资金精准地投入到扶持企业科技创新中，采用科技券的形式发放，借此激发企业科技创新的积极性，带动企业的科研投入，起到四两拨千斤的作用；同时，也激活了科研机构闲置的设备、技术、人才等资源，使之更好地为地方经济服务；创新驱动引领地方经济转型升级，促进企业向科技型、创新型、环保型转型，建立一个生机勃勃的科技创新生态体系。长兴县的创新之举有利于创新驱动发展战略的实施，目前这一做法已在浙江、上海等省市推广开了。

一、科技券是科技创新的门票

科技券在国外常被称为创新券（Innovation Vouchers），是由政府投入，无偿资助企业用于购买高新技术、支付大型科学仪器使用费、质量认证和科技查新等服务，推动企业创新的"有价证券"，并制定一系列配套的政策来保障实施。[①]

2004 年以来，欧洲的荷兰、丹麦、意大利、比利时、爱尔兰，亚洲的新加坡等十几个国

[①] Get an Innovation Voucher, http://www.investni.com/support-for-business/products-and-services/innovation-vouchers.html.

家相继出台科技创新券政策。荷兰等国的科技创新券分为单一券和联合券,单一券面额较小,由一个企业单独使用;联合券一般用于多个企业合作较大的项目时。① 瑞士等国的科技创新券分为普通券与专项券,普通券所有领域企业都可以申请,专项券只限于在环保技术、高新技术等特定领域的企业领用。德国政府始终非常重视为企业的研发和创新提供必要的资金支持,在 2005 年发布的国际创新政策研究报告中,就对创新券政策的实施过程和实施效果做了分析研究,包括为企业提供创新的投融资政策,鼓励创新型企业的开设,促进科研立项,为相关企业的研发和创新活动提供基础设施建设,以及提供发放贷款等优惠条件。德国政府对科研机构也提供多种资助渠道,包括与政府、企业以及非营利机构之间的相互协作等,同时积极开展欧盟内部的各项合作计划。② 德国 2/3 的科研经费主要来自于企业,这充分说明企业对科研成果的迫切需求以及对已经转化为实际应用的科研成果的认可及反馈。

在我国,地方政府加快转变职能,推动结构调整和产业升级,依托科技与创新来改变高投入、高消耗、高排放的粗放型增长方式,达到质量与效益、经济与社会协调的发展模式,需要依靠新体制牵动,新机制驱动,新产业拉动,"倒逼"企业改变原先高消耗、高投入的粗放型经营管理方式,使经济效益和环保水平都有一个显著提升。2012 年 9 月后,江苏宿迁市、黑龙江哈尔滨市香坊区先后开展科技创新券实践。③

长兴是一个以传统产业为主导的工业大县,在工业大县向工业强县发展的过程中,2013 年 7 月组织人员进行了一次深入的科技调研,发现很多企业在技术、人才、科研设备等方面存在严重不足,限制了企业的发展,而周边长三角地区集聚了丰富的科技资源,可以提供大量专家、技术、大型设备、培训等一系列的研发创新服务,长兴企业每年在这些机构检验检测和科技查新需花费 100 万元左右。④ 为了进一步推动本地企业与周边科技资源的对接,9 月长兴县推出可以在长三角跨区域使用的科技券,分为两类,一种是奖补类,主要用于科技奖励,根据原有的奖励政策做了一些改进和调整,以便更好地推动企业创新;一种是申请类,主要用于推动广大中小创新型企业的科技创新,首次发放给 200 多家企业,每家 1 万元,如果不够用,可以再申请 2 万元科技券。科技券可以用来支付与长兴县服务平台对接的上海市的 73 家专业技术服务平台,79 个上海市重点实验室,62 个上海市工程技术研究中心等单位大型科学仪器设施、科技文献和科技服务等方面的费用。

政府出钱"打包"买科技服务,为中小企业开启了一扇科技创新之门。浙江元森态家具有限公司生产户外休闲产品,在长兴找不到足够权威的检测机构对 UV 色牢度、颜色

---

① 李希义.创新券在国外.科技中国,2016(4).

② 王海燕,梁洪力.德国创新体系的特征与启示.中国国情国力,2014(4).

③ 朱悦,张贵红,王茜.欧洲创新券"试水"中国——宿迁实施创新券制度调研.华东科技,2013(9).

④ 数据由长兴县科技局提供。

变化、弯曲强度、冻融测试等项目的检测分析，后来通过科技券服务平台，联系到上海天祥质量技术服务有限公司金桥分公司，快速解决了技术检测问题，为产品远销世界各地取得了宝贵的质量"通行证"。浙江新高包装有限公司主要生产炸药包装膜，设计的一款新产品一直没有找到满意的检测机构，又买不起上百万的高端精密仪器做检测，通过长兴科技券平台组织的现场会，找到上海高分子材料研究开发中心，为包装膜材料成分进行科学的分析和检测，获得可靠的数据，让公司搁置了大半年的项目起死回生，很快就投入正式生产了。

2015 年版 1000 元面值申请类科技券正面

2015 年版 1000 元面值申请类科技券反面

2015 年版 5000 元面值奖补类科技券正面

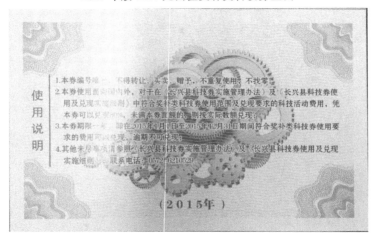

2015 年版 5000 元面值奖补类科技券反面

2015 年版 10000 元面值奖补类科技券正面

2015 年版 10000 元面值奖补类科技券反面

二、科技券是科研资金精准投放的保障

新政策要落地，科技管理体制上也要有创新。从国外的情况看，荷兰创新券由政府经济事务部下属的创新与可持续发展局管理；瑞士由创新促进机构（CTI）管理；新加坡由贸工部及其下属的标准、生产力与创新局主管。[①]

在我国现有的体制中，没有一家现成的机构可以承担科技券的全部管理职责，科技券的政策涉及地方党委、政府、科技部门、财务部门、镇街等多个部门。以长兴为例，县委县政府牵头，成立了由县府办、经信委、财政局、科技局、质量技监局和各镇街组成的科技券实施管理协调小组，负责整个科技券的政策规划、制定和实施。协调小组下面设立办公室，具体负责管理科技券的设计和运行监管，协调科技部门与经济部门与企业、科研院所、大学等多个主体，处理实施过程中的各种问题。

科技券政策的实施体现了政府对企业科技创新的迫切要求，是一种鼓励科技创新的政策导向。为了提高企业的创新紧迫感，科技券会设定有一个有效期，一般是 1～2 年。长兴科技券推出以来，有效期都是一年，推出之初科技券兑现频率是一年一次，后来不断增加，目前是一年四次了。对于流动资金紧张的中小企业，兑现的次数多了，科技投入的压力就会减少，科技创新的主动性就会增加。2015 年长兴科技券投入 3000 万元左右，直接带动企业上亿元经费投入科研。[②]

科技券政策推出的主要目的是确保科研资金的精准投放。在科技券政策实施中，一

---

① 陈法玉.地方政府施行科技创新券政策探析.行政管理改革，2014（5）.
② 该数据由长兴县科技局局长陈峰提供。

定要强调专款专用,防止企业挪用和套现,要注重监管,健全审核机制,重要流程要公示,让群众参与全方位、全过程实时监督;要进行有效的监管、审计;要对使用科技券的单位进行绩效考评,实行优胜劣汰机制。

三、科技券是撬动企业创新的杠杆

目前,政府正在激发企业普遍创新,推动工业技术的更新换代,解决科技发展与经济生产脱节问题,促进科技水平提高,生产效率快速增长。长兴科技券政策的推出,是一种资源跨区域共享的合作模式,有效促进企业产品、技术、工艺升级,加速了新技术的推广使用和生产效率的提高,成为撬动企业创新的杠杆。

(一)优化科技资源供给侧服务

一般来说,县域的科技资源供给往往不够丰富和充足,缺少高层次人才,缺乏高新技术,大专院校、科研院所和技术服务机构不多,不能满足企业的科技需求。而地方政府又可能存在一些"肥水不流外人田"之类的地方保护主义的思想,所以会设置一些科技券只限于本地使用之类的规定。所以,要优化科技资源服务供给侧,地方政府一定要有大胸怀,要学会借船出海,借梯登高,借鸡生蛋,借脑引智,做好科技服务,为企业搭建好资源共享的科技服务平台。

在以德国为代表的欧洲国家里,科技中介服务机构对中小企业的发展起着很重要的作用。我国目前科技中介服务机构不多,科技券的服务平台在很大程度上充当了科技中介服务的功能,担任企业和政府沟通的桥梁;有效解决中小企业科技中的"信息不对称"问题;对中小企业高级管理人员的进修、职业资格教育和专业技能等培训提供资源和资金支持;为企业提供政策咨询和经济、金融、科技、管理、出口、专利申请以及新产品市场规划等信息咨询服务;还促进了技术转移服务,加快一些先进的技术和保障技术及时转化和应用。

长兴县拥有科技资源相对不足,所以推出跨区域合作模式的科技券,主要是借助江、浙、沪的科研院所、高校和已有的公共服务平台,整合了周边那些分散化、碎片化的科技服务资源,做好科技创新和服务工作。科技券可以在平台上任何一家单位购买科技类服务,这在全国来说尚属首次。科技券推出当年,主要是和上海科创研发公共服务平台对接,上海科创研发公共服务平台是上海市科委下面的事业单位,有800多家研发机构加盟,提供很多高端设备、技术服务。一些民营企业科研力量薄弱,对科技成果又有很迫切的需求,通过这个平台,可以找到合适的研究院所进行合作,寻找技术、设备的支持,解决技术难题。

后来长兴又与江苏的大型仪表仪器公共服务平台,浙江省科技云服务平台对接,扩大科技券使用的范围,目前三大平台共有服务单位 7500 多套大型仪器设备,3 万名高层次科研人才,提供了海量的科技服务,能满足长兴企业的多种需求。

（二）营造科技创新生态体系

科技创新体系生态圈的形成,需要政府启动、技术推动、市场拉动三股力量发力,技术、人才、资金、管理四大核心要素做保障。科技券这种资金投入方式,为在全社会营造良好的创业创新生态,让企业找到创新基因,获得好的科技资源服务,起到了四两拨千斤的奇效,整合了技术、人才等资源,营造创新生态体系,形成科技创新的氛围。比如台湾就非常注重集群科技创新的效应,台湾地方政府在工研院周围规划建设了新竹科学园区,推动形成高科技产业组织和网络,发挥了集群效应。

2005 年,长兴由于大型蓄电池企业污染,数百名儿童出现铅中毒,引发"血铅"事件。事件过后,长兴县痛定思痛,作出壮士断腕、刮骨疗伤的决定,进行凤凰涅槃、腾笼换鸟的大转型,大刀阔斧地开展对蓄电池、纺织、粉尘等污染型企业的整治,推动其向科技创新型企业转型升级,大力实施创新驱动战略,分批次、有计划地推进科技创新体系建设,把科技、人才作为推进产业升级的支撑因素,通过牵线搭桥,积极引导鼓励政、产、学、研多方合作,整合产学研资源,完善科技公共服务平台,充分发挥科技创新引领发展的作用。长兴成立了全国第一个县级科技创新委员会,全面推动科技创新,建立了浙江长兴国家大学科技园、交大长兴慧谷科技园等一批创新创业平台,聚集资源、聚集人才,设立全省首家县级科技成果转化引导基金,全面打通政企、校企联系的"最后一公里",促进企业转型。此外,长兴还在率先探索实施"企业首席科技官"制度。

转型之路上,科技券政策无疑成为一种高效的催化剂,无论是对为企业提供科技创新资源服务,还是对直接带动企业科技创新能力的提升,都带来很大的推动力,结出累累硕果。目前长兴县已经拥有科技型企业 332 家,省级以上企业研发中心 52 家,省级重点企业研究院 3 家,国家星火项目 13 项,国家火炬计划 14 项,获专利授权 2347 件。[①]

科技创新是提升区域核心的竞争力,实现区域可持续发展的动力和源泉。政府做企业科技创新的坚强后盾,科技券在发放范围上全面开花,以普天降雨的形式滋养中小型创新企业,培养企业的科技创新意识,鼓励企业增加科技创新的投入,为企业科技创新增强了信心,也提高了科研机构高端仪器的使用效率,激励科研机构高新技术产业化的积极性,形成科技创新的新风气,建立科技创新的生态圈。科技券引发的"蝴蝶效应",为企业转型发展、加速发展,为"大众创业、万众创新"注入了不竭动力。

（《浙江日报》2016-8-23:15 版）

---

① 数据由长兴县科技局提供。

新闻专业四届本科毕业生就业状况及对教改的启示

怎么办好高等院校的新闻专业,是这些年来一直在探讨的课题。这些探讨多数从在校生的学习情况出发,提出各类教学模式。这些教学模式是不是具有实际意义,其作用有多大,难以从在校生的学习中得到答案。其效果的验证,只能从考察新闻专业毕业生在社会上的表现来实现。

浙江树人大学在 2005 年 6 月的校第三次教学工作会议上,明确了培养高级应用型人才的人才培养方针,并围绕培养高级应用型人才制订了相应的学校和各个专业的培养计划以及所应采取的种种措施。2008 年 1 月的校第四次教学工作会议上重申了这一方针。2011 年 10 月,在给教育部汇报本科教学工作合格评估自评报告中进一步明确指出:培养基础扎实、知识面宽、人格健全、适应能力强,有较强实践能力和创新创业精神,身心健康的高级应用型人才。根据学校的总体方针,新闻学专业在专业教育上采取了两大步骤。一是传统新闻学与网络传播相结合,从 2008 年开始,在新闻学本科设立"网络传播"专业方向。二是课堂教学与新闻实训相结合。按照我省媒体对人才的新要求,借鉴复旦大学的成功经验,2009 年 9 月,新闻学专业提出全面培养兼具采、写、编、评、摄、制能力的人才的新闻专业实践教学"全媒体实训"教改设想。要求达到的效果是:第一课堂与第二课堂的结合,教师教学与学生互教的结合;自主实践与教师评点相结合,并于 2009 年提出了系统性设想。2010 年,新闻实训走上正规化,拟出了实训大纲,提出了对实训考核的具体要求。2011 年,新闻实训被列入了新闻专业教学计划。

从 2009 年下半年到 2014 年 1 月,在对 2010 届的学生骨干进行训练取得经验的基础上,分别对 2007—2013 六个年级的学生进行新闻全媒体实训,课程包括新闻采编、摄影摄像以及网络制作技术。六个年级共计 544 名学生参与全媒体实践训练。实训的效果如何?可以从 2010—2013 年四届毕业生的就业情况中得出答案。

一、毕业生就业基本情况

这几年的大学毕业生数量呈刚性上升趋势,至 2013 年,全国有 690 余万高校毕业生。而我国的就业市场,适合于大学生就业的岗位,每年的增长数远远达不到这个数量。这就造成了大学生的结构性剩余,这是就业难的根本原因。从这四届毕业生的就业情况看,多数学生都是经过多次应聘,才找到工作岗位的。有位学生说:从 8 月份开始一直在找工作,上网投简历。许多同学谈到尝试过很多家单位,但是都无果;最痛苦的时候就是没有公司让你去面试,只能待在家里苦等。最典型的一位毕业生投了几十份简历,得到了 30 多次面试机会,90% 没有成功,只有三家给他机会,尝试了之后,最终选择了目前就业的这个单位。

(一)树人大学新闻本科毕业生就业概况

人文学院的数据显示,2010 届新闻专业毕业生 82 人,初次就业 77 人,就业率 93.9%;2011 届 84 人,初次就业 79 人,就业率 94.05%;2012 届 91 人,初次就业 90 人,就业率为 98.90%;2013 届共有 94 人,初次就业 91 人,就业率 96.81%。以上数据,包括新闻学专业 2011 届到 2013 届考上研究生的 10 名同学,也包括由学院推荐到澳门科技大学读研的学生和自费到英国留学的毕业生。

以上数据说明,即使在就业形势十分严峻的情况下,这四届毕业生的平均就业率仍然高达 96%。这说明,新闻专业采取的理论教学加全媒体实训是卓有成效的。

(二)新闻专业四届本科毕业生就业分布情况

为了详细了解毕业生就业的分布情况,笔者向这四届新闻本科的所有毕业生发放了调查问卷。总共发出问卷 351 份,收回 249 份,回收率 71%,基本能够反映毕业生就业的概貌。

在收到的 2010 届毕业生的 48 份有效问卷中,已找到工作的毕业生为 46 人,另有 2 人待就业。有 1 人的工作地点为省外(上海),其他均在省内,其中在杭工作的人数为 27 人。13 人进入新闻单位,4 人进入国企,7 人进入其他事业单位,3 人进入其他社会团体;21 人进入私企。收入方面,年收入为 3 万~4 万元的占大多数(41%),有 1 人不愿意透露自己的收入情况。多数人对自己的收入"比较满意"。在 2011 届毕业生的 57 份有效问卷中,已找到工作的毕业生为 54 人,另有 1 人出国,2 人待就业。有 1 人的工作地点为省外(上海),其他均在省内,其中在杭工作的人数为 30 人。13 人进入新闻单位,5 人进入国企,4 人进入其他事业单位,1 人进入其他社会团体,31 人进入私企。收入方面,年收入 1 万~3 万元所占比例最高(36%),3 万~4 万元所占比例位居第二(33%)。多数人对自己的收入"比较满意"。2012 届毕业生的 67 份有效问卷中,已找到工作的毕业生为 64 人,3 人待就业。工作地点均在省内,其中在杭工作的人数为 28 人。9 人进入新闻单位,5 人进入国企,4人进入其他事业单位,46人进入私企。收入方面,年收入1万~3万元所占比例最高(54%),3万~4万元所占比例位居第二(33%)。多数人对自己的收入"比较满意"。在2013年12月份的调查中,共回收2013届77名毕业生的有效问卷。有68位毕业生有了稳定的工作,有2人在复习考研、1人备考公务员,1人备考编制内教师,2人出国,另有5人待业在家。7月份时,2013届只有4人没有初次就业。这里待业数据增加的原因是有的同学对第一份工作不满意,辞职了,准备等待更好的时机。

二、毕业生就业所面临的问题

毕业生在选择就业计划时,会遇到许多在学校里没有遇到的问题,解决这些问题的过程,也是毕业生成长的过程。

（一）靠自己还是依靠朋友、家人?

调查数据显示,就业途径中,自己应聘的方式在2010届本科毕业生当中所占的比例为58.3%,2011届所占的比例是77.2%,2012届为76%,2013届稳定在76%。朋友、家人推荐介绍的方式位列第二,占比例在20%上下。随着就业信息的不断公开化,"自己应聘"的数量呈上升趋势,并稳定在高位。这表明,树人大学新闻专业应届毕业生具备良好的从业素质和基础,完全可以和社会其他人才竞争。

部分同学尝试"闯天下",根据自己的特长、兴趣爱好或理想进行创业,也取得了不俗的业绩。这些毕业生对自己创业的方向把握得更准确,而不是依赖朋友、家人。2010届本科毕业生中自主创业占12.5%,2011届和2012届均占5%,2013届为3%。虽然所占的比重不高,但作为一种就业选择,已经不容忽视。2010届的李扬等4名同学选择在淘宝开店,卖动漫产品和进行Cosplay活动策划,从2010年7月到2011年6月一年时间,盈利30多万元。从上虞农村考入大学的2013届毕业生许丽娜,在大四下学期的时候,曾经去某公司上过班,最后发现不适合自己。毕业后靠借款在舟山东路上开服装店,到11月份,已经还清全部借款,还有少许存款,并且有了5000元以上的稳定的月收入,成为这一届毕业生中收入最高的同学之一。随着国家对大学生就业的优惠政策的不断推出和完善,会有越来越多的应届毕业生选择自主创业。

新闻专业四届本科毕业生就业途径情况比较　　（%）

项　　目	2010届	2011届	2012届	2013届
自己应聘占比	58	77	76	76
朋友、家人推荐占比	23	16	16	18
自主创业占比	13	5	5	3
其他占比	6	2	3	3

（二）留杭州还是去其他市县？

在激烈的就业竞争中，学会自己做出选择是成长过程中重要的一课。由于杭州本身属于二线城市，杭州拥有大量的招聘机会以及良好的工作氛围，因此，不少在杭的应届毕业生选择留在省内工作，还有更多同学受到学校、同学诸因素的影响，选择在杭州发展。但是，由于工作上的竞争压力以及生活压力，部分同学不得已返乡，在家乡寻求发展。

杭州市是全省乃至全国许多毕业生的重点选择城市，因此，能够留在杭州工作，是许多毕业生的首选。比如，有原籍宁波慈溪的毕业生，到位于杭州市中心的《体坛报》工作的；有原籍温州的毕业生，到杭州文化广播电视集团工作的；有原籍台州的，到杭州电视台工作等。除了到媒体，有的学生进入了各类传媒公司，原籍温州苍南的到杭州某影视公司，有原籍湖州的和台州温岭的，到杭州不同的广告公司，有原籍嘉兴和嘉兴平湖的，到杭州某视频技术公司和杭州某文化艺术公司，原籍绍兴的到杭州某户外运动策划公司，原籍金华兰溪的到杭州的浙江某电信信息技术公司；还有一位非杭州籍毕业生，进入香港某环球集团杭州分公司。即使原籍是杭州地区其他县（市、区）的学生，也有不少选择在杭州工作。比如，从建德市到杭州某信息技术公司，从淳安县到杭州19楼网络公司，从萧山区到杭州某摄像设计工作室，等等。

当前，我国社会正在向社会主义市场经济发展，在这样的年代，市场配置人才资源的作用越来越大。杭州虽好，但是，由于竞争压力太大，很难找到一个适宜自己发展的岗位。于是，不少学生选择了回家乡发展。比如，一位曾在杭州一家少儿杂志社从事少儿杂志编辑工作的毕业生便回到了家乡上虞。另一位已经在杭州某电信信息技术有限公司工作的学生表示，不一定会留在杭州工作。

近年来出现的一种新的情况，是杭州籍的毕业生直接到外地找到一份心仪的工作。比如，某杭州籍毕业生，2013年5月中旬开始就在金华市的浙中在线实习，到9月份就已转正，至今对自己的工作岗位很满意，今后打算继续在这家单位做下去。

2010—2013届毕业生就业地点情况对比 （人）

	省外	省内（杭州）	省内（非杭州）
2010届毕业生	1	27	18
2011届毕业生	1	30	23
2012届毕业生	0	26	38
2013届毕业生	3	32	33

（三）进国企还是去私企？

前些年，毕业生对于能不能进入国企工作，是很在意的，认为国企有保障。最近几年，毕业生的观念已经有了较大变化。由于国企门槛比较高，好不容易进入单位后上面的层次又太厚，使得"菜鸟"们少有发挥自己能力的余地，因此，大部分毕业生并不把目标定在国企。许多毕业生认为，只要是能够发挥自己的能力，又能获得较高收入的单位，不管国企私企，都可以考虑。很多学生都从现实中认识到：就业，忌好高骛远，从自己能胜任的职位开始。

许多到私企工作的毕业生，并不认为自己低人一头，有的同学还干得有声有色。请看一位毕业生到私企就业的经历："为了还一个朋友的人情，我听从他的推荐去某网络做销售。'销售啊'，我无奈地想着，'算了，看看吧'。结果面试出人意料的简单，第二天就上班了，然后我就有种强烈的不安感，因为除了和我一同面试的另一位同学以外，全公司只有老板一个人！也就是全公司只有三个人！我觉得我随便干个几个星期就可以辞职了。但是我后来发现销售工作出乎意料的有趣和简单，我在实习期基础工资只有 1000 元的情况下首月的工资就超过了 3000 元。当然，这些都不是我留在这家公司继续下去的原因，真正的原因是在于我们的老板人很好。由于在创业初期，全公司只有三个人，所以老板一直很耐心地教导我，使我逐渐融入这个社会，老板平时没什么架子，跟我们相处得如同朋友一般。在我实习了三个月之后，终于转为正式员工，并且升为主管，现在公司已经有七八个人，变得越来越好，我才逐渐觉得留杭其实也不是一件坏事。"

由于大学毕业生人数增长迅速，机关单位、事业单位以及国有企业等单位能够消化的大学生数量较有限，省城新闻单位的平均录用率只有 5％，国家公务员的录用率更低，在这样的情况下，半数毕业生选择了在私企工作。而随着我国第三产业的快速增长，我省私营企业遍地开花，客观上也为大学生提供了较多的就业岗位，成为吸纳大学生的主力单位。这种现象也顺应了社会发展现状。首先，新闻单位对人才的需求在数量上不断减少，对毕业生素质的要求上又不断提高。其次，现代企业需要具有新闻专业素质的人才，为企业做良好的企业宣传以及媒体公关，因此，私营企业客观上也为大学生提供了较多的就业岗位，成为吸纳大学生的主力单位。

2010—2013 届毕业生就业单位情况对比 （％）

项　　目	2010 届	2011 届	2012 届	2013 届
新闻单位占比	27	21	13	18
国企占比	8	9	7	4
事业单位占比	15	7	6	9
私企占比	44	58	69	62
其他占比	6	5	5	7

（四）专业还是非专业？

学生都想专业对口。比较理想的，有学生已经进入了浙江电视台、杭州电视台、宁波电视台。比如，在杭州电视台找到工作岗位的一位毕业生，在做《杭州党建》这个栏目，主要负责采稿、写稿、剪片子这些工作；在宁波电视台工作的学生在宁波电视台《车生活》栏目，每天的工作内容是写稿子、拍片子、剪片子。在这些看似乏味的工作和生活里，还是会发生许多有趣的小插曲，学生乐此不疲。还有的毕业生在县级媒体工作。比如，在宁波江北区广播电视中心、海宁电视台、永康广播电视台、开化县广播电视台，等等。这些学生，都感觉到自己的成长速度正在加快。一位同学说："成就来自经验的累积。感觉在工作中的拍摄、学习有更强的系统性。因为职业的原因，可以接触到其他许多媒体从业者，随时都有很多新闻稿件写作、拍摄方面的学习机会。因为对象是整个社会，成长的速度更加快了。"还有一位同学说："也许这里不是获得最佳薪酬的地方，但是这里绝对是让人以较快的速度成长的'战场'。相比高薪酬的工作，有挑战的工作让我更向往，我在每一次的失误中看到了自己的成长，有点欣慰也有点辛酸。"

但是，毕业生中像这样的"幸运儿"毕竟是少数。由于新闻专业毕业生供大于新闻单位的需求，更多的同学，在从事非专业工作。第一类，在国家行政、事业、企业单位工作，比如，一位新闻专业毕业生进入了国家环境保护燃煤大气污染控制工程技术中心（杭州），还有毕业生在金华市婺城区人民检察院、乐清市公安局宣教科、东阳市史志办公室等单位工作。有的同学，在各类教育机构工作，比如宁波市北仑区某教学点、嘉兴市某培训教育机构、衢州市某教育有限公司等。第二类，在其他企业工作。比如，有同学从浙江到上海某信息有限公司工作，到上海某珠宝公司做企划、拍摄产品和写首饰文案；有同学在杭州某健康管理公司，有同学在宁波银行、宁波某外贸公司等财经单位工作；也有同学经过笔试、面试，考入某酒楼任文员一职。在这两类同学中，有不少在从事与新闻相关的工作，比如，负责本单位新闻稿件的撰写，负责投稿至新闻媒体发表等；还有的在从事信息类工作，比如，在北京中文在线数字出版股份有限公司杭州分公司的中国移动手机阅读基地工作等。通过这些工作，同学们都觉得收获颇丰，学习到许多相关知识，更进一步明白专业类新闻应该如何撰写。

以毕业生专业是否对口来统计，2010届有27％在新闻单位工作，另有10％的人在其他单位从事与新闻相关工作；2011届有19％在新闻单位工作，另有33％的人在企业从事与新闻相关工作；2012届有38％在新闻单位工作，另有12％的人在企业从事与新闻相关工作；2013届有18％在新闻单位工作，另有21人在从事新闻相关工作，占72人的29.17％。

2010～2013届，在新闻单位工作和在其他单位从事与新闻相关工作的毕业生，分别占到毕业生总数的37％、52％、50％和47％。这一方面说明社会对新闻专业的人才需求比较旺盛,另一方面,也说明了树人大学新闻专业毕业生,能够适应新闻单位和非新闻单位的新闻类工作。

1.2010届新闻本科毕业生专业对口情况

2010届专业对口情况	占比(%)
新闻单位工作	27
企业从事新闻相关工作	10
非新闻工作	63

2.2011届新闻本科毕业生专业对口情况

2011届专业对口情况	占比(%)
新闻单位工作	19
企业从事新闻相关工作	33
非新闻工作	48

3.2012届新闻本科毕业生专业对口情况

2012届专业对口情况	占比(%)
新闻单位工作	38
企业从事新闻相关工作	12
非新闻工作	50

4.2013届新闻本科毕业生专业对口情况

项　　目	人数(68)	占比(%)
A 新闻单位	12	18
B 公务员单位	2	3
C 事业单位	6	9
D 国企	3	4
E 私企	34	50
F 其他	11	16

5.2010—2013届专业对口情况对比

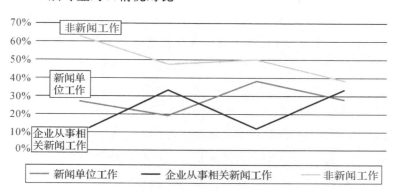

总体上看,在新闻单位工作和其他单位从事新闻相关工作的毕业生的总数在增加,非新闻工作的毕业生在下降,这说明目前我们的理论教学加新闻实训的方法是有成效的。新闻专业结合《闻新报》和追光社团开展的新闻实训,在课外锻炼学生的采访、编辑、排版能力,熟悉飞腾软件、摄像机等的使用。在报纸编排期间,模拟报社的日常工作流程,让新闻专业的学生可以不出校门,就能感受到媒体的工作气氛。

(五)跳槽还是从一而终?

部分同学在毕业前暗下决心,要将毕业后找到的第一份工作作为终身的职业,无论好坏都要挨下去,以为总有开花结果的那一天。有同学已经找到了自己感兴趣的事业,打算孜孜不倦为之一直努力下去,在工作中实现自我价值。

但是,能够在第一份工作就如愿的同学,是极少数。因此,同学们普遍认为:第一份工作可用来过渡大学与社会,主要是感受下两者的不同,如果感觉不合适,就要果断地放弃。也有同学认为:"找工作其实和找未来的婆家差不多,不在乎时间长短,也不在乎换过几个,最重要的是是否适合自己。当然,你得先明确自己想要什么,想做什么。不要害怕失败,也不要害怕尝试,当你觉得你愿意为这份工作加班并且乐在其中的时候,那么,恭喜你,你找到了!"

的确,更多的同学选择了"先就业再择业",平时关注招聘信息,多参加各类招聘考试,为了找到适合自己的岗位,屡败屡战,在不怕失败中获得成功,在多次跳槽后找到适合自己的岗位。比如,有同学在人寿卖过保险,在动漫节卖过扭蛋(小玩具),在杭州某动漫公司做网编,最终找到适合自己的工作。又如,一位毕业生先在上海找了一份媒体专员工作,主要负责洽谈广告合作,做了一个月之后发现这不是自己想象中的工作,于是开始边工作边另找出路。两个月之后跳槽到一家文化传播公司做媒体助理,主要工作是为各大金融机构客户做媒体监测,这份工作做得很辛苦。当得知家乡台州市的临海电视台招聘一名文字记者时,便抱着尝试的心态去考试,经过笔试、面试,终于如愿以偿。到2013年

12 月在电视台已经工作 5 个月，在新闻采访和写作上获得了很大的进步。另一位毕业生，也是从其他岗位经过考试进入金华市的浦江广播电台。她觉得：如果在一份工作中，你觉得自己都不知道在干什么，觉得这份工作没什么前景，那可能要考虑下要不要换工作。还有几位毕业生，也是同样的经历，几经跳槽，终于在新单位稳定下来了，也是自己想要做的编辑工作。

现在的社会，可供本科毕业生选择的岗位其实还是很多的，不仅有从非新闻岗位跳槽到新闻岗位的，也有从新闻单位跳槽到非新闻单位的。比如，一位毕业生的第一份工作是在桐乡广播电视台做编导，有几期节目是她自己全程制作并且主导的片子。但是，她最终还是放弃了。在找其他工作时，很难找到专业对口的，最后是到市消防大队做宣传工作。另一位学生，毕业前进入浙江卫视某栏目实习，在那里学到了电视台栏目制作流程以及节目的编辑制作，毕业后进入杭州某数字影像技术公司，先后从事电影电视剧的剪辑、合成工作；2013 年 9 月辞职，应聘浙江某影视公司，从事自己喜欢的摄像师工作，9 月当月的收入就过 5000 元，之后一直保持这个水平。他深有体会地说：工作不难找，好工作难找。在还没有经验技术的时候，多学习多积累，多一项技能，对以后来说就是多一份机会。

但是，跳槽毕竟有风险。有同学之前在广告公司工作，从第一份工作跳槽到第二份工作，发现工作更辛苦，工作的内容也还是第一份工作好。所以，有的同学就劝告学友：找工作是一件很麻烦的事情，建议没有特殊原因不要轻易换工作，选择一份工作就好好踏实干下去；也不要好高骛远，因为你无法预测你的选择是否正确，坚持你的第一份选择也是非常重要的事。

另一部分同学持相反观点：作为职场菜鸟，能找到一份令自己欢喜的工作是一件不容易的事，可谁又都是一直容易的？所以，在经历过工作变更的过程之后，在选择离开的时候，曾经有过犹豫。但无论如何，一切都还是要继续。有的时候，自己并不想离开，而是被逼离开。某同学毕业后在杭州某文化艺术公司做文案策划，试用期三个月后未获得转聘。他提醒学友：如果你一直是公司可有可无的人员，那么你离开公司的日子就不远了！

不管是从一而终还是跳槽，同学们普遍认为：不论你从事何种工作，新闻思维始终都能派上用场，只要你愿意使用；从学校毕业出来，并不意味着学习的结束，而是进入另一阶段的学习。

（六）新闻专业毕业生收入情况

1.2013届毕业生月薪情况

月薪（元）	人数（68人）	占比（%）
1500以下	6	9
1500～2500	22	32
2500～3500	30	44
3500～4500	8	12
4500以上	2	3

最高月工资：5000元（新闻092 杨洋\新闻091 许丽娜）

2.2010～2013届毕业生年收入情况对比 （单位：人）

年薪（元）	1万～3万	3万～4万	4万～5万	5万以上
2010届	9	20	10	9
2011届	20	18	12	7
2012届	22	18	33	4
2013届	6	27	30	5

从收入情况看，毕业生的薪资呈现逐年上升的趋势。2010和2011届毕业生，都是经过了一年以后，才有年收入5万元以上的同学。而2013届学生刚刚毕业半年，已经有5位同学折算成年收入达到5万元以上。

（七）对人生的前途设计

毕业生对于自己的人生前途设计，许多同学是雄心勃勃。大致可以分为四类。

考公务员或者国家事业单位编制，是许多同学的首选。其中，有的同学已经有了不错的稳定工作，想争取更好的前途。比如，有的同学已经在地区级媒体工作，因为现在的媒体，都已经转为企业，所以想考公务员或者国家事业单位。有同学已经在教育部门工作，但是本人身份还不是事业编制身份，想通过考试获得正式编制，为自己创造更宽广的未来。还有在其他企业工作的同学，当然也想通过自己的努力，到行政或者事业单位工作。

第二类，是想争取到上一级单位的相同岗位工作。这中间，有在县级电视台工作的同学，目前打算一直在这个单位里工作，除了挂个"实习"的名号，其他的待遇跟别的正式员工一样。等到时机成熟，再去上级电视台，包括杭州电视台或者浙江电视台寻求发展。有的在私企或者网络公司工作的同学，由于上手快，工作努力，已经得到擢升。比如，有同学已经担任某网络公司的自主品牌的SNS专员，主要是负责微博运营、微淘运营，工作相对有挑战性。6 个月来工作进步较明显,得到了总监和总裁的赏识,职位升了一级,加了薪资。按照他自己的规划,2 年内会在该公司继续工作,2 年后会考虑到更有发展前景的公司求发展,未来 5 年的努力目标从职位上来讲就是成为某家公司的总监。

第三类,是打算做好做精业务工作,在现在的岗位获得更大发展空间。比如,已经在中国人民财产保险股份有限公司某县支公司工作的同学,虽然现在从事的行业和专业基本不搭边,但是觉得前景还不错,决定坚持做下去,希望能有所作为。已经在国家环境保护燃煤大气污染控制工程技术中心从事行政工作和科研项目申报工作的同学,今后的打算就是沿着助理工程师—工程师—高级工程师这条技术路线发展。还有,现在在做网络游戏的同学,打算好好在游戏行业发展,成为游戏编辑和专业稿件写手。还有的同学,想在现单位转换岗位,争取到收入更高的岗位。有同学在房地产公司工作,今后打算从文字工作转为销售工作。

第四类,自己创业。现在的大学生,已经不只是把希望寄托在别人身上,许多人希望通过自己的努力,得到社会的认可。他们觉得,只要认清什么是自己想要的,一直朝着这方面努力,将来一定会有作为。比如,在舟山东路开服装店的女生认为,一个人一定要做自己喜欢的事,而不是形式上的选择国企还是私企;今后,她打算开一家更大的店,最终在杭州的女装零售行业扎根。另一位回到家乡义乌的同学,则准备三年内打算成立自己的工作室,专门为淘宝及天猫卖家提供产品摄影、美化等一条龙服务;十年内成长为义乌产品摄影的领头羊。

三、从调查数据看高校新闻专业的在校教育教学

大多数受访者都建议学校能够增加校园内实训课程和校外实习机会。多数学生说:"学校提供在校实训的机会,为我们的学习提供了理论与实践相结合的机会,能够使我们在校期间便拥有一定的实战经验,为毕业后的社会实践提供保障。"

一些学生谈到,很后悔在校期间问了太多的"这门课学了有什么用"之类的问题,没有把基础打好,走入社会后常常要"补课"。他们说:上学时不理解学校开设的一些看似"非专业"的技术类课程,工作后却比较庆幸自己掌握了其中一些知识,拥有了较宽的知识面,能够适应工作的广泛性要求。

(一)增加实践类课程比重,给在校生更多的实践机会

数据显示,2010 届毕业生有 18.8% 的人认为所学专业对工作"很有帮助",79.2% 的同学认为所学专业对就业"有些帮助"。从 2011 届的情况看,"中间派"同学在减少,认为所学专业对就业"很有帮助"的毕业生大大增加,达到 31.6%,认为"有些帮助"的为63.2%。这与在 2011 届学生中大力推广课余时间参与校内外的专业实训有很大关系。而

2012届和2013届毕业生,大部分认为,在校期间进行新闻实训是帮助他们就业的很好方法。

2010届陈琪同学,在2006年10月创办了《闻新》报社,后来又成立追光社团,制作校园视频新闻报道。陈琪说:《闻新》报锻炼了他的采编能力,追光社团使他熟练掌握了视频新闻拍摄和剪辑能力。通过这些实践锻炼,他初步具备全媒体新闻报道能力,毕业后考入《浙江法制报》社。2011届一位毕业生曾担任校广播台台长,在广播台策划过一些专题,又担任播音工作,这给她后来在企业做宣传工作提供了帮助,也使她能比较轻松地胜任网站的出镜记者的工作,这类具备多种新闻专业技能的学生较受用人单位欢迎。不少同学认为,新闻专业的社团办得不错,尤其是《闻新报》和追光影像工作室;认为经过追光的工作,学习的效率会更高。即使是不从事新闻工作的同学,也认为这些实训很有意义。一位同学说:虽然我现在从事的工作和新闻专业关系不大,但这并不代表这四年我所学习到的东西是毫无用武之处的,我相信,我在大学经历的这四年,一定会在将来给我带来收获,或大或小,我都会珍惜。

已经进入新闻单位的2013届的一位同学认为,自己所在的部门是新部门,算是跟着它一起成长。由于制度还不是很完善,缺乏经验,几乎所有事情都是在摸索中前进。而且部门人员少,拍摄、采访、活动策划等都要自己一个人完成,对个人的锻炼很大。另一位2013届同学,毕业后一直从事《西湖报》《拱墅报》等的排版工作,在学校学习的Photoshop、Dreamweaver、Flash等课程也多次为自己的工作带来巨大的便利。还有一位学生深有体会地说:我觉得新闻教学最好的方式是实践,让每个学生都参与报纸的采编工作、新闻的采访与录制工作,让学生在工作中能够切实知道新闻是怎么一回事,明白新闻不是说说那么简单。在实践中教学,学生才能吸收得更多更快,也能为今后的工作打好结实的基础。

一位经过跳槽,最终在杭州市环境保护局上城环境保护分局工作的男生说:我对于落实之前新闻课上的专业知识有了扎实的操作经验,我做的是网络编辑,虽然一开始做的事情比较琐碎,自己也比较不耐烦,但是如今我的想法已经全部改观。新闻专业的出身让我的工作更加得心应手,一个礼拜我就轻松上手,可以独立完成任务,工资也有所上涨,从最初的一千多到如今的两千多,我相信今后通过我的努力我可以更进一步。洪老师当初对我们的教育让我到现在还记忆犹新,虽然当时我们一群男生都并不是那么虚心好学,但经历了社会的洗礼,我们终于真正体会到洪老师的良苦用心。

(二)有针对性地对学生进行职业规划指导

毕业生在自己就业的艰难过程中,深感在校期间职业规划指导的重要性。一位学生指出:老师不能一味地提倡大学生向学术方向发展或者到某一类单位就业,而应该让学生自己选择。希望在学术上有所成就的,教育他,引导他,让他成为一个学者;希望能尽快就业的,鼓励他,帮助他,让他尽早就业;对那些胸无大志只是想混个毕业证的,要批评他,鞭策他,让他早日走上正途。另一位毕业生建议:在新闻专业的课程中,应多讲解些职场礼仪以及处理和面对社会问题等事项的方法。

教师在对学生进行职业规划指导时,既要指导学生"抓住第一次机会""先养活自己",又要让他们不满足现状,"不要在一棵树上吊死",要不断进取。毕业生为了获得好的发展机会,选择不断放弃,不断面对新挑战,是值得鼓励的。同时,对跳槽的频度,要加以引导:跳槽要适度,要克服浮躁心态,要讲明跳槽会跳出机会,也会错失机遇的道理。

(三)增加就业挫折教育

数据显示,受访毕业生中,85%以上的学生对目前的工作基本满意。总体来说,现在的学生大部分都不再把自己作为精英看待,而是作为一个普通的劳动者来看待,找工作的时候也能够降低身段,降低要求,寻找合适自己的工作并努力干好,这一观念转变在就业中发挥较大的作用。

毕业生要进入省级媒体工作相当困难,但这次调查中,就有部分毕业生通过不断"跳槽"的方法,考入了省级新闻媒体。这些学生的一个共同点是:在校期间就打下扎实的专业基础,工作后培养了积极面对挑战的精神,通过在岗学习,积累了工作经验,比较好地掌握了新闻工作相关技能,拥有一技之长,经过千锤百炼,最后进入省级媒体。

另一方面,在大学教育中必须增加就业挫折教育。有的毕业生经不起挫折,就会错失良机。比如,2011届一名毕业生,通过试用后进入新华社旗下的《现代金报》实习,人事部门暂定实习期3个月,期满后转为见习记者;到10月份,报社没有给她办理转正手续。这时,她认为自己在实习期间的发稿数量是所在部门第一,不能按时转正是受了不公平待遇,多次催促领导为她办理转正手续未果,于是立即递交了辞职报告。一个应届毕业生能够在毕业之初就进入新华社旗下的报社实习,并且已经有了由实习转为见习的可能,机会是很难得的,而这位学生实习期也相当努力,新闻报道频频见于报端,形势很乐观,她离成功仅一步之遥。但是在转正问题上遇到一些挫折后,就轻易地放弃努力,十分可惜。其实,新闻单位这种现象并不少见,有时是指标限额问题,下半年解决不了,明年上半年也许就会顺利解决;有时是领导出于慎重,把考验时间延长。可是,这位毕业生没有经受住这样的考验,今后再想进这个单位,就很难了。

这个实例说明,在学生的教育上,教学生如何获取成功的比较多,教学生怎样正确面对挫折的比较缺乏。这是在今后的教育中需重视加强的环节。

(四)加强非智力因素的培养

在调查中,一些毕业生提出,学校要多注重学生的品格培养,现在很多单位最注重的不是你有多厉害,而是你有多谦虚。看你有没有潜力,能力是一方面,态度也是很关键的方面。有的学生特别提出:老师对学生的要求可以更高一点;还有一位男生特别强调:老师上课要加强管理,尤其要制止同学玩手机。

(五)重视培养学生的创业精神

大学生创业是一种全新的就业方式,这四届毕业生选择创业的比例并不高,但是也不乏成功的案例。有的高校已经把创业课纳入学校的课程管理。创业教育要侧重学生创业精神和基本素质的培养,改变学生传统的就业观念。新闻专业的学生思想比较活跃,又有一定的专业技能,对有志于创业的学生,学校要引导他们多在文化创意产业进行创业,开展与新媒体发展相关的业务,如制作网络视频节目、动漫产品等。教师们也急需进一步研究如何加强对学生创业意识和能力的培养,为他们提供专业支持,帮助他们排忧解难,成功创业。

浅谈校园网络直播系统的设计

在互联网上听音乐、读新闻，甚至看电影、电视已是常事了，Internet 汇集文字、图像、视频、音频的传播，给教育事业的发展提供了新的契机，如何把这些先进的网络技术引入教学领域，提高教学效率，已成为教育信息化进程的关键。校园网络的建设，为开展现代化的教学奠定了基础。如今，好的教学素材、课件、视频都可以放到校园网上，供学生随时学习、观摩和下载，给学生的课外学习带来了极大的便利。随着 Web 2.0 技术的推广和 3G 时代的来临，仅仅看一些录像不能完全满足现代教学的需要，一些重要教学活动，比如精品课程、说课比赛等现场如果能够借助 Internet 进行网络直播，依靠直播具有的信息快、时效性强、声情并茂的特色，教学活动将增添更多的精彩。结合我校新闻实验室的改建，从网络直播教学系统的需求和应用出发，笔者提出了校园网络直播系统的设计思路。

网络直播按数据传送的方式，可分为单播（Unicast）、广播（Broadcast）、组播（Multicast）和流媒体服务器。

单播：指的是在每个客户端与媒体服务器之间建立一个单独的数据通道。这种方式的优点是每个客户端都是相互独立的，每个客户端可以选择接收通道。但是这种传送方式缺点是客户数的增加会给服务器带来沉重负担，响应时间变长，又极大地耗费了网络带宽。

广播：指的是服务器将数据包发送给局域网所有用户，不管用户是否需要。这时，客户端接收流，但不能控制流。

组播：多路广播传输又被称作组播。它把一个单独的数据流只发送到加入了适当的"多路广播组"的工作站。只有用户发出加入"组"的请求，才能得到传输的数据流。原来的数据重复分发工作由路由器完成，每个子网只出现一个多地址的流，即组播流。组播的源端并不需要知道哪些用户在接收这个组播。这样，就可以省下大量的网络资源。

流媒体服务器：流媒体服务器的作用是将编码设备发送的流进行转发[①]，编码设备与流媒体服务器之间、流媒体服务器和客户端之间都可以使用单播的方式进行传输。其中

---

① 吴国勇，邱学刚，万燕仔.网络视频流媒体技术与应用.北京:北京邮电大学出版社,2005:53—96.

流媒体服务器和客户端之间也可以通过组播的方式传输。这种方式比较灵活，所以本文设计的应用系统采用了流媒体服务器。

一、网络直播系统的设计

整个网络直播系统如图所示，分为现场录制部分、信号采集编码部分、流媒体发布系统等几大部分。工作流程是将采集的音视频信号经过信号分配后送往采集电脑；通过音视频采集卡和 Media Encoder Services 或 Real Producer Plus 等相应编码器软件完成采集、压缩和编码，生成适合不同的网络环境下使用不同格式的实时流媒体文件，通过流媒体服务器向网络发布。学生只需点击网络教学网页中设置的链接就可看到在线直播的视频了。

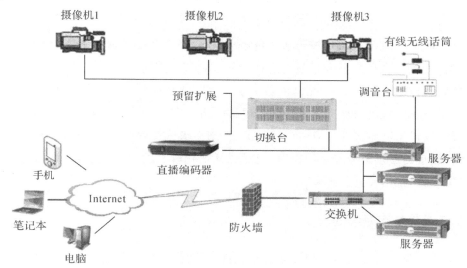

校园网络直播系统图

二、现场录制系统的设计

现场录制系统可由摄像机、视频切换台、录像机、摇臂摄像机、字幕处理机等组成。同时使用 3～4 台带 DV 接口的摄像机，可以实现多角度拍摄。一台主摄像机主要用于拍摄整个场景，用三脚架支撑，在拍摄过程中较少移动，另外几台有专人负责取景拍摄，可以拍摄一些特写镜头和其他场景。如果有条件的话，可以配置摇臂系统来控制一台摄像机，实现多角度取景，使场面更加丰富和生动。几路视频的场景切换可以通过切换台来实现，实现无缝切换，同时可以通过字幕处理机等加入一些字幕，加入各种预设的转场特技效果，全面地再现现场的精彩镜头。要注意的是为了使图像的亮度、色度、色调等基本保持一致,最好选用相同型号的摄像机。

音频部分可以增加拾音设备和调音台,用来提高现场音频的采集效果。因为随机话筒在拍摄时受到各种因素的制约,往往容易出现语音清晰度差,各个人物的说话音量差异大以及背景噪音干扰严重的问题。无线话筒等各路不同语音终端的信号,都统一进入调音台,进行调音和混音处理后输入给流媒体服务器。如果校园已经建立了闭路电视系统,也可给闭路电视系统一路信号,同时实现有线电视上的直播。

三、信号采集编码系统的设计

信号采集编码系统主要完成音视频信号的采集、压缩和编码工作。用它来产生适合网络传输的流媒体文件。目前网络上使用最广泛的流媒体格式有 wmv、asf、rmvb 等,采用 Windows Server 系统内置的流媒体服务比较简单。采集工作站可以安装 Windows Media Encoder 编码器,同时安装编码控制软件 autocode. exe。当然还可以利用 Microsoft 提供的 SDK 开发包,对相关的编码软件进行再次开发和包装。编码软件通过数据库读取工作信息,包括启动和停止时间、文件格式和压缩率、文件编码后的存放路径、服务器地址和端口等内容,完成编码的压缩等工作。管理员根据网络发布视频质量要求和网络带宽和服务器等条件,设置流媒体文件相应的压缩标准,根据需求选择后期输出编码的码率。对舞台场景变化较小的可以采用较小的码率,而对场景变化较大的、角色较多的环境,则适当采用多镜头取景,采用较高的码率。

四、流媒体发布系统的设计

流媒体服务器需要及时处理接收实时数据,同时需要响应广大客户连接请求,往往要同时处理多个任务。所以有必要采用稳定性较好的,处理器性能较高的,容量较大的高性能服务器。同时,最好为服务器硬盘做个 RAID 镜像备份。流媒体操作系统选择 Windows Server 2003,这个操作系统中集成了 Windows Media Services 5.0,可以直接使用,作为流媒体发布软件。

管理系统的数据库可以采用 SQL Server 2003 数据库,为采集编码、后台管理等程序提供数据共享。我们的数据库中应该记录节目的起始时间、名称、主要内容、主要人物、发布单位、部门等内容。管理程序采用 B/S 模式,程序支持多用户。通过给不同的用户分配权限,让相应的部门管理人员和师生根据需要来选择观看,当然,如果是单位内网,可以选择在内网中直接观看,减少审核的麻烦。

如果条件允许,对直播的要求较高,并发也较多,可以再配置一些服务器以提高性能。可以配 web 缓存服务器,VMS 服务器,负载均衡服务器等完成相应的功能,同时增加实时录像的功能,为以后的内容点播提供方便,使整个系统功能更加完善,为学生的学习提供更多的便利。如果要进行一些室外活动的直播,可以撤掉一些服务器,只保留一台接入局域网或因特网的服务器(有固定的 IP)作为服务器端,既能够完成直播的基本功能,又方便整个系统的搬运。

播放器可以直接选用 Windows Media Player 9 以上的版本,播放器直接在客户机的操作系统集成。使用 Microsoft ActiveX 可以直接在网页中嵌入媒体播放器,在网站上直接制作一个直播页面。观众只需要输入相应的网址,就可以直接收看相应的网络直播节目了。对于只想看直播节目的师生,可以通过播放器的全屏显示按钮全屏收看相关节目。同时,可以在网页上添加一些直播相关的信息,如直播时间、直播人物介绍、直播内容简介等,甚至可以在页面中添加在线提问的窗口,实现实时交互,让学习者既可以在学习时相互交流,又可以同教师进行交流,也使教师能及时了解一些较为典型的问题和学生关心的焦点问题,在直播中解答。通过这种交换,充分展示网络直播的优势。

小　结

2016 年来,微软的 WMV 作为主流的流媒体格式之一被各大网站广泛使用,它的优点是免费而且使用配置都较简单,缺点是不能自由地配置码流,所以受带宽限制较大,影响并发访问量。针对流媒体带宽问题,Adobe 公司推出新的流媒体 FLV(Flash Video)格式,这种格式形成的视频文件小,加载速度快,通过客户端安装 swf 插件完成视频播放,不需要独立的播放软件,使用较方便。用这种小巧又便于传播,拥有较好的图像质量,适应性强的视频格式,来代替 WMV 文件也是一种较为可行的方法,可以有效地减轻服务器的压力。

为了保证能够流畅地观看,码率不要设置得太高,一般视频节目发布的码流在 200～300k 之间较为合适,在服务器能够承受,带宽较好的情况下,能够将发布码流设置在 500k 以上,图形效果就会比较理想。如果在线直播的点播在 1000 人以下,一般校园网的带宽和服务器能够承受得住;如果访问量过大,可以采用 P to P 技术[①]。由于流媒体服务具有高带宽、持续时间长等特点,随着客户数目的快速增加,服务器的资源如带宽很快被消耗完,成为系统瓶颈所在,而针对这个问题,国内外目前的研究和实践主要采用组播技术、代理缓存技术和 PtoP 技术三种解决方案。IP 组播技术由于自身的种种限制,如很难实现可靠性组播和拥塞控制及其协议的复杂性等,IP 组播技术并没有得到广泛的应用,而代理缓存主要是通过代理服务器的复制,将流媒体数据分散到各地,用户进行就近

---

① 罗建光.基于 P to P 网络的大规模视频直播系统.软件学报,2007,18(2):391—399.

访问。但是其昂贵的成本,始终是阻碍其实现大规模部署的主要因素。而 P to P 技术能够充分利用闲置的网络资源,实现有效的负载均衡,十分适合于应用在大规模的数字直播系统中。P to P 技术在直播中的应用已经非常广泛和成熟了[①],也不用改变现有的流媒体传输协议和流媒体服务器系统的结构,只要增加相应的模块和功能实现 P to P 网络的算法和路由传输策略就可以了,可考虑使用 PeerCast[②]。但是点播人数较少的情况下,要及时切换到原来的流媒体服务器方式下。

基于流媒体技术的网络教学突破了时间、空间的限制,实现随时随地授课;内容丰富,涉及视音频、动画、图文、多媒体课件和名师上课的实际课堂实录等多种形式;较强的交互性和真实性大大促进了学生的有效学习;最大限度地发挥了人力、物力资源,实现了优秀教育资源的共享,提高了教学效益。当然,下一步工作是在直播素材增多以后,建设一个视频、音频数据库,设计开发视音频内容检索与查询系统。使学习者根据自己所需从视频、音频数据库中检索查询出相关的多媒体网络教学课件,满足更有目的、有需要的学习。

---

① 蓝天果. 基于 P to P 的流媒体分发系统的设计与实现. 北京邮电大学,2006.
② http://www.peercast.org/.

"融媒体"时代新闻学专业教学资源云平台的构建

目前,互联网飞速发展,"吹皱一池春水",打破了媒体间原有的相对平静的发展格局。特别是微博和各种社交类媒体出现后,传播方式由原来的线和面传播,逐渐变成由互联网所形成的点对点、点对面、面对点、面对面的网络化传播方式,这种新型传播方式大大增加了传播的多样性和复杂性。新媒体快速发展,给我国传媒业带来巨大的发展和变化,同时,各种数字媒体也越来越深入地介入到我们的日常生活中,我们把这种新的媒介传播称为"媒介化社会",这就形成了目前的"融媒体"时代。2006 年谷歌推出了"Google101 计划",并正式提出"云"的概念和理论。随后亚马逊、微软、惠普、雅虎、英特尔、IBM 等公司都宣布了自己的"云计划"。云计算被视为科技业的又一次革命,它不仅给 IT 业带来翻天覆地的变化,也给传媒业带来了根本性改变。贺驾铨院士说:"在云计算、物联网等技术的带动下,中国已经步入大数据时代,大数据就是像黄金一样的新型经济资产,像石油一样的重要战略物资。"2012 年 3 月,奥巴马政府宣布启动 2 亿美元的"大数据的研究和发展计划"。雅虎 2008 年就开始启用大数据技术,每天分析超过 200PB 的数据,使雅虎的服务变得更加人性化。利用大数据追踪互联网上网民的访问轨迹,再进行信息匹配,可以让读者获得更好的阅读体验,并实现针对性地为读者推荐付费阅读的业务,同时实现比较精准的广告投放。数字媒体、云计算、大数据等新的技术应用不断出现,也给我们的新闻学教育提出了更高的要求,新闻教育必须对新的传播现象进行深入研究,新闻教育要与时俱进,才能适应时代发展。

教学资源云平台就是在"融媒体"时代背景下,应把传统媒体和互联网上的各种传播平台、工具、资源进行整合,为新闻学教学所用。云资源平台的基本特征是:凡是可以为教学服务的资源和资料,都可以融入这个平台之中。云宽广,无边界性,所以这个平台始终是一种开放性的平台,随着传播技术和新媒体的不断发展,教学资源云平台也要不断地挖掘和扩展,吸纳新资源。

目前大学本科新闻传播学的教学内容,多数是在网络和各种数字化平台进入新闻传播领域之前设定的,在"融媒体"时代媒介融合发展的趋势下,传统新闻专业知识和专业技能的教学存在明显不足。比如:以传统报业教学为主,缺乏对新媒体介入后报业发展新状况的介绍,面对以网络为核心的各种新型传播技术和传播方式,原有教学涉及较少;过分强调专业细分,把报纸、广播电视、网络数字媒体等专业人才进行割裂培养,难以适应当前不断出现的跨媒体集团所需要的复合的新型新闻人才,不利于媒介融合人才的培养等问题。所以,在"融媒体"时代背景下,应把新闻教学的师资队伍、教学平台、教学资源、教学流程等基本要素进行重构、创新、突破和改革,接轨"融媒体"时代新闻人才培养的实际需要,培养出具备"全媒体"报道技能的新闻专业人才,为媒体输送符合实际需求的优秀人才。

一、新闻学教学现状

近年来,课题组成员走访了国家、省、市各级新闻单位,调查了他们对人才的选用情况;同时,对浙江树人大学新闻专业2010—2013届本科毕业生就业情况进行了全面调查。两项调查得出:新闻单位在招收毕业生时,十分看重毕业生对各种新闻采访和编辑技能的运用能力,也非常看重他们对互联网各种数字媒体的综合应用能力。所以在"融媒体"时代,应该更加重视把最新的理论研究成果应用到教学中,依托校内外的新闻实验室、教学基地和互联网资源,构建更加实用的教学平台,进行多种形式的新闻专业实训,使学生通过自己的实训,研究、检验、运用书本知识,获得真才实学,给教学带来一些促进和推动作用。

在"融媒体"时代,新闻专业教学往往有一定的滞后性,作为新闻学研究者和传授者的高校教师要具有前瞻性眼光和广博的知识储备,要有新思路,要把"融媒体"时代的最新研究成果应用到教学中去。

发达国家的新闻人才教育培养模式大致可以分成三种,即美国模式、西欧模式和日本模式。①

美国模式有三个特点:一是以实务训练为本位,重视实际业务技能的培养,采访、写作、编辑、评论等基础业务课程非常充实。二是以社会科学为依托,重视社会科学理论素质的培养。三是以人文主义为目的。这种模式把实务训练放在首位。

欧洲模式主要以英国为代表,德国的情况有类似之处。在传统上,英国的新闻教育一向侧重在职训练,所谓"学徒式"的报馆新闻训练是英国的一大特色。近年来,这种状况有所改变,设立新闻专业的大学开始多了起来。与此同时,由新闻界主导的在职教育训练开始发挥作用。在职培训机构有全国新闻记者训练协会(NCTJ)、伦敦印刷学院、汤姆森基

---

① 吴信训.世界新闻传播教育百年流变.新闻与传播研究,2009(6):26—37.

金会以及 BBC 的海外训练项目等。

第三种是日本模式。日本只有少数大学设有新闻系,新闻人才主要靠新闻媒体自己培养,它们有自己的一套独特的培养制度。新闻媒体招收新人的主要方法,是先通过考试从大学的政治、经济、法学、社会学、商学等学科专业中录用毕业生,然后再通过严格的社内教育和系统训练把他们培养成合格的新闻人才。

尽管上述三种模式各具特色,但仍能从中发现其共同点:新闻人才走上岗位前,要进行严格的专业实训。在国内外传统教学模式下,都很重视专业实训,但学校所拥有的软硬件教学资源总是有限的,能在课堂上传授的知识也是有限的,拥有的教师资源也是有限的,实验场地也是有限的。当前,能否对这些限制进行一些突破呢?

二、教学资源云平台的教育理念

可不可以借助现在 IT 业红红火火的云概念和"大数据"理论成果,充分利用互联网平台近几年出现的各种新媒体、自媒体、社交网络,如微博、微信、人人网等,建立综合使用各种新兴媒体资源的教学模式,来更新我们的教学理念,拓展我们的专业训练平台呢? 在这里提出"教学资源云平台"的新概念,就是提出一种能够充分利用互联网,来实现教学资源的无限性、师资的无限性、平台的无限性的模式。新闻专业受互联网影响非常大,有条件率先开展这种教学模式的尝试和探索,即充分利用互联网的各种应用,建立教学云资源平台。

这个设计的教学理念主要有以下几点:

第一,从"教而知之"转变到"惑而知之"。这是教学思想转型的第一个问题,中国传统教育,强调的是"教而知之",所谓"子不教,父之过""教不严,师之惰"就是其表现之一。邓小平把"惑而知之"简化为"摸着石头过河"。"惑"是内驱力,是原动力;"教"是外推力,是辅助力。只有将"惑"与"教"适当地结合起来,才能在新闻教学改革上有所突破。从这个意义上讲,"大数据"时代既给了学生更多的"惑",即问题,也给了学生更多"解惑"的平台和方法。

第二,让学生"跳一跳摘苹果"。追求理论与实践的高层次结合,理论上力求比学生接受能力略深一些,而不是让学生轻而易举地拿到学分。教师在教学中可以引入"云计算""大数据"研究成果在新闻传播行业的应用案例,采取"议程设置"的教学方法,设计一些有趣的教学研讨题,让学生进行研究性的学习,在"吃不消"中成长。

第三,采取"师教生""生教生"和学生主动钻研结合的教学方法。注重培养学生骨干,在一定程度上推广"生教生"策略,激发学生主观能动性。生教生的教学方法,最大好处是在一定程度上可以弥补教师时间和精力上的不足,让先进的学生带动后进学生学习,使受益范围更加广泛;其次,通过生教生教学活动的开展,在这个过程能够发现一些问题,通过对这些问题的探讨和解决,加深学生对专业的理解。

在具体的教学中,要灵活选用不同教学模式,采用多种教学模式相结合的方法。

在新闻基本概念教学上,采用偏重于认知能力培养的"灌输式"教学模式,使学生掌握基本的新闻理论,在教学内容上引入一些与"融媒体"时代相关的最新理论。

在新闻采编实务训练时,采用偏重于理解能力培养的"启发式"教学模式和偏重于应用能力和动手能力培养的"实践式"教学。引导学生运用"大数据"成果,在互联网的各种网络数据库平台,选择新闻采编的素材,了解采访对象的基本情况;通过社交网络平台,尝试和业界的专业人士,包括新闻记者、编辑等建立联系,构建自己的专业人力资源平台,以便获得一些实践训练的机会,在专业学习上和实践上遇到问题时,也可以向这些业界一线人士去申请专业指导。主要通过给学生设计相关的新闻采编任务,让学生通过完成这些任务,在以上方面获得锻炼。

在对最新新闻理论研究时,采用侧重于理解能力和分析能力培养"科研式"教学模式,引入"融媒体"相关理论,通过课程论文的方式,提高学生的理论研究水平。

教学组织形式要有发展。灵活的把课堂教学、小组教学以及各种校内外的专业实践等教学形式结合起来。

还要引导学生采用多样化学习方式。注重对学生选择性学习、个性化学习、合作性学习、创造性学习、研究性学习能力的培养。

三、教学资源云平台设计与应用

通过树立新闻专业教学资源云平台的理念,建立新闻专业教学和实训策略,建设和利用好校内外以及互联网的教学和实训平台,开展多种模式的教学活动,培养学生采、写、编、评的专业基本技能;特别注重对新兴的各种互联网社交媒体和自媒体的应用,通过这些平台,寻找更多的教学资源,搭建全新的专业实训平台,提高学生的科学素养和对新事物的接受能力,使学生能够掌握各种计算机技能,熟练应用新媒体。通过这个平台的锻炼,把新闻专业技能和科学素养教育有机地结合,培养出"融媒体"时代媒体业界急需的复合型新闻人才。

(一)新闻专业教学资源云平台构成的初步设想

如下图所示,新闻专业教学资源云平台的构成大致包括:专业基本技能培养平台、传统网络平台,自媒体、社交媒体网络平台和网络人力资源库平台4个部分,这些平台可以随着新技术的发展,新资源的融入,不断扩展,不断丰富。

专业基本技能培养平台主要包括:基本的课堂教学,校级新闻网站和学院级新闻网站的实践平台,校报和院报实践平台,依托新闻学专业建立的各种实践基地等,各个平台可

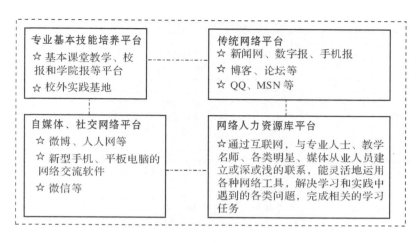

新闻专业教学资源云平台的构成

以让学生掌握新闻学专业的基本理论知识和操作技能。

传统网络平台主要包括：校级和院级的新闻网站、数字报、手机报平台,校园论坛、博客平台,还有 QQ、MSN 等网络通信工具建立的平台,学生通过接触这些出现时间比较长,比较熟悉的网络平台,掌握数字媒体的基本概念和理论,了解这些数字媒体的特征,掌握运用这些媒体的技能。

自媒体、社交网络平台主要包括：微博、人人网、微信等平台。这些平台既可以通过计算机终端浏览,也可以通过移动的便携式终端,比如手机进行浏览,使用者多,传播广泛、效率高,这些最新兴起的数字媒体平台,也给新闻学教学带来很多挑战,在这个教学平台中引入这些资源,不仅让新闻学的教学内容大大扩展,也为新闻学的教学方法改革提供了广泛空间。

网络人力资源平台主要是通过互联网的"大数据"平台建立专业知识库,通过网络社交平台建立"导师库",在教师和学生遇到专业问题时,都可以在这个库中寻求帮助。

(二)融媒体时代新闻学教学流程

如下图所示,这个融媒体时代新闻学教学流程主要包括三个阶段的学习。

理论学习阶段：通过新闻基础课程的教学,使学生掌握采、写、编、评专业基本理论知识和基本技能。

传统实训阶段：引导学生在传统实践平台,例如校内报纸、实验室等,和校外建立的专业实践基地进行新闻专业技能训练。这个阶段学生在专业教师的指导下边学边干,通过实践加深对专业知识的理解。

新媒体、自媒体资源阶段：引导学生在互联网上,通过使用新媒体,建立自媒体、社交网络账户等方式进行实训,从而全面提升自身的专业素养和科学素养,成为复合型人才。这个阶段学生以研究性学习为主,遇到问题主要通过网络查阅专业知识,通过社交网络联系专业人士获得指导,培养学生对"融媒体"环境的适应能力和自学能力。

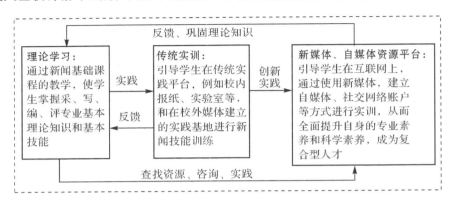

融媒体时代新闻学教学流程

这个融媒体时代新闻学教学流程的主要创新点,是引入了新媒体、自媒体资源平台。整个平台,在教学理念上是具有开放性的;在教学资源上,对新知识、新技术、新的传播途径兼收并蓄,是具有包容性的;在教学实训过程中非常机动,是具有灵活性的。这对整个教学过程都有一个全新的改变:教学资源不断丰富,教学实训过程中,学生自由度加大,能力培养更加全面,教学理念全面更新。在这个流程中,新媒体、自媒体平台可以贯穿在整个学习过程中,在理论学习中,可以通过这个平台查找资源,咨询问题,也可以边学理论知识,边开展自媒体实训;在进行传统实训时,也可以同时开展新媒体、自媒体平台实训,一方面利用其资源解决疑难问题,一方面进行多个知识点的实践锻炼。

(三)基于"模拟—现实—自媒体"的专业实训模式

如下图所示,这个专业实训模式包含三个阶段。

模拟阶段:是在学校内创建的各种实训平台上,模拟真实媒体进行各种专业实训,培养学生新闻学的基本素质,掌握基本的专业知识。

现实阶段:把学生带到校外教学实践基地,在媒体中进行实战训练,通过在媒体中实习,加深对专业知识的理解,掌握各种专业技能。

自媒体阶段:把学生实训放到互联网上,让学生通过综合运用各种专业知识,在互联网平台上寻找专业实践资源,寻求各种帮助,建立个人的新闻传播平台,全方位地锻炼"融媒体"环境下新闻学专业学生需要具备的新闻学和网络操作技能,提升学生综合能力。

这个实训模式最重要的观点,就是把网络云资源贯穿到整个教学过程中,把实训和网络云资源有机融合,在模拟、现实和自媒体三个平台对学生进行各有侧重点的专业技能锻炼,并对相关的信息进行反馈,不断修正和改进整个实训模式。

流程设计与实施:由于模拟实训和现实实训等部分目前已经引入正常教学中,所以本

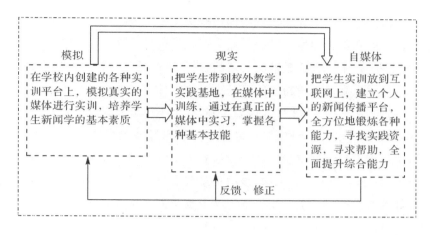

"模拟—现实—自媒体"实训模式

文重点对"融媒体"环境下的实训环节进行描述。

(1)召集新闻专业部分对新媒体运用有浓厚兴趣的学生,开通微博账号。之后对这些微博进行跟踪,对微博的关注量、回复数进行考核,促使学生努力把个人微博办成一个有影响力的账户。目的是让学生在实训中多一些机会了解新闻发布的实际问题,对新闻发布过程和效果有一个直观认识,提高学生对舆论热点的捕捉能力和舆论引导能力,以参与实训推动专业学习。本流程细分如下:

设立账号。将新闻专业学生按各自的兴趣,自由组合,1~4人一组,注册账号。已有微博账户的学生不需重复注册。

发布新闻。每个账户每天发布微博新闻1条以上。

粉丝研究。微博账号在教师指导下,研究如何吸引大量粉丝。

话题研究。在教师指导下,研究如何提高微博的回复量和转发量。

(2)选择明星微博关注。引导学生对微博热点账户进行追踪,或选择自己喜欢的明星微博加入,通过微博的留言、私信、短消息等方式和媒体人、业界名人完成互动,进行简单采访,向他们请教问题等。

(3)选择新闻媒体微博关注。选择几个国家级、省级、地级和县级媒体的微博进行关注,研究这些媒体微博发布新闻的特点。

(4)选择新闻从业人员微博进行关注。通过微博向前辈请教专业问题,争取能够通过微博和新闻从业人员建立良好的关系,能够咨询专业学习中遇到的各种问题。

(5)进行数据统计和经验研究,汇总成文。通过指导学生进行全方位、多角度的实训,总结新闻专业通过网络云平台资源教学模式的经验与教训,提出具体的开放式教学和实训思路,同时改进现有的校内实训和媒体实习的教学模式。总结经验,发表论文,并将该模式的成功经验向整个专业进行推广。

　　由于人力物力所限,教学和考核机制都还有待完善,自媒体平台实训还无法在全体学生中铺开进行,只能在部分学生中试验性地进行。通过组织学生注册微博和人人网账号,鼓励和指导学生发博,了解和熟悉社交网络的特征,有的学生对社交网有比较深入的了解和使用心得,有的学生微博账户粉丝数已经过万。2012年6月,一位新闻专业2010级学生参加第四届浙江省大学生职业生涯规划大赛,有个小环节需要有电视台编导参与,但她没有认识的编导,于是向专业老师求助,老师指导她通过搜索媒体人微博,再采用发私信的方式联系,结果当天晚上就成功联系了浙江省教育科技频道的综艺节目部主任、《美丽A计划》总导演,并于第二天完成采访,该项目最终获得大赛三等奖。课题组通过这个尝试,取得了较好的教学效果。下一步打算把这个教学模式在更大范围内进行推广。

　　通过对教学资源云平台的设计和应用,新闻学专业本科教学已经取得了一些成果,希望新闻学教育能够沿着这条路继续开拓,与时俱进,不断完善教学模式,取得更多的应用性成果和更好的教学效果。

后　记

"造物无言却有情，每于寒尽觉春生。"农历春节刚过，二稿校对也接近尾声了，冬日暖阳里，往日的雾霾已被寒风吹尽，灰蒙蒙的天空露出了久违的蓝天白云。在我即将为这本书画上句号时，家门口的街道上依旧熙熙攘攘，书桌前的我却是别有一番滋味上心头。

"文章千古事，得失寸心知。"关于写书，我是在洪佳士教授的指引下入门的。

2011年，洪佳士教授推荐我和他一起参与杭州日报报业集团负责的《营销的力量》一书的编写，这是我第一次与写书亲密接触。

2012年4月，我的第一本专著《浙江县报百年史》出版，未曾想到还在浙江省社科联两年一度的优秀成果奖评选中斩获三等奖。这对我的学术之路是一个莫大的鞭策。

2012年5月，我开始参与浙江省社科重大项目《浙江通志·报业志》的编辑工作，在走访报社和收集资料的过程中，和浙江媒体有了近距离的接触，看到了浙江媒体在数字时代的快速发展，陆续写下了一些小论文。

2014年起，我受新闻类核心期刊《传媒评论》邀请，担任期刊"案例"专栏的特约撰稿人，开始研读国内外媒体在媒介融合方面的最新案例，让我有了出书的念头。"苦耕春前片片土，笑采秋后粒粒珠。"2016年，我开始整理近几年所写的文字，选用了一些发表在《中国出版》《社会科学战线》《新闻记者》《传媒评论》等核心期刊，和《光明日报》《浙江日报》上的理论文章，将它们分类梳理，修改充实，将散落的珠子串成项链。

"桃李不言，下自成蹊。"承蒙各位前辈和师友的热心帮助与亲切关怀，此书终于成稿，在即将付梓之际，我谨向在此书的写作过程中给予帮助和支持的师友，致以崇高的敬意和衷心的感谢！

我的博士生导师程曼丽老师，是北京大学新闻与传播学院教授，担任过新闻传播学科唯一的国家一级学会"中国新闻史"学会会长，她治学严谨，博学睿智，诲人不倦，和蔼可亲，对我论文的写作和本书的出版关怀备至，亲自指点迷津，欣然为本书作序。浙江树人大学新闻系前后两任专业负责人：曾任浙江省新闻工作者协会副秘书长的洪佳士高级编辑，《光明日报》领衔记者，中组部、中宣部"四个一批"人才的叶辉高级记者，对书中多篇论文的选题和写作都曾给予指点，并提供了大量第一手资料，他们都是新闻业界的老宿，虽身兼数职,事务繁忙,仍挤出时间,亲自带我赴多家媒体和机构调研,寻访线索,收集最新资料,采访相关人员,匡我不逮,给予极大的支持,苍白的语言无法表达我对他们的感激之情。

要感谢的人还很多,怎一个"谢"字了得?感谢浙江日报报业集团的章瑞华编辑,对多篇论文匡正谬误,尽心编辑;感谢我的领导林家骊教授和我的同事们,感谢我的老师陈曦教授、张志庆教授、李彬教授、陈培爱教授……你们的谆谆教导,传道解惑,鼓励支持,让我受益匪浅,终生难忘。

因本人水平所囿,虽已倾力而为,书中谬误、疏漏之处在所难免,敬祈同行和读者能够慷慨提出,不吝赐教。

2017 年 2 月

图书在版编目(CIP)数据

　　媒介融合前瞻:为新闻插上数字的翅膀 / 李骏著.
—杭州:浙江大学出版社,2017.6(2021.12 重印)
　　ISBN 978-7-308-16888-5

　　Ⅰ.①媒…　Ⅱ.①李…　Ⅲ.①数字技术－多媒体技术
－研究　Ⅳ.①TP37

　　中国版本图书馆 CIP 数据核字(2017)第 097495 号

媒介融合前瞻——为新闻插上数字的翅膀

李　骏　著

责任编辑	傅百荣
责任校对	杨利军　沈　倩
封面设计	刘依群
出版发行	浙江大学出版社
	(杭州市天目山路 148 号　邮政编码 310007)
	(网址:http://www.zjupress.com)
排　版	杭州隆盛图文制作有限公司
印　刷	广东虎彩云印刷有限公司绍兴分公司
开　本	787mm×1092mm　1/16
印　张	16.25
字　数	326 千
版 印 次	2017 年 6 月第 1 版　2021 年 12 月第 4 次印刷
书　号	ISBN 978-7-308-16888-5
定　价	48.00 元